21世纪高等教育计算机规划教材

Java
程序设计实战教程

李西明 陈立为 ◎ 主编
曾裕宗 ◎ 副主编

人民邮电出版社
北京

图书在版编目（CIP）数据

Java程序设计实战教程 / 李西明，陈立为主编. ——北京：人民邮电出版社，2021.9（2024.1重印）
21世纪高等教育计算机规划教材
ISBN 978-7-115-55182-5

Ⅰ. ①J… Ⅱ. ①李… ②陈… Ⅲ. ①JAVA语言－程序设计－高等学校－教材 Ⅳ. ①TP312.8

中国版本图书馆CIP数据核字(2020)第210408号

内 容 提 要

本书从 Java 初学者的角度出发，用通俗易懂的语言、贴近实际生活的实例，详细地介绍使用 Java 语言进行程序开发必须掌握的知识和技术，帮助读者快速掌握 Java 程序开发的技能。全书共 14 章，分别为 Java 程序设计入门、Java 语言基础、流程控制、方法与数组、面向对象基础、深入面向对象、常用类、异常、集合类、File 与 I/O 流、多线程、图形用户界面、网络编程、反射。随书电子资源中还提供了综合项目实训，以巩固所学知识，培养读者的项目开发能力。

本书可作为普通本科院校、高职院校计算机相关专业的教材，也可供社会培训机构或计算机爱好者使用。

◆ 主　编　李西明　陈立为
　副 主 编　曾裕宗
　责任编辑　张　斌
　责任印制　王　郁　马振武

◆ 人民邮电出版社出版发行　北京市丰台区成寿寺路 11 号
　邮编 100164　电子邮件 315@ptpress.com.cn
　网址 https://www.ptpress.com.cn
　三河市君旺印务有限公司印刷

◆ 开本：787×1092　1/16
　印张：22.5　　　　　　　　2021 年 9 月第 1 版
　字数：651 千字　　　　　　2024 年 1 月河北第 4 次印刷

定价：69.80 元

读者服务热线：(010)81055256　印装质量热线：(010)81055316
反盗版热线：(010)81055315
广告经营许可证：京东市监广登字 20170147 号

前言 FOREWORD

编写背景

Java 是在主要编程语言排行榜中长期位居榜首的语言，其应用甚广。它也是高校计算机相关专业的重要科目。为了帮助无 Java 基础的读者更快地进入 Java 编程的世界，满足读者对高质量 Java 入门书籍的需求，我们充分考虑本科、高职、自学者等不同读者需求，精心编写了本书。本书内容全面、通俗易懂，属于校企合作的成果，编者包括本科及高职院校多年从事 Java 教学的骨干教师和软件企业从事 Java 开发的一线工程师。本书的主要编写人员有华南农业大学数学与信息学院的李西明、广东南华工商职业学院信息工程与商务管理学院的曾裕宗，以及广州砺锋信息科技有限公司的 Java 开发工程师陈立为。

本书内容

本书讲解了 Java 从入门到精通的必备知识，具体内容如下。

第 1 章　Java 程序设计入门：主要介绍 Java 语言的基本情况、如何搭建 Java 开发环境、如何编写一个 Java 程序、集成开发环境 Eclipse 的使用以及简单的输出语句。

第 2 章　Java 语言基础：主要介绍 Java 的基本语法、Java 的变量与常量、各种运算符及其用法。此外本章对位运算等比较有难度的运算也进行了深入介绍。

第 3 章　流程控制：主要介绍选择结构中的 if 语句与 switch 语句，循环结构中的 for 循环、while 循环、do…while 循环以及二重循环，使读者能够编写出流程较为复杂的 Java 程序。

第 4 章　方法与数组：主要介绍方法的定义、调用、重载、递归，以及一维数组与二维数组，此外还介绍了冒泡排序等多种排序方法。

第 5 章　面向对象基础：主要介绍类与对象的概念、成员变量与成员方法、对象的创建与构造方法、this 与 static 关键字等，使读者初步掌握面向对象的编程方法。

第 6 章　深入面向对象：主要介绍继承的原理、如何实现继承、抽象类与接口、多态、权限修饰符等，使读者掌握更深入的面向对象知识，能够深入地进行面向对象编程。

第 7 章　常用类：主要介绍 Object 类的各种方法、String 与 StringBuffer 类的各种方法、正则表达式的使用、包装类与内部类、Math 与 Random 类、日期与时间类等。这些都是编程中经常会用到的类，必须熟练掌握。

第 8 章　异常：主要介绍异常的概念与分类、异常处理的方法、多种异常的处理、如何手动抛出异常、自定义异常的实现等。

第 9 章　集合类：主要介绍集合的分类、List 集合接口、ArrayList 集合、HashSet 集合、HashMap 集合、泛型与泛型集合、枚举类等。

第 10 章　File 与 I/O 流：主要介绍 File 对象的用法、字节输入流与字节输出流、字符输入流与字符输出流、转换流、打印流、对象流。

第 11 章　多线程：主要介绍创建多线程的方式、线程的生命周期与状态、操作线程的方法、线程的安全与同步、线程的等待与唤醒。

第 12 章　图形用户界面：主要介绍 Swing 中的各种组件（如窗体、按钮、文本框、下拉列表框、菜单等），布局管理器，事件处理。

第 13 章　网络编程：主要介绍如何使用 Java 实现计算机网络主机之间的通信问题，内容包括网络通信协议、UDP 网络程序设计、TCP 网络程序设计。

第 14 章　反射：主要介绍什么是反射、反射与 Class 类、反射访问构造方法、反射访问成员变量、反射访问成员方法。

本书特色

实例丰富：书中提供了大量实例，且主要知识点均结合贴近生活的实例进行讲解。大部分代码提供了注释，易于读者理解与掌握。

重点突出：本书包含 Java SE 的大部分内容和知识点，特别对 Java SE 中比较难的知识点（如 I/O 流、集合、网络编程、多线程、图形用户界面）进行了详细讲解，由浅入深，并辅之大量实例，让读者学起来不再困难。其中，图形用户界面的讲解对需要做 Java 课程设计的高校学生很有帮助。部分重点内容还提供了微课视频，读者可扫描二维码查看。

实验指导：每一章都提供了综合应用案例和综合项目实训，放在本书的配套资源实验手册中，读者可自行下载。

读者服务

配套资源：提供实验手册电子版、教学 PPT、习题答案、全书示例源代码。读者可登录人邮教育社区（www.ryjiaoyu.com）下载相关资料。

在线平台：我们为选用本书的院校和培训机构免费提供在线评测系统平台，方便教师开展 Java 的教学工作。在线平台有多组可定制的编程实验供选择，学生在系统中完成实验，系统会自动进行评价。教师可在系统中查看学生的学习进展，并导出学生成绩。

读者交流：读者在学习中遇到疑问可加入 QQ 群 1108179147 提问，也可与编者互动交流。

意见与建议：书中难免有不足之处，欢迎读者提出宝贵意见。

编者
2021 年 3 月

目录 CONTENTS

第 1 章　Java 程序设计入门 1
1.1　Java 概述 1
- 1.1.1　Java 语言简介 1
- 1.1.2　Java 语言的优点 2
- 1.1.3　Java 的版本 2
1.2　搭建 Java 开发环境 3
1.3　第一个 Java 程序 4
- 1.3.1　HelloWorld 程序的编写 4
- 1.3.2　HelloWorld 程序的编译与运行 4
- 1.3.3　HelloWorld 程序的运行机制 6
- 1.3.4　HelloWorld 程序的纠错 6
1.4　环境变量的配置 8
1.5　集成开发环境 Eclipse 10
- 1.5.1　Eclipse 简介 10
- 1.5.2　使用 Eclipse 开发 HelloWorld 项目 11
1.6　输出语句 13
- 1.6.1　输出换行 13
- 1.6.2　输出制表符 14
- 1.6.3　输出其他转义符号 15
1.7　上机实验 16
- 任务一：输出爱心形状 16
- 任务二：输出主菜单界面 16
思考题 16
程序设计题 17

第 2 章　Java 语言基础 18
2.1　基本语法 18
- 2.1.1　编码格式 18
- 2.1.2　注释 19
- 2.1.3　标识符 21
- 2.1.4　关键字 21
2.2　变量与常量 22
- 2.2.1　变量简介 22
- 2.2.2　变量的声明 22
- 2.2.3　数据类型 23
- 2.2.4　变量的赋值 26
- 2.2.5　数据类型转换 26
- 2.2.6　变量的使用 28
- 2.2.7　变量的作用域 28
- 2.2.8　常量 29
2.3　运算符 30
- 2.3.1　赋值运算符 30
- 2.3.2　算术运算符 31
- 2.3.3　比较运算符 35
- 2.3.4　逻辑运算符 35
- 2.3.5　位运算符 37
- 2.3.6　三元运算符 41
- 2.3.7　运算符的优先级 42
- 2.3.8　接收键盘输入的数据 43
2.4　上机实验 44
- 任务一：奇偶数判断 44
- 任务二：变量值交换 45
- 任务三：判断闰年 45
思考题 45
程序设计题 46

第 3 章　流程控制 47
3.1　程序结构分类 47
3.2　if 条件语句 47
- 3.2.1　简单 if 语句 47
- 3.2.2　if…else…语句 48
- 3.2.3　多重 if 语句 49
- 3.2.4　if 语句的嵌套 50
- 3.2.5　输入数据类型的判断 51
3.3　switch 条件语句 51

3.4 循环结构语句 ... 55
3.4.1 for 循环语句 ... 55
3.4.2 while 循环语句 ... 59
3.4.3 do…while 循环语句 ... 61
3.4.4 无限循环 ... 62
3.4.5 break 与 continue 跳转语句 ... 63
3.4.6 二重循环 ... 66
3.5 上机实验 ... 68
任务一：生肖属相 ... 68
任务二：班级成绩统计 ... 68
任务三：斐波那契数列 ... 68
任务四：乌龟爬坡 ... 68
思考题 ... 68
程序设计题 ... 69

第 4 章 方法与数组 ... 71
4.1 方法 ... 71
4.1.1 方法的定义 ... 71
4.1.2 方法的调用 ... 72
4.1.3 方法的重载 ... 74
4.1.4 方法的递归 ... 75
4.2 一维数组 ... 76
4.2.1 数组概述 ... 76
4.2.2 数组的声明 ... 77
4.2.3 数组的初始化 ... 77
4.2.4 数组的异常 ... 82
4.2.5 数组的使用 ... 82
4.2.6 冒泡排序 ... 85
4.2.7 直接选择排序 ... 86
4.2.8 插入排序 ... 87
4.2.9 数组的逆序 ... 88
4.2.10 Arrays 工具类 ... 90
4.3 二维数组 ... 91
4.3.1 二维数组的声明与初始化 ... 91
4.3.2 二维数组的使用 ... 93
4.4 上机实验 ... 94
任务一：学生成绩统计 ... 94
任务二：子公司销售额统计 ... 94
思考题 ... 94
程序设计题 ... 95

第 5 章 面向对象基础 ... 97
5.1 面向对象编程简介 ... 97
5.2 类与对象 ... 97
5.2.1 类的定义 ... 98
5.2.2 成员变量 ... 98
5.2.3 成员方法 ... 99
5.2.4 对象的创建 ... 99
5.2.5 局部变量 ... 101
5.2.6 访问对象的属性和方法 ... 101
5.2.7 对象的比较 ... 102
5.3 构造方法 ... 103
5.3.1 构造方法的定义 ... 103
5.3.2 构造方法的重载 ... 105
5.4 封装 ... 106
5.5 this 关键字 ... 107
5.6 static 关键字 ... 109
5.6.1 静态变量 ... 110
5.6.2 静态方法 ... 111
5.6.3 静态代码块 ... 112
5.7 值传递与引用传递 ... 113
5.8 对象数组 ... 114
5.9 垃圾回收机制 ... 115
5.10 上机实验 ... 116
任务：汽车销售统计 ... 116
思考题 ... 116
程序设计题 ... 117

第 6 章 深入面向对象 ... 119
6.1 继承 ... 119
6.1.1 继承的实现 ... 119
6.1.2 方法的重写 ... 122
6.1.3 super 关键字 ... 123
6.1.4 final 关键字 ... 126
6.2 抽象类与接口 ... 126
6.2.1 抽象类 ... 126
6.2.2 接口 ... 128
6.3 多态 ... 131
6.3.1 多态简介 ... 131
6.3.2 使用继承实现多态 ... 131

6.3.3	使用接口实现多态	132
6.3.4	向上转型	133
6.3.5	向下转型	135

6.4 权限修饰符 137
6.5 上机实验 138
　　任务：模拟主人养宠物 138
思考题 138
程序设计题 139

第 7 章 常用类 141

7.1 Object 类 141
　7.1.1 hashCode()方法 141
　7.1.2 getClass()方法 142
　7.1.3 toString()方法 142
　7.1.4 equals()方法 143
　7.1.5 equals()方法与==的区别 144
　7.1.6 hashCode()与 equals()方法的重写 145
7.2 String 与 StringBuffer 类 146
　7.2.1 String 类 146
　7.2.2 StringBuffer 类 152
7.3 正则表达式 154
　7.3.1 正则表达式简介 154
　7.3.2 正则表达式语法 155
　7.3.3 正则表达式的验证功能 155
　7.3.4 正则表达式的分割功能 156
　7.3.5 正则表达式的替换功能 156
　7.3.6 正则表达式的分组功能 157
　7.3.7 正则表达式的获取功能 158
7.4 包装类 159
7.5 内部类 162
7.6 Math 类 166
7.7 Random 类 167
7.8 日期与时间类 168
　7.8.1 Date 类 168
　7.8.2 DateFormat 类 169
　7.8.3 SimpleDateFormat 类 170
　7.8.4 Calendar 类 171
7.9 System 与 Runtime 类 173
7.10 上机实验 174

　　任务一：字符串统计 174
　　任务二：查找字符串中子字符串的出现次数 174
　　任务三：系统登录 174
　　任务四：获取文件名与类型 174
思考题 174
程序设计题 175

第 8 章 异常 176

8.1 异常处理机制及异常分类 176
　8.1.1 异常处理机制 176
　8.1.2 运行时异常与编译时异常 177
8.2 异常处理 178
　8.2.1 try…catch 处理异常 178
　8.2.2 try…catch…finally 处理异常 180
8.3 多种异常的处理 181
8.4 手动抛出异常 182
8.5 自定义异常 183
8.6 上机实验 184
　　任务：智能开关灯系统 184
思考题 185
程序设计题 186

第 9 章 集合类 187

9.1 集合基础知识 187
9.2 Collection 接口 188
9.3 List 接口及其实现类 188
　9.3.1 List 接口简介 188
　9.3.2 ArrayList 集合 189
　9.3.3 Iterator 迭代器 193
　9.3.4 foreach 循环 195
　9.3.5 LinkedList 集合 195
9.4 Set 接口及其实现类 197
　9.4.1 HashSet 集合 197
　9.4.2 TreeSet 集合 200
9.5 Map 接口及其实现类 205
　9.5.1 HashMap 集合 206
　9.5.2 TreeMap 集合 209
9.6 泛型 209
　9.6.1 泛型方法 210

9.6.2 泛型类 ········ 212
9.7 泛型集合 ········ 214
　9.7.1 ArrayList 泛型集合 ········ 214
　9.7.2 HashSet 泛型集合 ········ 216
　9.7.3 HashMap 泛型集合 ········ 216
9.8 枚举类 ········ 218
　9.8.1 枚举类简介 ········ 218
　9.8.2 枚举类的应用 ········ 218
9.9 上机实验 ········ 221
　任务：实现斗地主发牌 ········ 221
思考题 ········ 221
程序设计题 ········ 222

第10章　File 与 I/O 流 ········ 224

10.1 File 类 ········ 225
　10.1.1 File 对象的创建 ········ 225
　10.1.2 File 对象的常用方法 ········ 225
10.2 字节流 ········ 229
　10.2.1 字节输入流 InputStream ········ 229
　10.2.2 字节输出流 OutputStream ········ 231
　10.2.3 使用字节流实现文件复制 ········ 233
　10.2.4 带缓冲区的字节流 ········ 234
10.3 字符流 ········ 235
　10.3.1 字符编码 ········ 235
　10.3.2 字符输入流 Reader ········ 237
　10.3.3 字符输出流 Writer ········ 238
　10.3.4 带缓冲区的字符流 ········ 239
10.4 转换流 ········ 241
　10.4.1 InputStreamReader 类 ········ 241
　10.4.2 OutputStreamWriter 类 ········ 242
10.5 打印流 ········ 242
10.6 对象流 ········ 244
　10.6.1 对象输出流 ObjectOutputStream ········ 244
　10.6.2 对象输入流 ObjectInputStream ········ 245
　10.6.3 对象的遍历 ········ 247
10.7 上机实验 ········ 248
　任务：汽车销售数据持久化 ········ 248
思考题 ········ 248

程序设计题 ········ 248

第11章　多线程 ········ 250

11.1 进程与线程 ········ 250
11.2 创建多线程的方式 ········ 251
　11.2.1 继承 Thread 类 ········ 251
　11.2.2 实现 Runnable 接口 ········ 253
　11.2.3 匿名内部类创建多线程 ········ 253
　11.2.4 主线程与子线程 ········ 254
11.3 线程的生命周期与状态 ········ 255
11.4 操作线程的方法 ········ 256
　11.4.1 线程的名字 ········ 256
　11.4.2 线程的优先级 ········ 258
　11.4.3 线程的睡眠 ········ 259
　11.4.4 线程的让步 ········ 261
　11.4.5 线程的插队 ········ 262
11.5 线程的同步 ········ 263
　11.5.1 线程安全问题 ········ 263
　11.5.2 同步代码块 ········ 265
　11.5.3 同步方法 ········ 267
　11.5.4 线程安全问题的解决 ········ 268
　11.5.5 死锁问题 ········ 269
11.6 线程的等待与唤醒 ········ 271
11.7 上机实验 ········ 275
　任务一：解决同时取钱的线程安全问题 ········ 275
　任务二：交替输出字母数字 ········ 275
思考题 ········ 275
程序设计题 ········ 276

第12章　图形用户界面 ········ 277

12.1 Swing 简介 ········ 277
　12.1.1 窗体组件 JFrame ········ 277
　12.1.2 对话框组件 JDialog ········ 278
　12.1.3 对话框组件 JOptionPane ········ 280
　12.1.4 中间容器 JPanel 与 JScrollPane ········ 283
　12.1.5 标签组件 JLabel ········ 284
　12.1.6 文本组件 JTextField 与 JTextArea ········ 285

12.1.7 密码框组件 JPasswordField……286
12.1.8 按钮组件……288
12.1.9 下拉列表框组件 JComboBox……292
12.1.10 菜单组件……293
12.1.11 图标组件 ImageIcon……295
12.1.12 文件选择组件 JFileChooser……298
12.2 布局管理器……301
　12.2.1 流式布局管理器 FlowLayout……301
　12.2.2 边界布局管理器 BorderLayout……302
　12.2.3 网格布局管理器 GridLayout……304
　12.2.4 绝对布局……305
12.3 事件处理……306
　12.3.1 动作事件……307
　12.3.2 键盘事件……309
　12.3.3 鼠标事件……310
　12.3.4 窗体事件……312
　12.3.5 选项事件……313
　12.3.6 表格模型事件……314
12.4 上机实验……318
　任务：设计游戏功能……318
思考题……318
程序设计题……318

第 13 章 网络编程……320

13.1 网络通信协议……320
　13.1.1 IP 地址与端口号……321
　13.1.2 InetAddress 类……322
　13.1.3 UDP 与 TCP……323
13.2 UDP 网络程序设计……324
　13.2.1 DatagramPacket 类……325
　13.2.2 DatagramSocket 类……325
　13.2.3 UDP 发送与接收程序……326
　13.2.4 UDP 即时聊天程序……327
　13.2.5 图形用户界面即时聊天案例……330
13.3 TCP 网络程序设计……332
　13.3.1 ServerSocket 服务器套接字……333
　13.3.2 Socket 套接字……333
　13.3.3 简单 TCP 网络程序……333
　13.3.4 多线程与 TCP 网络程序……337
思考题……339
程序设计题……339

第 14 章 反射……341

14.1 反射简介……341
14.2 反射与 Class 类……341
14.3 反射访问构造方法……343
14.4 反射访问成员变量……345
14.5 反射访问成员方法……347
思考题……349
程序设计题……349

参考文献……350

01 第1章 Java 程序设计入门

本章将介绍 Java 语言的基本情况、如何搭建 Java 开发环境、如何编写一个 Java 程序、集成开发环境 Eclipse 的使用以及简单的输出语句。

1.1 Java 概述

Java 是一种使用广泛的计算机编程语言，它拥有跨平台、面向对象、泛型编程等特性，被广泛应用于企业级的 Web 应用开发和移动应用开发中。

1.1.1 Java 语言简介

Java 是在 1991 年的 GREEN 项目中诞生的。任职于 Sun 公司的詹姆斯·高斯林等人于 20 世纪 90 年代初开发了 Java 语言的雏形，并将其命名为 Oak。随着 20 世纪 90 年代互联网的发展，Sun 公司看到 Oak 在互联网上应用的前景，于是改造了 Oak，并改名为 Java，于 1995 年 5 月以 Java 的名称正式发布，并推出了 JDK 1.0 和 Applet 程序。由于 Java 比 C++简洁、可靠性高、安全性好，并且 Java 伴随着互联网的迅猛发展而发展，因此逐渐成为重要的网络编程语言。目前大部分公司都使用 Java 作为应用层封装的标准，并通过 Java 来调用一些底层的操作，如 Android 本质上就是利用 Java 来调用 Linux 内核操作系统的。

Java 语言既是编译型的，又是解释型的。首先编写好的 Java 源程序代码将被编译器编译成字节码（一种中间语言）；然后 Java 虚拟机（Java Virtual Machine，JVM）将字节码解释为机器码；最后在计算机上运行机器码。编译只进行一次，而解释在每次运行时都进行。Java 编译与解释示例如图 1.1 所示。

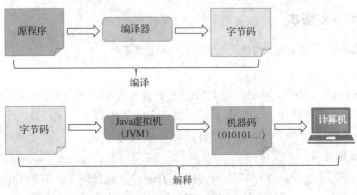

图 1.1 Java 编译与解释示例

当前 Java 的主要应用领域包括企业级应用系统开发、Web 网站开发、分布式系统开发、嵌入式系统开发、桌面应用程序开发、游戏开发、安卓 App 开发等。在国内，比起其他编程语言，Java 程序员的数量是最多的，社区和资源也最为丰富。

1.1.2 Java 语言的优点

Java 具有简单、面向对象、跨平台、多线程、安全、动态等优点。

1. 简单

Java 语言简单，是指这门语言既易学，又好用。Java 要比 C++简单，C++中许多容易混淆的概念，或者被 Java 弃之不用了，或者以一种更清楚、更容易理解的方式实现。例如，Java 不再有指针的概念。

2. 面向对象

面向对象编程更符合人的思维模式，使人们更容易编写程序。Java 语言与其他面向对象语言一样引入了类的概念。类是用来创建对象的模板，它包含被创建的对象的状态描述和方法的定义。

3. 跨平台

与平台无关是 Java 语言最大的优势。使用 Java 编写的程序可以在任何安装了 JVM 的计算机上正确地运行，实现了"一次编写，处处运行"的目标。

4. 多线程

Java 的优点之一就是支持多线程。多线程允许同时完成多个任务。实际上多线程使人产生多个任务在同时执行的错觉，目前计算机的处理器在同一时刻只能执行一个线程，但处理器可以在不同的线程之间快速地切换。由于处理器的速度非常快，远远超过人接收信息的速度，因此给人多个任务在同时执行的感觉。

5. 安全

当用户使用支持 Java 的浏览器时，可以放心地运行 Java 的小应用程序 Java Applet，不必担心病毒的感染和其他恶意的企图。Java 小应用程序将被限制在 Java 运行环境中，不允许它访问计算机的其他部分。

6. 动态

Java 程序的基本组成单元是类。其中，有些类是用户自己编写的，有些类是从类库中引入的，而类又是运行时动态装载的，这就使得 Java 可以在分布式环境中动态地维护程序及类库。而 C++每当其类库升级之后，相应的程序都必须重新修改、编译。

1.1.3 Java 的版本

Java 从诞生之初发展到今天，演化成了 3 个技术平台。

1. Java SE

它是 Java 的标准版，早期称为 J2SE。它允许开发和部署在桌面、服务器、嵌入式环境和实时环境中使用的 Java 应用程序。Java SE 包含了支持 Java Web 服务开发的类，并为 Java Platform、Enterprise Edition（Java EE）提供了基础。本书介绍的正是 Java SE。

2. Java EE

Java 企业版，这个版本早期称为 J2EE。Java 企业版能够帮助开发和部署可移植、稳健、可伸缩且安全的服务器端 Java 应用程序。Java EE 是在 Java SE 的基础上构建的，它提供 Web 服务、组件模型、管理和通信 API，可以用来实现企业级的面向服务体系结构（Service-Oriented Architecture，SOA）和 Web 2.0 应用程序。

3. Java ME

这个版本早期称为 J2ME。Java ME 为在移动设备和嵌入式设备（例如手机、电视机顶盒和打印机等）上运行的应用程序提供一个稳健且灵活的环境。

1.2 搭建 Java 开发环境

要在计算机上进行 Java 开发，需要安装 Java 开发包（Java Development Kit，JDK）。下面介绍 JDK 的知识。

JDK 称为 Java 开发包或 Java 开发工具，是一个编写 Java 的 Applet 小程序和应用程序的开发环境。JDK 是整个 Java 的核心，包括 Java 运行环境（Java Runtime Environment，JRE）、一些 Java 工具和 Java 的核心类库（Java API）。不论什么 Java 应用服务器，其实质都是内置了某个版本的 JDK。主流的 JDK 是 Sun 公司发布的 JDK。除了 Sun 公司之外，还有很多公司和组织都开发了自己的 JDK，例如 IBM 公司开发的 JDK、BEA 公司开发的 JRocket 和 GNU 组织开发的 JDK。

另外，可以把 Java API 类库中的 Java SE API 子集和 JVM 这两部分统称为 JRE。JRE 是支持 Java 程序运行的标准环境。

JRE 是个运行环境，JDK 是个开发环境。因此编写 Java 程序的时候需要 JDK，而运行 Java 程序的时候就需要 JRE。由于 JDK 里面已经包含了 JRE，因此只要安装了 JDK，就可以编写 Java 程序，也可以正常运行 Java 程序。但 JDK 包含了许多与运行无关的内容，占用的空间较大，因此运行普通的 Java 程序无须安装 JDK，只需要安装 JRE 即可。

简化记忆：

JVM+核心类库=JRE；

JRE+开发工具=JDK。

Java 源程序编写完毕后需要先进行编译，Java 源程序编译之后的代码是不能被硬件平台直接运行的，而是一种"中间码"——字节码；再由 JVM 来把字节码"翻译"成所对应的硬件平台能够运行的代码。不同的硬件平台上安装有不同的 JVM，每个操作系统都有自己的 JVM，在 UNIX 上有 UNIX 的 JVM，在 Linux 上有 Linux 的 JVM，在 Windows 上有 Windows 的 JVM，每个操作系统的 JVM 都能把字节码"翻译"成自身机器能运行的代码。由于 Java 程序不是直接在机器上运行的，而是在 JVM 上运行的，因此说 Java 语言是跨平台的。Java 编程者不需要考虑硬件平台是什么，因为 Java 实现了"一次编译，到处运行"。Java 之所以能跨平台，是因为 JVM 能跨平台。Java 跨平台原理如图 1.2 所示。

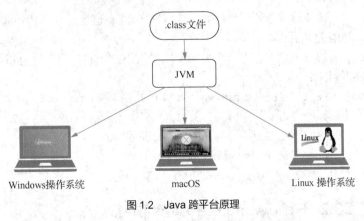

图 1.2 Java 跨平台原理

要学习 Java，必须安装 JDK。本书使用 2020 年发布的 JDK14 版本进行编写，读者可自行下载安装。

1.3 第一个 Java 程序

本书的第一个 Java 程序名为 HelloWorld，本节分别介绍其编写、编译与运行。

1.3.1 HelloWorld 程序的编写

下面开始编写一个完整的 Java 程序，此程序的任务是输出一个字符串 Hello World!!!。在 JDK 的安装路径的 bin 文件夹下（本案例路径为 D:\Program Files\Java\jdk-14.0.1\bin）新建一个文本文档，命名为 HelloWorld.txt，用记事本打开，输入如下代码：

```java
public class HelloWorld {
    public static void main(String[] args) {
        System.out.print("Hello World!!!");
    }
}
```

保存后，修改文件扩展名，将.txt 改为.java，这种文件称为 Java 源文件。在 HelloWorld 程序中，第 1 行定义了一个类（class），命名为 HelloWorld，初学者可以简单地把类理解为 Java 程序。public 是类的修饰词，表示该类是公有的，class 表明这是一个类。public 和 class 都是 Java 的关键字（或称为保留字），可暂时认为是固定的。class 后面是类名，每个类都有一个名字，类名由程序员自定。类名以大写字母开头，如这里的类名为 HelloWorld。类名后面的符号"{"表示类的开始，同理，符号"}"表示类的结束。

第 2 行定义了主方法 main()。方法是类的下一层次的概念，所以这行代码需要缩进一个制表位，一个类可以包含多个方法，其中 main() 方法是程序开始执行的入口。main 后面的"()"里面的内容表示方法的参数，暂时按照示例输入即可，其后的一对"{}"符号代表该方法的起止范围。

第 3 行是一条语句，语句是方法的下一层次的概念，所以这行代码又要缩进一个制表位，方法是包含语句的结构体，一个方法可以有一条或多条语句。本程序中的 main() 方法包含了一条以"System.out.println"开头的语句。该语句的作用是在控制台上输出 Hello World!!!。注意要输出的内容要放在"()"里面的双引号中。Java 中的每条语句都以分号";"结束，因此";"也称为语句结束符。

第 4 行符号"}"表示主方法结束，注意这个符号"}"的缩进量与主方法开始出现时（第 2 行）的缩进量相同。

第 5 行符号"}"表示类结束，注意这个符号"}"缩进量与类开始出现时（第 1 行）的缩进量相同。

注意：保留字（reserved word）或关键字（keyword）对编译器而言都是有特定含义的，所以不能在程序中用于其他目的。例如，当编译器看到 class 时，它知道 class 后面就是这个类的名字。这个程序中的其他关键字还有 public、static 和 void 等。

Java 源文件 HelloWorld.java 编写好后，还不能直接运行，需要先进行编译。源文件编译成后缀名为.class 的字节码文件后才能在 JVM 中运行。

1.3.2 HelloWorld 程序的编译与运行

JDK 提供了编译与运行的工具。打开 JDK 安装路径下的 bin 文件夹（本案例路径为 D:\Program Files\Java\jdk-14.0.1\bin），可以看到里面有众多的.exe 可执行文件。其中的 javac.exe 是编译工具，负责将 Java 源程序编译为字节码；java.exe 是运行工具，负责运行字节码文件，如图 1.3 所示。

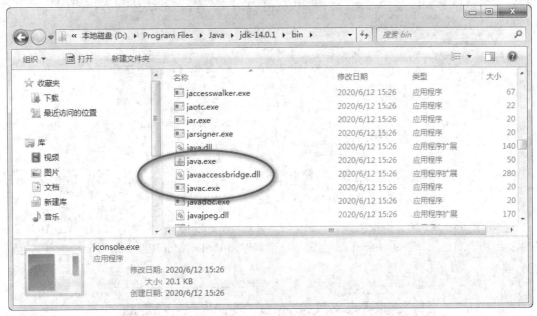

图 1.3　JDK 提供的工具

下面介绍使用 JDK 提供的工具来编译与运行前面编写的 HelloWorld 源程序。

（1）打开命令行窗口，切换到 HelloWorld.java 的保存路径中，即 JDK 安装路径下的 bin 文件夹，如图 1.4 所示。本例中 JDK 安装路径为 D:\Program Files\Java\jdk-14.0.1\bin。

图 1.4　切换到 bin 文件夹

（2）利用 javac 命令将 HelloWorld.java 源程序文件编译成 .class 字节码文件。输入完整命令 javac HelloWorld.java，然后按回车键，如图 1.5 所示。

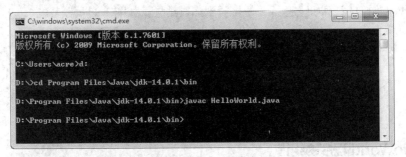

图 1.5　执行 javac 命令

命令执行成功后，bin 文件夹中将多出一个名为 HelloWorld.class 的文件。该文件为 Java 程序的字节码形式，可以被 JVM 解释运行，如图 1.6 所示。

图 1.6　HelloWorld.class 文件

（3）利用 java 命令解释运行生成的字节码文件 HelloWorld.class。输入完整命令 java HelloWorld（注意不要加上 .class），然后按回车键。当命令行窗口输出 Hello World!!! 时，第一个 Java 程序运行成功，如图 1.7 所示。

图 1.7　运行成功

1.3.3　HelloWorld 程序的运行机制

Java 源文件由高级语言编写，机器不能直接识别，需要先编译成 JVM 能识别的字节码文件，才能在各个平台上的 JVM 上运行。字节码类似机器指令，它是体系结构中立的，可以在任何带 JVM 的平台上运行。编译成字节码文件只是一个中间过程，JVM 还要再解释运行字节码文件，"翻译"成最终的机器码才能在计算机上运行。以 HelloWorld 程序为例，首先使用 javac 命令对 HelloWorld.java 源文件进行编译，生成字节码文件 HelloWorld.class；然后使用 java 命令启动 JVM，JVM 先将编译好的字节码文件 HelloWorld.class 加载到内存（称为类加载），然后对加载到内存的 Java 类进行解释运行，"翻译"成机器码在计算机上运行，便可看到运行结果，如图 1.8 所示。

图 1.8　HelloWorld 程序的运行机制

1.3.4　HelloWorld 程序的纠错

初次编写程序时，可能会出现各种错误。下面来了解错误原因和 HelloWorld 示例程序中常见的一些错误。

在运行程序之前，必须创建程序并进行编译。如果程序有编译错误，必须修改程序来纠正错误，然后重新编译它。如果程序有运行时的错误或者不能产生正确的结果，必须修改这个程序，重新编译，然后重新执行。

如果没有语法错误，编译器（compiler）就会生成一个后缀名为 class 的文件。如果有语法错误，编译器在生成 .class 文件时会执行失败，并报出相关的错误信息。如将 HelloWorld 程序中的 System 关键字换成 system，然后测试编译，如图 1.9 所示。

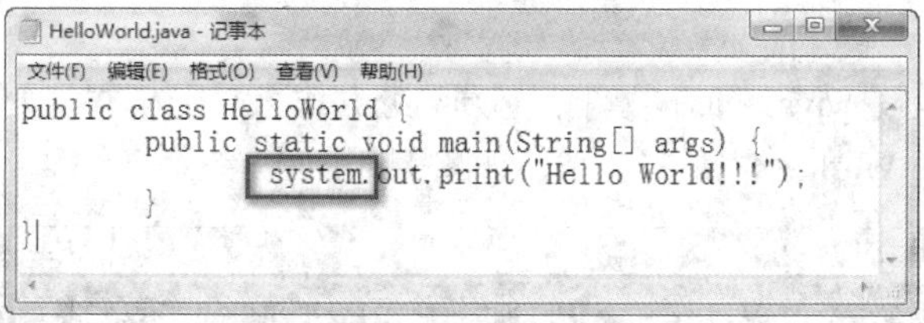

图 1.9　System 写错的情形

接着利用 javac 命令进行编译，结果如图 1.10 所示。

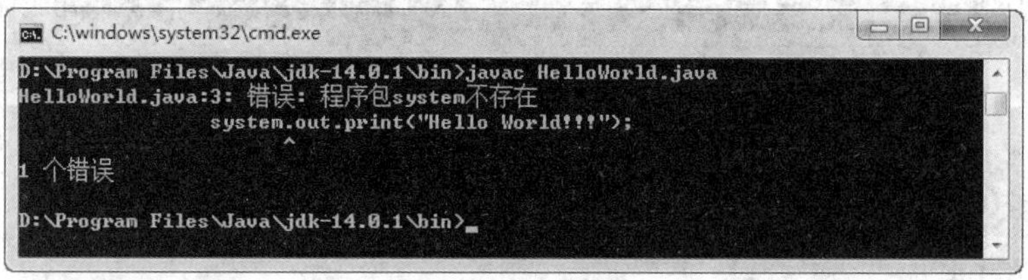

图 1.10　编译出错信息

程序编译失败，并报出错误信息。根据错误信息可以排查并改正 Java 程序，然后正确运行。
下面总结了开发中几种常见的错误。

1. 遗漏右括号

括号用来标识程序中的块。每个左括号必须有一个右括号匹配。常见的错误是遗漏右括号。为避免这个错误，只要输入左括号的时候就输入右括号，如下面的例子所示：

```
public class HelloWorld {

} // 立刻输入右括号以匹配左括号
```

如果使用 Eclipse 这样的集成开发环境，将自动为每个输入的左括号插入一个右括号。

2. 遗漏分号

每个语句都以一个语句结束符"；"结束。通常，新手会忘了在一个块的最后一行语句后加上语句结束符，如下面例子所示：

```
public static void printTab() {
    System.out.println("1\t2\t3");
    System.out.println("44\t55\t66")  //遗漏语句结束符
}
```

3. 遗漏引号

字符串必须放在引号中。通常，编程入门者会忘记在字符串结尾处加上一个引号，如下面例子所示：

```
public static void printTab() {
    System.out.println("1\t2\t3");
    System.out.println("44\t55\t66)  //遗漏引号
```

}

4. 大小写拼写错误

Java 是大小写敏感的语言。有些新手常将大小写拼写错误，如将 System 写成 system 等。下面的代码将 main 错误拼写成 Main，导致程序编译错误：

```
public static void Main(String[] args) {
    System.out.println("1\t2\t3");
}
```

5. 文件名与类名不一致

源文件的后缀名必须是 java，而且文件名必须与公共类名完全相同。如果文件名为 HelloWorld.java，但类名写成了 helloWorld，程序将报错，如图 1.11 所示。

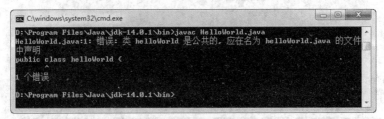

图 1.11　类名错误

1.4　环境变量的配置

HelloWorld 程序案例中，Java 源文件需要在 JDK 的安装路径下的 bin 文件夹下创建，执行 javac 或 java 命令的时候也需要切换到 bin 文件夹才能运行。这样程序的编写与执行就会很受约束，我们希望可以将源文件存储在计算机的任何位置，并且都能调用 javac 或 java 命令进行编译与运行。这就需要配置环境变量。

首先在计算机的"D：\test\"路径下创建一个 Test.java 文件，该程序的任务是输出 test，代码基本同 HelloWorld 程序，只是输出内容不同。然后打开命令行窗口，切换路径，输入命令 javac Test.java，结果报错，如图 1.12 所示。

图 1.12　报错信息

报错的原因是 javac 命令其实是一个可执行文件，全名是 javac.exe（查看 JDK 安装路径下的 bin 文件夹即可知道），而当前路径中并没有这个可执行文件。怎样才能让其他路径也能调用这个可执行文件呢？操作系统调用可执行文件有这样的规则：首先检查当前路径有没有这个可执行文件，如果没有，不会立即报错，而是再到系统的环境变量 PATH 中定义的路径中去寻找；如果还是找不到才报错。所以给系统的环境变量 PATH 新增一个值，值为 javac.exe 实际所在的路径（JDK 安装路径下的 bin 文件夹），这样在任何路径下执行 javac 命令都可调用到 JDK 安装路径下的 bin 文件夹中的 javac.exe 可执行文件了。

（1）打开控制面板，单击系统和安全，单击系统，找到左侧的高级系统设置，如图 1.13 所示。

（2）单击高级系统设置，进入图1.14所示的系统属性对话框。

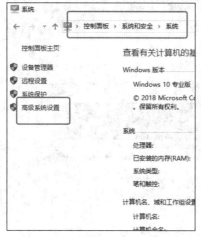

图1.13 找到高级系统设置

图1.14 系统属性对话框

（3）单击环境变量按钮，然后进行设置。

① 单击系统变量下面的新建按钮，变量名为JAVA_HOME（代表JDK安装路径），变量值对应的是JDK的安装路径（本案例JDK的安装路径为D:\Program Files\Java\jdk-14.0.1），如图1.15所示。

② 在系统变量里面找一个变量名是PATH的变量，如果没有就新建一个。在它的变量值里面追加代码%JAVA_HOME%\bin;%JAVA_HOME%\jre\bin;，如图1.16所示。

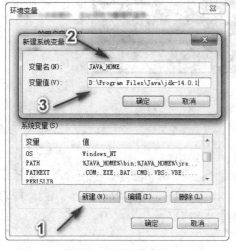

图1.15 新建系统变量

图1.16 设置系统变量PATH

说明：由于这里%JAVA_HOME%代表的实际值是上一步设置的JDK安装路径D:\Program Files\Java\jdk-14.0.1，因此%JAVA_HOME%\bin实际等同于D:\Program Files\Java\jdk-14.0.1\bin。这是JDK安装路径下的bin文件夹，即javac.exe等可执行文件所在的路径。%JAVA_HOME%环境变量不是非定义不可，不定义的话，这一步的变量值直接输入JDK安装路径下的bin文件夹，即输入D:\Program Files\Java\jdk-14.0.1\bin;也是可以的。

③ 再次在D:\test路径下执行javac Test.java命令，结果这次编译成功，如图1.17所示，证明PATH环境变量起作用了。

图 1.17 编译 Test.java 文件成功

④ 环境变量设置完成后，测试是否安装成功。

按 Win+R 组合键并输入 cmd，打开命令行窗口，输入 java –version，出现图 1.18 所示的内容则代表安装成功。如果安装失败，要重新检查是否缺漏某一安装步骤、环境变量设置正确与否。

图 1.18 测试环境变量

1.5 集成开发环境 Eclipse

前面的 HelloWorld 程序采用记事本编写，并手动编译运行，效率低下，不便管理。实际开发中多用集成开发环境（Integrated Development Environment，IDE）来开发 Java 项目，当前常用的 IDE 有 Eclipse、MyEclipse、IntelliJ IDEA 等。本书选用 Eclipse，使用它可以高效地创建、编译、运行、管理 Java 程序。

1.5.1 Eclipse 简介

Eclipse 是一个开放源代码的、基于 Java 的可扩展开发平台。就其本身而言，它只是一个框架和一组服务，用于通过插件和组件构建开发环境。Eclipse 附带了一个标准的插件集，包括 JDK。读者可前往 Eclipse 官网下载安装。本书使用的是 Eclipse 2020。安装完毕后还需要在 Eclipse 中配置 JDK14 开发环境，步骤如下：选择菜单 Window→Preference→左侧导航 Java→Installed JREs→右侧按钮 Add→选择 Standard VM→Next→Directory，选择 JDK 的安装路径→Finish→选中 jdk14.0.1→Apply and Close。

1.5.2 使用 Eclipse 开发 HelloWorld 项目

（1）打开 Eclipse 后选择菜单 File→New→Project，弹出 New Project 对话框，在 New Project 对话框中选择 Java Project，单击 Next 按钮，弹出 New Java Project 对话框。

（2）在 Project name 对应的输入框中输入项目名称 HelloWorld，输入的同时观察下面两行的 Location，会发现 Location 的值会跟着输入而同步改变。Location 表示项目创建的位置，默认在工作空间下创建一个跟项目同名的文件夹。在 JRE 的选项中默认选择了：Use a project specific JRE:jdk-14.0.1，表示使用 JDK 14 进行开发，也可在下拉列表框中选择其他版本。单击 Finish 按钮，然后系统提示是否创建 Module，这里暂时不创建，所以选择 Don't Create，这时左侧的 Project Explorer 中就会出现一个名为 HelloWorld 的新项目。

HelloWorld 项目创建完毕后，会在工作空间所在的路径下创建一个与项目同名的文件夹。在 Project Explorer 中鼠标右键单击项目 HelloWorld，选择 Show In→System Explorer，就可打开工作空间所在路径并看到 HelloWorld 文件夹。

打开 HelloWorld 文件夹，可以看到创建好的项目的文件夹结构，如图 1.19 所示。其中，src 是资源 source 的英文缩写，该文件夹用于存放 Java 类。但 src 文件夹下不能直接放置 Java 类，先要创建包。bin 文件夹用于存储编译好的 class 文件。

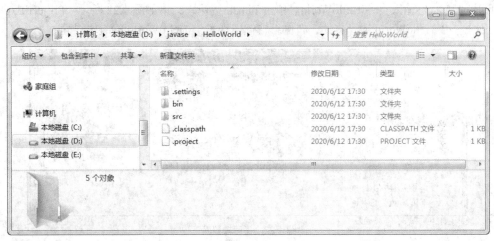

图 1.19　HelloWorld 文件夹

（3）创建包。通常一个项目需要创建多个 Java 类，为了方便管理一个项目中的多个 Java 类，需要创建一个或多个包，以便将不同功能的 Java 类分开放置。包相当于一个容器，用于放置 Java 类，包位于项目的 src 文件夹下，对应在硬盘中不同的包是 src 文件夹下的不同的子文件夹。鼠标右键单击 src 文件夹，选择 New→Package，弹出 New Java Package 对话框，在 Project Name 右侧输入包名，一般情况下用公司域名的倒序对包进行命名。例如，砺锋科技公司的域名是 seehope.com，则砺锋科技公司开发的项目就用 com.seehope 来命名包，所以这里输入 com.seehope，如图 1.20 所示。

单击 Finish 按钮，这时 Project Explorer 的结构如图 1.20 所示，src 文件夹下出现了名为 com.seehope 的包。

再来看看硬盘的文件夹结构，src 文件夹下多了一个文件夹 com，打开 com 文件夹，里面有个文件夹 seehope，如图 1.21 所示。所以名为 com.seehope 的包实际代表了二重文件夹结构，以此类推，包 com.seehope.test 将有三重文件夹。

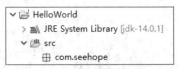

图 1.20　新建包

图 1.21　com 文件夹

（4）创建类。鼠标右键单击包 com.seehope，选择 New→Class，弹出 New Java Class 对话框，在 Project Name 的右侧输入类名 HelloWorld。单击 Finish 按钮，结果如图 1.22 所示。Project Explore 的包下出现了一个 HelloWorld.java 文件，右侧编辑框出现了类 HelloWorld 的编辑界面。

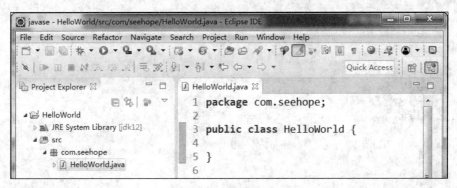

图 1.22　类编辑界面

再查看硬盘的项目文件夹，发现 src\com\seehope 路径下出现了 HelloWorld.java 文件。也可在 Project Explorer 中鼠标右键单击 HelloWorld.java，选择 Show In→System Explorer 进行查看。

（5）编写代码。在图 1.22 所示的类编辑界面中编写代码，最终完整代码如图 1.23 所示。

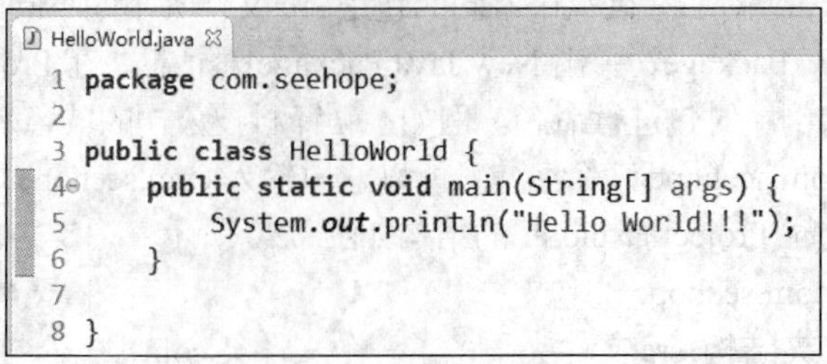

```
package com.seehope;

public class HelloWorld {
    public static void main(String[] args) {
        System.out.println("Hello World!!!");
    }
}
```

图 1.23　编写代码

（6）编译运行。单击运行按钮，即图 1.24 上面所示的箭头。右下角的 Console（控制台）出现了运行结果 Hello World!!!，如图 1.24 下面所示的箭头。

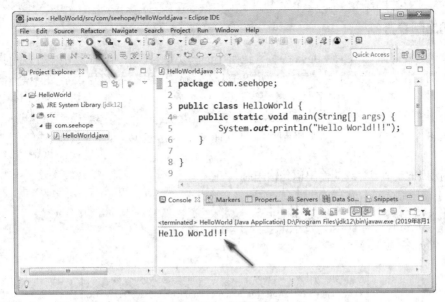

图 1.24 编译运行

这里编译由 Eclipse 自动完成，无须程序员额外花时间去编译。可以看到项目的 bin\com\seehope 路径下出现了编译好的 HelloWorld.class 文件，如图 1.25 所示。

图 1.25 编译文件所在路径

Eclipse 使用技巧参见本书配套资源实验手册的第 1 章。

1.6 输出语句

输出语句的基本格式：

```
System.out.print("要输出的内容");
```

要输出的内容可以随意改变，可以是各种字符，中英文均可，输出后不会换行，可以多次调用此语句，结果均在同一行输出。下面在此基础上进一步介绍更多的输出功能。

1.6.1 输出换行

语句 System.out.println("hello world!");是 Java 程序向终端输出的常用语句，表示输出字符串 hello world!并换行。与其相关的语句 System.out.print();，表示输出不换行。此外在 Java 中，转义符号\n 表示换行，常用于字符串之间的换行。

1.6.2 输出制表符

\t 是水平制表符在 C、C++、Java 等编程语言中的转义符号。因为在字符串中无法直接使用类似回车、水平制表符等这些看不见的字符，所以在输入字符串时用转义符号表示，而编译器看到这些转义符号能明白，并且会转换成真正要的符号。

在字符界面中，水平制表符表示紧跟后面的文字在往右一个表格位置显示或输出，通常一个表格位置占 8 个字符宽度。使用水平制表符可以使文字内容在规整的位置显示或输出，且看起来清晰整齐。

可以利用 1.6.1 小节介绍的输出语句输出制表符。

【示例】输出制表符。代码如下。

```
System.out.println("1\t2\t3");
System.out.println("44\t55\t66");
```

输出结果如图 1.26 所示。

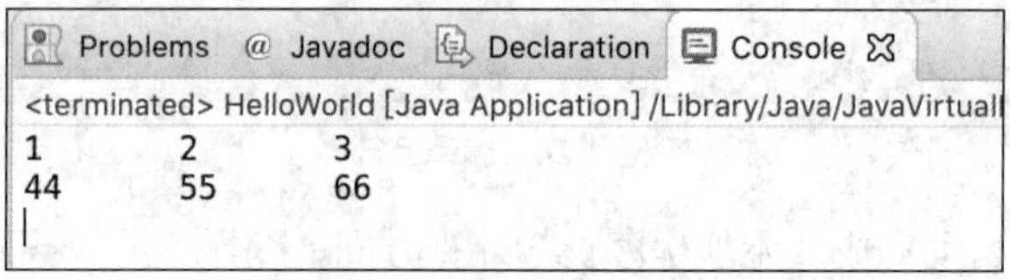

```
Problems  @ Javadoc  Declaration  Console
<terminated> HelloWorld [Java Application] /Library/Java/JavaVirtual
1       2       3
44      55      66
```

图 1.26　输出制表符示例

【示例】输出英雄榜。代码如下。

```
public class Heros {
    public static void main(String[] args) {
        System.out.println("\t\t 英雄榜");
        System.out.println("\t--------------------");
        System.out.print("\t 姓名\t 年龄\t 特长\t\n");
        System.out.println("\t--------------------");
        System.out.print("\t 张无忌\t19\t 长枪\n");
        System.out.print("\t 黄飞鸿\t20\t 无影脚\n");
        System.out.print("\t 李寻欢\t21\t 飞刀\n");
        System.out.println("\t--------------------");
    }
}
```

输出结果如图 1.27 所示。

【示例】输出超市购物小票。代码如下。

```
public class GoodsList {
    public static void main(String[] args) {
        System.out.println("\t 购物清单");
        System.out.println("****************************");
        System.out.print("商品名称\t 购买数量\t 商品单价\t 金额\n");
        System.out.print("花生油\t2\t150\t300\n");
        System.out.print("大米\t3\t120\t360\n");
        System.out.print("华为手机\t2\t4000\t8000\n");
        System.out.println("****************************");
    }
}
```

输出结果如图 1.28 所示。

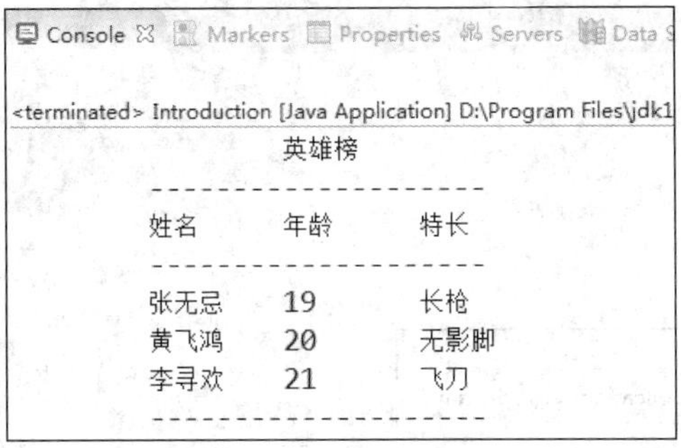

图 1.27　英雄榜输出结果

图 1.28　购物小票输出结果

1.6.3　输出其他转义符号

1. 输出双引号

Java 可以用\"进行转义。例如，输出带双引号的一个词语，源代码和结果如图 1.29 所示。

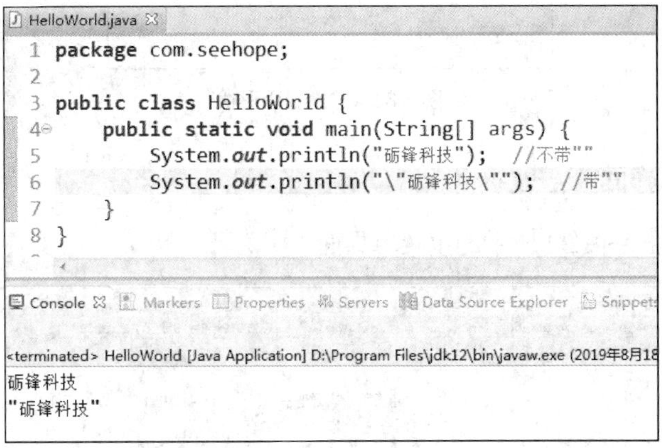

图 1.29　输出双引号

2. 输出\

Java 可以用\\进行转义。例如，文件路径中的\，在 Java 中需要用\\来表示，如果直接输入类似 D:\documents\java\helloworld.java 这样的文件全路径，程序会报错，正确写法为将所有\替换为\\，如图 1.30 所示。

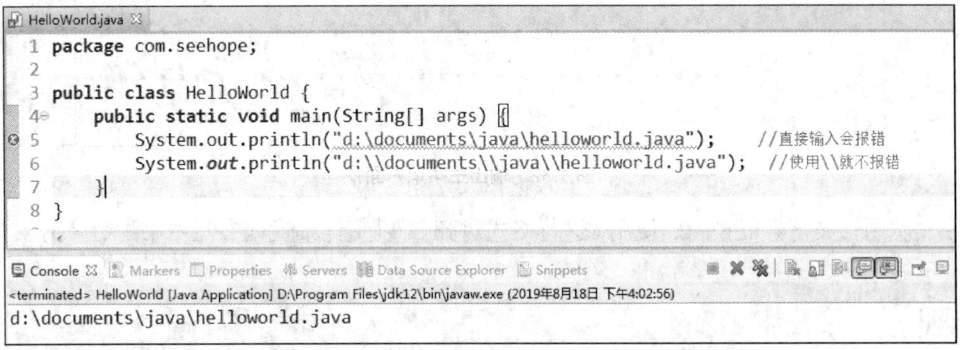

图 1.30　输出\

将图 1.30 报错的语句注释掉再运行，就能得到正确的结果。

1.7 上机实验

任务一：输出爱心形状

　　要求：在控制台输出图 1.31 所示的爱心形状。

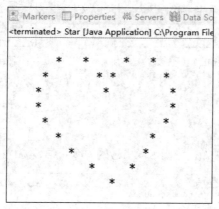

图 1.31　输出爱心形状

任务二：输出主菜单界面

　　要求：在控制台输出图 1.32 所示的主菜单界面。

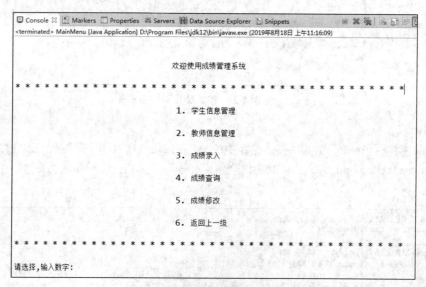

图 1.32　输出主菜单界面

　　分析：使用转义符号\n 换行，使用\t 进行格式对齐。（以上详细代码参见本书配套资源实验手册）

思考题

1. 简述 Java 语言的起源及应用领域。
2. 简述 Java 语言的优点。

3. 简述 Java 程序的运行机制。
4. Java 语言属于（　　）。
   A. 面向机器的语言　　　　　　B. 面向对象的语言
   C. 面向过程的语言　　　　　　D. 面向操作系统的语言
5. 指出和修改下面代码中的错误：

```java
public class HelloWorld {
    public void main(String[] args) {
        System.out.println("Hello World!");
    }
}
```

6. javac 命令和 java 命令分别代表什么？
7. JDK 在 Java 中起到什么作用？与 JRE 有什么区别？
8. JVM 是什么？有什么作用？
9. Java 源程序文件和字节码文件的后缀名分别是什么？
10. Java 程序的执行入口是什么？

程序设计题

1. 用记事本编写一个 HelloWorld 程序，在 DOS 命令行窗口编译运行。
2. 用 Eclipse 编写一个 HelloWorld 程序并运行。
3. 编写一个 Java Application 类型的程序，输出 This is my first Java Application!并换行输出"你好，Java!"。
4. （显示 3 条信息）编写程序，输出 Welcome to Java、Welcome to Computer Science 和 Programming is fun。
5. （显示 5 条消息）编写程序，输出 Welcome to Java 5 次。
6. （输出表格）编写程序，利用制表符输出以下表格：

```
1       1a      1aa
1       2       3
1       1a      1aa
```

7. 输出控制台传递的参数。
8. 输出由"*"组成的三角形：

```
   *
  ***
 *****
*******
```

9. 输出表情符号：

```
|  -   -
.   -
```

10. 输出带双引号的 Hello World!。

第 2 章 Java 语言基础

本章将介绍 Java 的基本语法、Java 的变量与常量、各种运算符及其用法。此外本章还会对位运算等比较有难度的运算进行深入介绍。

2.1 基本语法

Java 语言有自己的一套语法、格式、规范。开发者在编写 Java 程序时需要遵守这些规范。

2.1.1 编码格式

类是用得最多的一个编程单元，初学者可以暂时把类理解为 Java 程序。类的基本格式如下：

```
修饰符 class 类名{
    public static void main(String[] args) {   //主方法,是程序的入口
    //一行或多行代码
    }
}
```

1. Java 修饰符

Java 可以使用修饰符来修饰类中的方法和成员变量。主要有以下两类修饰符。

（1）访问控制修饰符：default、public、protected、private。

（2）非访问控制修饰符：final、abstract、static、synchronized。

后面会逐步介绍到这些 Java 修饰符。当前一律使用 public。

2. 大括号的使用

类用一对大括号表示其范围，Java 在类名后面不换行立即使用大括号{，注意区别其他一些编程语言是换行后再使用大括号的。类结束后使用的大括号}一般单独成一行，其水平位置与类开始的修饰符竖向对齐。类里面的方法也用大括号，所以大括号会有嵌套，方法中的大括号使用规则与类相同。

3. 代码要缩进以区分层次结构

类是第一级层次，最靠左；方法是第二级层次，向右缩进一个制表位；代码是第三级层次，再向右缩进一个制表位。这样整个类看起来将美观整齐、结构层次清晰、易于阅读。待后面介绍了流程控制语句以后，代码也会有类似的层次结构。层次结构如下所示：

```
public class HelloWorld {
        public void main(String[] args) {
                System.out.println("Hello World!");
                System.out.println("Hello World!");
        }
}
```

注意：箭头表示竖向对齐，相邻箭头间隔一个制表位。

4. 每条语句要用分号结束并独占一行

除了用于定义结构的语句（如定义类、方法的语句等）外，每一条功能执行语句都必须以分号结束，否则会报错，而且要注意是英文格式的分号，不能是中文格式。一般一行一条语句；也可以一行多条语句，多条语句之间用分号隔开。一般不建议一行多条语句，这种情况形式上看起来是一行代码（一条语句），但逻辑上还是多行代码（多条语句）。

5. Java 区分大小写

例如 System 不能写成 system，static 不能写成 Static。也可以利用这个特点，让一个单词代表不同的事物。例如可用 Person 作为类名，person 作为对象名，后面介绍面向对象时就经常这样做。

6. 一行代码长度太长的解决方法

Java 中一行代码如果太长会影响阅读，但一个连续的字符串不能分开在两行中书写。如果连续的字符串实在太长，一行放不下，可以将该字符串分成两个字符串，再用+连接，然后在+处换行。在实际操作中，可以在长的字符串中的任意一个单词后面回车换行，IDE 将自动实现上述操作。代码如下：

```
System.out.println("长亭外,古道边,芳草碧连天。晚风拂柳笛声残,夕阳山外山。天之涯,地...");
```

要一行完整地输出这首诗显然长度太长了，但改成以下这样是错误的：

```
System.out.println("长亭外,古道边,芳草碧连天。晚风拂柳笛声残,夕阳山外山。
    天之涯,地之角,知交半零落。一壶浊酒尽余欢,今宵别梦寒。");
```

因为一个连续的字符串不能分开在两行中书写，要分成两个字符串（注：字符串都是用符号" "引起来的），用+连接，然后在+处断行，即改成以下这样才是正确的：

```
System.out.println("长亭外,古道边,芳草碧连天。晚风拂柳笛声残,夕阳山外山。"
    + "天之涯,地之角,知交半零落。一壶浊酒尽余欢,今宵别梦寒。");
```

在 Eclipse 中的长诗换行处，即"夕阳山外山。"的句号后面回车即可自动实现，当然也可手动实现。+放在下面一行的最前面，或者放在上面一行最后，即：

```
System.out.println("长亭外,古道边,芳草碧连天,晚风拂柳笛声残,夕阳山外山。" +
    "天之涯,地之角,知交半零落,一壶浊酒尽余欢,今宵别梦寒。");
```

这样也是可以的。继续分成多行也是一样的道理。

2.1.2 注释

为了使代码易于阅读、更加清晰易懂、便于团队协作，通常需要在程序中为代码添加一些注释，对程序的某行代码或某个功能模块进行解释说明。注释只在 Java 源文件中有效，编译器编译时会忽略注释，注释不会被编译到字节码文件中去。Java 有以下 3 种类型的注释方式。

1. 单行注释

用来对程序中的某一行代码进行解释说明，使用符号//，符号后面是注释内容，语法格式为：//注释内容。单行注释放在要解释说明的那一行代码的后面，注释内容不能太长、不能换行，太长要换行的话要用到多行注释。代码如下。

```
System.out.println("Hello World!!!");   //输出字符串
```

这里在代码行的右边添加了注释来说明这一行的功能。除了用于对某一行代码进行解释说明外，在编写代码过程中，如果不确定某一行代码是否该删除，但暂时用不上，也可以在该行代码前面添加单行注释符号，将它"注释"掉，让它暂时失去作用。若后面还用得上该行代码，则删除注释符号//即可。代码如下。

```
System.out.println("Hello World!!!");   //输出字符串
//System.out.println("你好 世界!!!");
```

第二行代码被注释掉了，将不会输出"你好 世界!!!"。若需要重新使用该行代码，只需删除符号//即可。

2. 多行注释

多行注释指注释内容为多行，以符号/*开头，符号*/为结尾。语法格式为/*注释内容（多行）*/。除了用来解释说明代码功能外，多行注释还可以一次性将暂时用不上的多行代码"注释"掉。代码如下。

```
/*System.out.println("Hello World!!!");
 System.out.println("你好 世界!!!"); */
```

这样，这两行代码都暂时失去作用。如果需要恢复，删除符号/*和*/即可。

3. 文档注释

文档注释用来对类、接口、成员方法、成员变量、静态字段、静态方法、常量或一段代码等进行解释说明，以符号/**开头，符号*/结尾，语法格式为：/**注释内容（多行）*/。可以使用Javadoc文档工具提取程序中的文档注释，生成帮助文档。3种注释综合示例代码如下。

```
package com.seehope;
/**
单位：砺锋科技
作者：张无忌
时间：2020-9-1
*/
public class HelloWorld {
    /*
    第一个Java程序
    输出Hello World!!!
    */
    public static void main(String[] args) {
        System.out.println("Hello World!!!");//输出英文
        //下面输出中文
        System.out.println("你好 世界!!!");
        System.out.println("你好 中国!!!");    //输出中文
        //下面暂时不用的语句也可以先注释掉
        //System.out.println("你好 纽约!!!");
    }
}
```

注释的嵌套：多行注释可以嵌套单行注释，但不能嵌套多行注释。

快速注释技巧如下。

在使用 Eclipse 编程过程中，常常需要把一些先前写好的代码暂时注释掉，一行行处理的话很费时，可以使用快捷方式。

方法一：先选中要注释掉的多行代码，然后按 Ctrl+/组合键，这时多行代码中的每一行代码都会按单行注释的方式注释掉。代码如下。

```
public static void main(String[] args) {
//    System.out.println("Hello World!!!");
//    System.out.println("你好 世界!!!");
//    System.out.println("你好 中国!!!");
}
```

若要取消这种注释，选中已经按这种方法注释掉的多行代码，然后按 Ctrl+/组合键即可。

方法二：先选中要注释掉的多行代码，然后按 Shift+Ctrl+/组合键，这时多行代码将按多行注释的方式注释掉。代码如下。

```
public static void main(String[] args) {
/*    System.out.println("Hello World!!!");
    System.out.println("你好 世界!!!");
    System.out.println("你好 中国!!!");      */
}
```

若要取消这种注释，选中已经按这种方法注释掉的多行代码，然后按 Shift+Ctrl+\组合键即可。

2.1.3 标识符

Java 语言中，标识符是用来标识包名、类名、方法名、变量名、参数名、数组名、对象名、接口名、文件名的字符序列。

Java 标识符由数字、字母、下画线_和符号$组成，第一个字符不能是数字。最重要的是，Java 关键字不能当作 Java 标识符。在 Java 中，标识符是区分大小写的，如 Name 和 name 是两个不同的标识符。

下面的标识符是合法的：

myName、My_name、Points、$points、_sys_ta、OK、_23b、_3_。

下面的标识符是非法的：

#name、25name、class、&time、if。

Java 命名约定如下。

（1）包名所有字母小写，如 com.seehope.web。

（2）类名和接口名可以由多个单词组成，每个单词的首字母大写，如 MyClass、HelloWorld、Time 等。

（3）方法名、变量名和对象名可以由多个单词组成，第一个单词的首字母小写，其余单词的首字母大写，如 getName、setTime、myName 等。这种命名方法叫作驼峰式命名法。变量命名要尽量做到见名知义，便于理解和阅读。例如，标识符 userName，一看便知是"用户名"。

（4）常量名全部使用大写字母，单词之间用下画线分隔，如 ADMIN_NAME。

2.1.4 关键字

关键字是 Java 语言中已经被赋予特定含义的一些单词，不能用作标识符，前面见过的 class、public、static、void 等都是关键字。Java 中的关键字及其含义如表 2.1 所示，大部分关键字将随着学习的深入而逐步掌握，该表只需了解即可。

表 2.1 Java 中的关键字及其含义

分类	关键字	描述	分类	关键字	描述
数据类型	boolean	布尔型	类、方法和变量修饰符	extends	继承
	byte	字节型		final	最终值，不可改变的
	char	字符型		implements	实现接口
	double	双精度浮点型		interface	接口
	float	单精度浮点型		native	本地，原生方法
	int	整型		new	新建
	long	长整型		static	静态
	short	短整型		strictfp	严格，精准
流程控制	break	跳出循环		synchronized	（线程）同步
	case	供 switch 匹配的选项		transient	短暂（瞬时）
	continue	继续		volatile	易失
	default	默认	异常处理	assert	断言表达式是否为真
	do	运行		catch	捕捉异常
	else	否则		finally	有没有异常都执行
	for	循环		throw	抛出一个异常对象
	if	如果		throws	声明一个异常可能被抛出
	instanceof	实例		try	捕获异常
	return	返回	包	import	引入
	switch	多分支选择执行		package	包
	while	循环	变量引用	super	父类，超类
访问控制	private	私有的		this	本类
	protected	受保护的		void	无返回值
	public	公共的	保留关键字	goto	是关键字，但不能使用
类、方法和变量修饰符	abstract	抽象		const	是关键字，但不能使用
	class	类		null	空

2.2 变量与常量

2.2.1 变量简介

程序运行时，需要处理的数据都临时保存在内存单元中，为了方便记住这些内存单元以存取数据，可以使用标识符来表示每一个内存单元。这些使用了标识符的内存单元称为变量。程序员若要使用某个内存单元，无须记忆内存空间的复杂的内存地址，只需记住代表这个内存空间的变量名称即可，从而大大降低了编程难度。简言之，变量是一个内存单元的名字，代表了这个内存单元，用于存取（读写）数据。之所以称为变量是因为变量代表的内存单元存储的数据在程序运行过程中是可以被改变的，就像一家酒店的同一间客房（变量），第一天入住的客人（数据）与第二天入住的客人可以不同。

使用变量需要进行"三部曲"：声明→赋值→使用。

2.2.2 变量的声明

使用变量前，先要进行声明。变量的声明也叫变量的定义。声明变量的名字及其可以存储的数据类型后，编译器会根据数据类型为变量分配合适的内存空间。不同数据类型的变量分配的空间大小不一样，就像一家酒店，豪华套房类型和普通套房类型的大小不一样（客房类型比作变量的数据类型）。此外，声明了变量也就约束了该变量只能存储什么类型的数据，其他类型的数据存不进来。声明变量的语法如下：

数据类型 变量名称;

- 数据类型是关键字。
- 变量名称是自定义的标识符,尽量使用能见名知义的名字。

参见下面的例子,代码如下。

```
int age;          //声明整型变量 age
double num;       //声明双精度浮点型变量 num
```

int age 表示声明一个名为 age 的整型变量,编译器将为它分配一块 32 位的内存空间,名称 age 即代表了该块内存空间;double num 表示声明一个名为 num 的双精度浮点型变量,编译器将为它分配一块 64 位的内存空间,名称 num 即代表了该块内存空间。分配多少位的内存空间只取决于变量的数据类型。变量内存示意如图 2.1 所示。

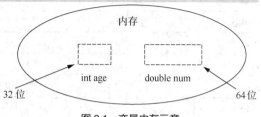

图 2.1 变量内存示意

相同类型的多个变量也可以在同一行一次性声明,代码如下。

```
int num1,num2,num3;          //同一行声明多个相同类型的变量
```

注意:不能在同一段程序中(准确来讲是在同一个作用域内)声明两个名称相同的变量。

2.2.3 数据类型

数据类型除了前面提到过的数值型,还有字符型、日期型等。每个数据类型都有它的取值范围,编译器会根据每个变量或常量的数据类型为其分配内存空间。变量中存储的数据的数据类型应该跟变量声明的数据类型一致,否则会报错。例如,如果变量 age 声明为整型,则它只能存储 1、2、3 等整型数据,而不能存储 1.0、3.14 等浮点型数据或'a'、'b'、'c'等字符型的数据。Java 的数据类型包括基本数据类型和引用数据类型,各自下面又有分类,如图 2.2 所示。其中基本数据类型有 8 种,如表 2.2 所示,引用数据类型以后再做介绍。

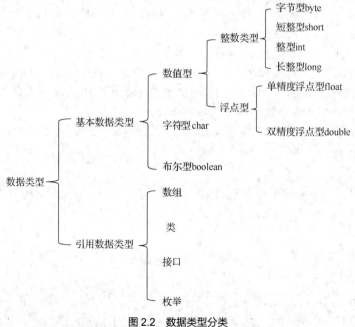

图 2.2 数据类型分类

表 2.2　基本数据类型

数据类型	所占空间/位	所占空间/字节	默认值	取值范围
byte	8	1	(byte)0	−128～127
short	16	2	(short)0	−32768～32787
int	32	4	0	−2147483648～2147483647
long	64	8	0L	−9223372036854775808～9223372036854775807
float	32	4	0.0F	1.4E−45～3.4028235E38
double	64	8	0.0	4.9E−324～1.7976931348623157E308
char	16	2	空('\u0000')	0～65535
boolean	8	1	false	true 或 false

1. 整数类型

Java 使用 4 种类型的整数：byte、short、int 和 long。编写程序时应该为变量选择最适合的数据类型。例如，知道存储在变量中的整数是在 1 字节范围内，应将该变量声明为 byte 型。为了简单和一致性，本书的大部分内容都使用 int 来表示整数。

long 类型的数据，需要在数字后面加上字母 L 或 l（L 的小写形式）来表示。如果数据的值不超过 int 的取值范围，也可省略。示例代码如下：

```
public static void main(String[] args) {
    long data1=1000000000;       //没有超出 int 的取值范围,省略字母 L
    long data2=10000000000;      //超出了 int 的取值范围,报错
    long data3=10000000000L;     //加上字母 L 就不报错了
}
```

整数又分为二进制整数、八进制整数、十六进制整数和最常用的十进制整数。

二进制整数：由 0 和 1 组成的数字序列，逢二进一，如 1101。在 Java 中二进制整数前面还要加上 0b 或 0B 才能表示是二进制数，否则会被当成十进制数，如 0b1101 或 0B1101。

八进制整数：由 0、1、2、3、4、5、6、7 组成的数字序列，逢八进一，如 72。在 Java 中八进制整数前面还要加上 0 才能表示是八进制数，否则会被当成十进制数，如 072。

十六进制整数：由数字 0~9 和字母 a~f 共 16 个字符组成的序列，其中 a 代表 10，b 代表 11，依此类推，逢十六进一，如 a9。在 Java 中十六进制整数前面还要加上 0x 或 0X 才能表示是十六进制数，否则会报错或被当成十进制数，如 0xa9 或 0Xa9。

二进制、八进制、十六进制的整数在输出时都会被转换成十进制整数。示例代码如下：

```
public static void main(String[] args) {
    int num2=0b1101;
    System.out.println(num2);
    num2=1101;    //删除 0b 将被当成十进制数
    System.out.println(num2);
    int num8=072;
    System.out.println(num8);
    num8=72;      //删除 0 将被当成十进制数
    System.out.println(num8);
    int num16=0xa9;
    System.out.println(num16);
    //num16=0xa9;  //删除 0x 将报错
}
```

运行结果：
```
13
1101
58
72
169
```

2. 浮点型

Java 使用两种类型的浮点数：float 和 double。double 称为双精度（double precision），而 float 称为单精度（single precision）。通常情况下，应该使用 double 型，因为它比 float 型更精确。Java 中，在小数后面加上字母 F 或 f 表示 float 型数据，在小数后面加字母 D 或 d 表示 double 型数据。如果一个小数后面不加字母，则默认为 double 型数据。示例代码如下。

```java
public static void main(String[] args) {
    double data1=1.87D;    //小数后面加 D,表示 double 型数据
    double data2=1.87;     //小数后面没有加 D,默认为 double 型数据
    float data3=1.87;      //报错,double 型数据不能存入 float 型变量中
    float data4=1.87F;     //小数后面加 F 表示 float 型数据
}
```

3. 字符型

字符型（char）的变量只能存储单独一个字符。赋值时，需要用一对单引号将一个字符引起来再赋值，如 char a='a'。也可以将一个整数赋给 char 型变量，编译器将自动将整数转换成 ASCII 编码表对应的字符。示例代码如下。

```java
public static void main(String[] args) {
    char c1='c';           //赋值字符 c
    System.out.println(c1);
    char c2=99;            //赋值整数 99,根据 ASCII 编码表,99 代表字符 c
    System.out.println(c2);
}
```

运行结果：
```
c
c
```

4. 布尔型

在现实生活中经常要拿两种事物进行比较，比较结果可能是"真"，也可能是"假"。例如，太阳比地球大，比较结果是"真"；月亮比地球大，比较结果是"假"。比较结果不是"真"就是"假"，只有这两个取值。布尔型正是用来表示比较结果的，它只有两个取值，即"真"或"假"，在 Java 中用关键字 boolean 表示布尔型，它只有两个取值：true 和 false，分别代表布尔逻辑中的"真"和"假"。若一个变量声明为布尔型，则它只能存储 true 或 false 这两个值之一，而不能存储其他值。示例代码如下。

```java
public static void main(String[] args) {
    boolean bigger;    //声明一个布尔型变量
    bigger=true;       //赋布尔型数据 true,正确
    bigger=false;      //赋布尔型数据 false,正确
    bigger=100;        //赋整型数据，报错
}
```

5. String 型

String 型不属于基本数据类型，是类的一种，后面会做详细介绍。但前面有多处用到它，这里要

先做简单说明。String 型又称字符串型，用于存储字符串，字符串是由一个或多个键盘字符组成的字符序列，用双引号引起来。例如"HelloWorld"就是一个典型的字符串，可以将它赋给一个 String 类型的变量。示例代码如下。

```
String hello="HelloWorld"
```

2.2.4 变量的赋值

声明变量是第一步，第二步为给变量赋值，这样变量才能使用。赋值是将一个数据（值）存入变量代表的内存空间，赋值的语法如下：

变量名 = 值;

【示例】为变量赋值。代码如下。

```
int age;           //声明整型变量 age
double num;        //声明双精度浮点型变量 num
age=18;            //变量的赋值
num=3.14159;       //变量的赋值
```

也可以将第一步变量的声明与第二步变量的赋值合并为一步，语法如下：

数据类型 变量名称 = 值;

【示例】声明变量的同时赋值，代码如下。

```
int age=18;        //声明变量的同时赋值（初始值）
double num=3.14;   //声明变量的同时赋值（初始值）
```

这种情况下的变量值通常称为初始值，后面可以根据需要改变变量值。变量赋值后的内存如图 2.3 所示。

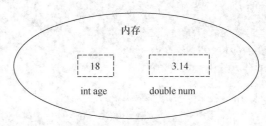

图 2.3 变量赋值后的内存

多个相同类型的变量也可以在同一行一次性声明及赋值（或不赋值），多个变量之间用逗号分隔。示例代码如下。

```
//同一行声明及赋值多个变量，也可不赋值
int num1,num2=10,num3=20;
//同一行声明及赋值多个变量，也可不赋值
double num4=10.1,num5,num6=10.2;
```

通常情况下，一种数据类型的变量只能用同一种类型的数据（值）进行赋值。例如一个 int 型变量，只能给它赋类似 1、10、100 的整型值；而 double 型变量，需要给它赋类似 1.1、10.5、100.3 的双精度浮点数型值。一种类型的值赋给另一种类型的变量也有可能成功，但需要进行数据类型转换。

2.2.5 数据类型转换

数据类型转换是将一种数据类型的值转换成另一种数据类型的值的操作。当把一种数据类型的值赋给另一种数据类型的变量时，需要进行数据类型转换。数据类型转换方式有两种：自动类型转

换与强制类型转换。

1. 自动类型转换

将取值范围较小的类型的数值赋给取值范围较大的类型的变量时，Java 会自动将取值范围较小的数值转换为取值范围较大的类型，这称为自动类型转换。自动类型转换按数据类型取值范围从小到大的顺序转换，不同类型数据间的优先关系为：byte → short → int → long → float → double。

另外，char 型可以自动转换为 int 型。

【示例】自动类型转换，代码如下。

```java
double num1=100;              //将整型值 100 赋给 double 型变量 num1
System.out.println(num1);     //将输出 100.0,而不是 100
```

控制台输出 100.0,而不是原始值 100,证明发生了数据类型转换。这里整型值 100 赋给 double 型变量 num1,虽然类型不一致，但由于值 100 作为 int 型，其取值范围比赋值目标变量的 double 型的取值范围要小；因此按照上述顺序，它可以自动转换为 double 型，再赋给 double 型变量 num1。同样，已赋过值的取值范围较小的类型的变量赋给取值范围较大的变量时，会发生自动类型转换。代码如下。

```java
int num1=100;
double num2=num1;     //int 型变量赋给 double 型变量时,发生自动类型转换
System.out.println(num2);
```

其他自动类型转换示例程序，代码如下。

```java
public static void main(String[] args) {
    //自动类型转换
    byte b = 100;
    short s = b;//byte-->short
    System.out.println("byte-->short:"+s);
    int i = s; //short-->int
    System.out.println("short-->int:"+i);
    char c = 'a';
    i=c;
    System.out.println("char-->int:"+i);
    long l = i; //int--->long
    System.out.println("int--->long:"+l);
    float f = l; //long-->float
    System.out.println("long-->float:"+f);
    double d=f; //float-->double
    System.out.println("float-->double:"+d);
}
```

运行结果：

```
byte-->short:100
short-->int:100
char-->int:97
int--->long:97
long-->float:97.0
float-->double:97.0
```

2. 强制类型转换

强制类型转换是将取值范围较大的类型的数值转换成取值范围较小的类型的数值。强制类型转换的前提是数据类型要兼容，并且源类型的取值范围大于目标类型。强制类型转换可能会损失精度。强制类型转换的语法：

```
(目标类型) 源类型;
```

源类型：取值范围要比目标类型大，可以是值或变量。

【示例】强制类型转换，代码如下。

```
int num=(int)2.2;
System.out.println(num);
```

输出结果为 2，将 double 型转换成为 int 型，小数部分的 0.2 被截去，所以说强制类型转换可能会损失精度。

int 型强制转换为 byte 型也会有精度损失。

【示例】强制类型转换造成精度损失，代码如下。

```
byte b;
int i=264;
b=(byte)i;
System.out.println("i="+i);
System.out.println("b="+b);
```

运行结果：

```
i=264
b=8
```

int 型值 264 强制转换为 byte 型后变成了 8，明显发生了精度损失，这是为何呢？因为 int 型值是 32 位的，即 4 字节，整数 264 存储在计算机中的二进制形式如下所示：

00000000 00000000 00000001 00001000

当强制转换为 byte 型时，由于 byte 型只有 8 位（1 字节），这样 264 的高位的 3 字节全部丢弃，只剩下最低位的 1 字节，此时二进制形式如下：

00001000

这样，它的值就变成 8 了。

int 型也可强制转换为 char 型，如 System.out.println((char)98);将输出 b，转换依据是 ASCII 编码表。

2.2.6 变量的使用

变量在经过第一步声明与第二步赋值后，接下来就可以进行第三步使用了。变量的使用包括输出到控制台、参与运算、给其他变量赋值等。代码如下。

```
int num1=10;                    //声明变量并赋初始值
System.out.println(num1);       //输出变量到控制台
int num2=num1;                  //给其他变量赋值
int num3=num1+num2;             //参与运算
```

变量的声明、赋值、使用三者顺序不能调，否则会报错。但三者不必紧贴在一起，只要在使用变量前的任何位置声明与赋值过该变量即可。代码如下。

```
System.out.println(num1);
//未声明就使用,控制台将报错：num1 cannot be resolved to a variable（num1 未定义为变量）
int num2;
System.out.println(num2);
//未赋值就使用,控制台将报错：The local variable num2 may not have been initialized（num2 未初始化）
```

2.2.7 变量的作用域

变量的作用域决定了变量名的可见性和生命周期。在 Java 中，作用域由大括号{}的位置决定。如果一个变量被定义在一对大括号内，则该大括号所包含的代码区域就是这个变量的作用域；如果该大括号内部又嵌套了大括号，那么变量的作用域还包括内嵌大括号所包含的代码区域。

【示例】变量的作用域，代码如下。

```
public static void main(String[] args) {
    int num1 = 10;
    System.out.println("第1次输出 num1:"+num1);        //正确
    {
        int num2 = 20;
        System.out.println("第2次输出 num1:"+num1);    //正确
        System.out.println("第1次输出 num2:"+num2);    //正确
    }
    System.out.println("第3次输出 num1:"+num1);        //正确
    System.out.println("第1次输出 num2:"+num2);        //错误,要注释掉才能运行
}
```

可以发现变量 num1 声明与赋初始值后，在第一对大括号范围的任何位置均能正确使用，包括其内嵌的大括号内都能使用；但 num2 是在内嵌的大括号内定义的，故只能在内嵌的大括号内使用，在内嵌的大括号外无法使用。注释掉最后一行代码后，程序可以运行，结果如下所示：

第1次输出 num1:10
第2次输出 num1:10
第1次输出 num2:20
第3次输出 num1:10

注意：相同的作用域中不能定义两个同名的变量。

2.2.8 常量

常量代表程序运行过程中不能改变的值，常量在整个程序中只能赋值一次。常量有以下作用。
（1）代表常数，便于程序的修改（例如圆周率的值）。
（2）代表多个对象共享的值。多个对象都使用了，若要修改，只需修改常量，无须找出各个对象一一修改。
（3）增强程序的可读性（例如，常量 UP、DOWN、LEFT 和 RIGHT 分别代表上、下、左、右，其数值分别是 1、2、3 和 4）。

在 Java 编程规范中，要求常量名必须大写。常量的语法格式和变量类型基本相同，只需要在变量的语法格式前面添加关键字 final 即可。
语法如下：

final 数据类型 常量名称 = 值；

也可以一行定义多个相同数据类型的常量，语法如下：

final 数据类型 常量名称1 = 值1,常量名称2 = 值2,…,常量名称n = 值n；

【示例】常量的使用，代码如下。

```
final double PI = 3.14159;
final char MALE='M',FEMALE='F';
```

在 Java 语法中，常量也可以先声明，再进行赋值，但是只能赋值一次。示例代码如下。

```
final int UP;
UP = 1;
```

2.3 运算符

Java 提供了赋值运算符、算术运算符、比较运算符、逻辑运算符、位运算符、三元运算符等丰富的运算符。下面一一详细介绍。

2.3.1 赋值运算符

在 Java 中,将符号=作为赋值运算符。赋值运算符的作用是指定一个值给一个变量。声明变量后,可以利用赋值语句给它赋一个值。赋值语句语法如下:

```
变量名 = 值(或表达式);
```

其功能是将右边的值赋给左边的变量;或先将右边的表达式计算出来得到一个结果值,再将其赋给左边的变量。代码如下。

```java
int x = 1;
int y = 2;
double z = x*y;
```

要注意变量名必须放在运算符=的左边,以下是错误示范:

```
1 = x;
```

除了简单的=赋值之外,Java 中还支持=与其他运算符组合进行赋值,方便程序执行,如表 2.3 所示。

表 2.3 赋值运算符

运算符	描述	示例
=	简单的赋值运算符,将右操作数的值赋给左操作数	C = A + B 将把 A + B 的值赋给 C
+ =	加和赋值操作符,把左操作数和右操作数相加后赋给左操作数	C + = A 等价于 C = C + A
- =	减和赋值操作符,把左操作数和右操作数相减后赋给左操作数	C - = A 等价于 C = C - A
* =	乘和赋值操作符,把左操作数和右操作数相乘后赋给左操作数	C * = A 等价于 C = C * A
/ =	除和赋值操作符,把左操作数和右操作数相除后赋给左操作数	C / = A 等价于 C = C / A
% =	取模和赋值操作符,把左操作数和右操作数取模后赋给左操作数	C % = A 等价于 C = C % A
<< =	左移位赋值运算符	C << = 2 等价于 C = C << 2
>> =	右移位赋值运算符	C >> = 2 等价于 C = C >> 2
& =	按位与赋值运算符	C & = 2 等价于 C = C & 2
^ =	按位异或赋值操作符	C ^ = 2 等价于 C = C ^ 2
| =	按位或赋值操作符	C | = 2 等价于 C = C | 2

可以对多个变量连续赋同一个值,程序会从最右边的=开始处理,再逐步赋给左侧的变量。代码如下。

```java
int a,b,c;
a=b=c=10;
```

要注意,不可以像下面这样赋值:

```java
int a=b=c=10;
```

利用组合赋值运算符,可以实现强制类型转换自动完成,而不需要显式进行。代码如下。

```java
public static void main(String[] args) {
    int num1=10;
    double num2=20.5;
```

```
        num1+=num2;
        System.out.println("num1="+num1);
}
```
运行结果:
```
num1=30
```
注意: num1 是 int 型,num2 是 double 型,两者相加结果应是 double 型,double 类型的结果再赋给 int 型的 num1,按之前所介绍,应该要强制转换。但从上面程序可以看出,这种情况下无须显式强转,而是自动完成了。

2.3.2 算术运算符

算术运算符包括加号+、减号-、乘号*、除号/、取余号%、自增运算符++,自减运算符--,具体描述如表 2.4 所示,表中示例假设变量 A 的初始值为 10,变量 B 的初始值为 20。

表 2.4 算术运算符

运算符	描述	示例(A=10,B=20)	结果
+	将运算符两侧的值相加	A + B	30
-	左操作数减去右操作数	A – B	-10
*	将操作符两侧的值相乘	A * B	200
/	左操作数除以右操作数	B / A	2
%	求左操作数除以右操作数的余数	B%A	0
++	操作数的值增加 1	B++ 或 ++B	21
--	操作数的值减少 1	B-- 或 --B	19

1. 算术运算结果类型

不同类型的数据或变量进行算术运算时,结果的类型为其中取值范围最大的那个类型。如 int 型与 double 型进行算术运算时,结果应是 double 型,而不是 int 型。代码如下。

```
public static void main(String[] args) {
    int num1=10;
    double num2=20.5;
    float num3=30.5f;
    double sum=num1+num2+num3; //必须由 double 型变量接收运算结果,否则会报错
    System.out.println("sum="+sum);
}
```

num1+num2+num3 是 int、float、double 这 3 种类型参与运算,结果取其中取值范围最大的类型,即 double 型,所以运算结果要赋给 double 型变量。

2. 除法与求余

在使用除法运算符的时候需要注意,当除法的两个操作数都是整数时,除法的结果也是整数,相当于整除。例如,5/2 的结果是 2,而不是 2.5。代码如下:
```
System.out.println(5/2); // 输出 2
```
为了实现浮点数的除法,其中一个操作数必须是浮点数。例如,5.0/2 的结果是 2.5。代码如下:
```
System.out.println(5.0/2); // 输出 2.5
```
两个整型变量(a=5、b=2)相除(即 a/b),其结果是整数 2,而不是 2.5。要得到 2.5 的结果,方法是将 a、b 中的其中一个变量乘以 1.0,如 a*1.0/b。

运算符%被称为求余或者取余运算符,可以求得除法的余数。如 4%2 的余数为 0,5%3 的余数为 2。运算符%通常用在正整数上,实际上,它也可用于负整数和浮点数。但只有被除数(%左边的

数）是负数时，余数才是负的。例如，7%3 和 7%-3 的结果都是 1，而-7%3 和-7%-3 的结果都是-1，显然求余结果的正负与除数（%右边的数）的正负无关。示例代码如下。

```
System.out.println(7%3);   // 输出1
System.out.println(7%-3);  // 输出1
System.out.println(-7%3);  // 输出-1
System.out.println(-7%-3); // 输出-1
```

在程序设计中，余数是非常有用的。例如，偶数%2 的结果总是 0，而正奇数%2 的结果总是 1。所以，可以利用这一特性来判断奇偶数。

3. 自增、自减

自增++和自减--运算符是特殊的算术运算符，分别表示操作数的值增加 1 或减少 1。注意，操作数只能是变量，不能是数值。在一般算术运算符中至少需要两个操作数来进行运算，如加法运算 a+b，a 是第一个操作数，b 是第二个操作数，少一个就无法实现。而自增自减运算符只需要一个操作数，如自增运算 a++只有一个操作数 a，a++即 a 自增，相当于 a=a+1；同理，a--即 a 自减，相当于 a=a-1。至少需要两个操作数才能构成运算表达式的运算符称为"二元运算符"，至少需要 3 个操作数的运算符称为"三元运算符"，只需要一个操作数的运算符称为"一元运算符"。自增++和自减--运算符是一元运算符。

自增、自减运算符既可以放在操作数的前面，也可以放在操作数的后面。自增、自减运算及其操作数既可以单独构成一条语句，也可以参与到运算表达式中。

（1）第一种情形：自增、自减运算及其操作数单独构成一条语句。这时无论自增、自减运算符放在操作数（变量）的前面还是后面结果都一样，操作数（变量）都自增或自减 1。

【示例】下面程序首先将自增、自减运算符放在操作数（变量）的右侧。代码如下。

```
public static void main(String[] args) {
    int a=1,b=10;
    a++;
    b--;
    System.out.println("a++的结果: "+a);
    System.out.println("b--的结果: "+b);
}
```

运行结果：

a++的结果: 2
b--的结果: 9

修改上述代码，将++和--都移到操作数（变量）的左侧，a++改为++a，c--改为--c，修改后的代码如下所示。

```
public static void main(String[] args) {
    int a=1,b=10;
    ++a;
    --b;
    System.out.println("a++的结果: "+a);
    System.out.println("b--的结果: "+b);
}
```

运行结果：

++a 的结果: 2
--b 的结果: 9

可见结果不变。

（2）第二种情形：自增、自减运算符及其操作数参与到运算表达式中。根据自增、自减运算符在操作数（变量）的左侧或右侧分为以下两种情况。

- 自增、自减运算符在变量左侧：如++a，先对变量进行自增操作，再使该变量参与表达式运算。
- 自增、自减运算符在变量右侧：如a++，先使变量参与表达式运算，再对该变量进行自增操作。

【示例】自增、自减运算符在变量左侧。代码如下。

```java
public static void main(String[] args) {
    int a = 3;   //定义一个变量
    int b = ++a; //a先自增，再参与赋值运算
    int c = 3;
    int d = --c; //c先自减，再参与赋值运算
    System.out.println("自增: " + b);
    System.out.println("自减: " + d);
}
```

运行结果：

自增：4
自减：2

在上例中，语句 int b = ++a;是先自增再赋值，即先将变量 a 的值自增 1，再赋给变量 b，相当于拆分为两个运算过程（a=a+1=4 以及 b=a=4），最后结果为 b=4，a=4。语句 int d = --c;是先自减再赋值，相当于拆分为两个运算过程（c=c-1=2 以及 d=c=2），最后结果为 d=2，c=2。

将上述代码修改一下，将++和--都移到右边，代码如下所示。

```java
public static void main(String[] args) {
    int a = 3;   //定义一个变量
    int b = a++; //a先参与赋值运算，再自增
    int c = 3;
    int d = c--; //c先参与赋值运算，再自减
    System.out.println("自增: " + b);
    System.out.println("自减: " + d);
}
```

运行结果：

自增：3
自减：3

在上例中，语句 int b = a++;是先赋值再自增，即先将变量 a 原来的值 3 赋给变量 b，再对变量 a 进行自增，相当于拆分为两个运算过程（b=a=3 以及 a=a+1=4），最后结果为 b=3，a=4。语句 int d = c--;是先赋值再自减，相当于拆分为两个运算过程（d=c=3 以及 c=c-1=2），最后结果为 d=3，c=2。

在 Java 程序中灵活运用自增、自减运算符可以提高代码的简洁性，也可以结合 Java 其他运算符一起使用，代码如下。

```java
public static void main(String[] args) {
    int a = 5;   //定义一个变量
    int b = 5;
    int x = 2*++a;
    int y = 2*b++;
    System.out.println("a="+a+",x="+x);
    System.out.println("b="+b+",y="+y);
}
```

运行结果：
```
a=6,x=12
b=6,y=10
```

【示例】比较复杂的自增、自减运算常用于笔试填空题。代码如下。

```java
public static void main(String[] args) {
    int a=10,b=2,c=5;
    int d=a++-b---++c+c-++b+--a;
    System.out.println("手算一下再对比结果："+d);
}
```

运行结果：
```
手算一下再对比结果：16
```

4. char 型参与算术运算

char 型也可以参与算术运算，将被自动转换成 ASCII 表中对应的十进制整数来处理。例如，System.out.println('a'+1);将输出 98，即将'a'转换成了 ASCII 表中对应的十进制整数 97。

5. String 型的+操作

String 型可以用运算符+与其他类型的变量或数据进行连接，这里的+运算符不再是数字相加的意思，而是连接。字符串与任何其他类型进行+运算，结果都是字符串类型。字符串出现在+的左边或右边均可。

【示例】String 型的+操作，代码如下。

```java
public static void main(String[] args) {
    System.out.println("hello" + 'a'+1);
    System.out.println('a' + 1 + "hello");
    System.out.println("5+5=" + 5 + 5);
    System.out.println(5 + 5 + "=5+5");
    int a = 50;
    int b = 60;
    System.out.println(a + b);
    System.out.println("a+b的结果是:" + a + b);
    System.out.println("a+b的结果是:" + (a + b));
    System.out.println('a'+"hello");
}
```

运行结果：
```
helloa1
98hello
5+5=55
10=5+5
110
a+b的结果是:5060
a+b的结果是:110
ahello
```

6. byte 型参与算术运算

两个 byte 型变量进行算术运算，结果会自动转换为 int 型，若将运算结果赋给 byte 型变量将会报错。代码如下。

```java
byte num1=10;
byte num2=20;
byte num3=num1+num2;        //报错
int num4=num1+num2;         //正确
```

2.3.3 比较运算符

比较运算符又称为关系运算符,用于值或变量之间的比较,运算结果为布尔型。表 2.5 所示为 Java 支持的比较运算符,表中的示例假设整型变量 A 的值为 10,变量 B 的值为 20。

表 2.5 比较运算符

运算符	描述	示例 (A=10, B=20)	结果
==	比较两个操作数的值是否相等,如果相等则返回 true,否则返回 false	A == B	false
!=	比较两个操作数的值是否相等,如果不相等则返回 true,否则返回 false	A != B	true
>	比较左操作数的值是否大于右操作数的值,如果是那么返回 true,否则返回 false	A > B	false
<	比较左操作数的值是否小于右操作数的值,如果是那么返回 true,否则返回 false	A < B	true
>=	比较左操作数的值是否大于或等于右操作数的值,如果是那么返回 true,否则返回 false	A >= B	false
<=	比较左操作数的值是否小于或等于右操作数的值,如果是那么返回 true,否则返回 false	A <= B	true

下面的示例程序演示了比较运算符的使用:

```java
public static void main(String[] args) {
    int a = 10;
    int b = 20;
    System.out.println("a == b = " + (a == b) );    // false
    System.out.println("a != b = " + (a != b) );    // true
    System.out.println("a > b = " + (a > b) );      // false
    System.out.println("a < b = " + (a < b) );      // true
    System.out.println("b >= a = " + (b >= a) );    // true
    System.out.println("b <= a = " + (b <= a) );    // false
}
```

注意:判断字符串是否相等不能用运算符==,而是用 String 类的 equals()方法。示例代码如下。

```java
public static void main(String[] args) {
    String str1="HelloWorld";
    String str2="helloWorld";
    String str3="helloWorld";
    System.out.println("str1 与 str2 相同吗: "+str1.equals(str2));
    //str1 与 str2 的位置可互换,结果一样
    System.out.println("str2 与 str3 相同吗: "+str2.equals(str3));
}
```

运行结果:

str1 与 str2 相同吗: false
str2 与 str3 相同吗: true

2.3.4 逻辑运算符

多个运算结果为布尔类型的表达式,如比较运算表达式,可以通过逻辑运算符进一步组合成逻辑运算表达式,最终返回结果仍然是布尔类型。表 2.6 所示为逻辑运算符及其基本运算规则,假设布尔变量 A 代表第一个表达式的结果,为 true;变量 B 代表第二个表达式的结果,为 false。

表 2.6 逻辑运算符

运算符	含义	规则	示例 (A=true, B=false)	结果
&&或者&	逻辑与	当且仅当两个操作数都为 true,条件才为真。其中&&称为短路与	A && B(或者 A&B)	false
||或者|	逻辑或	如果两个操作数中的任何一个为真,条件为真。其中||称为短路或	A||B(或者 A|B)	true

续表

运算符	含义	规则	示例 （A=true，B=false）	结果
!	逻辑非	用来反转操作数的逻辑状态。如果条件为 true，则使用逻辑非运算符将得到 false	!(A && B)	true
^	逻辑异或	true^true、false^false 的结果均为 false，true^false、false^true 的结果均为 true，即相异为真，相同为假	A^B	true

【示例】逻辑运算符的使用，代码如下。

```java
public static void main(String[] args) {
    // 定义几个变量
    int a = 3;
    int b = 4;
    int c = 5;
    System.out.println("------------逻辑与------------");
    System.out.println((a > b) & (a > c));// false&false=false
    System.out.println((a > b) & (a < c));// false&true=false
    System.out.println((a < b) & (a > c));// true&false=false
    System.out.println((a < b) & (a < c));// true&true=true
    System.out.println("------------逻辑或------------");
    System.out.println((a > b) | (a > c));// false|false=false
    System.out.println((a > b) | (a < c));// false|true=true
    System.out.println((a < b) | (a > c));// true|false=true
    System.out.println((a < b) | (a < c));// true|true=true
    System.out.println("------------逻辑异或------------");
    System.out.println((a > b) ^ (a > c));// false^false=false
    System.out.println((a > b) ^ (a < c));// false^true=true
    System.out.println((a < b) ^ (a > c));// true^false=true
    System.out.println((a < b) ^ (a < c));// true^true=false
    System.out.println("------------逻辑非------------");
    System.out.println(!(a > b));// !false=true
    System.out.println(!(a < b));// !true=false
    System.out.println(!!(a > b));// !!false=false
    System.out.println(!!!(a > b));// !!!false=true
    System.out.println(!!!!!!!!!!!(a > b));//奇数个!相当于一个!，!false=true
}
```

&&与&的运算结果相同，但过程可能不一样，&&有"短路"效果，&没有；同样||与|运算结果相同，但||有"短路"效果，|没有。所谓"短路"，就是计算完&&或||表达式的左边第一个表达式的布尔结果后，直接给出最终结果，不再计算&&或||表达式的右边的表达式的现象。对&&来讲，计算&&左边的表达式结果为 false，则直接返回结果 false，不再计算&&右边的表达式。对||来讲，计算||左边的表达式结果为 true，则直接返回结果 true，不再计算||右边的表达式。下面这个案例可以体现&&及||的"短路"效果，代码如下。

```java
public static void main(String[] args) {
    int x = 3;
    int y = 4;
    boolean b1 = ((x++ == 4) & (y++ == 4));
    System.out.println("x:"+x+" y:"+y+" b1="+b1);//分析结果，显然y++有执行到，故没有发生"短路"
    x=3;
    y=4;
    boolean b2 = ((x++ == 4) && (y++ == 4));
    System.out.println("x:"+x+" y:"+y+" b2="+b2);//分析结果，显然y++没有执行到，故发生了"短路"
```

```
        x=3;
        y=4;
        boolean b3 = ((x++ == 3) | (y++ == 4));
        System.out.println("x:"+x+" y:"+y+" b3="+b3);//分析结果,显然y++有执行到,故没有发生"短路"
        x=3;
        y=4;
        boolean b4 = ((x++ == 3) || (y++ == 4));
        System.out.println("x:"+x+" y:"+y+" b4="+b4);//分析结果,显然y++没有执行到,故发生了"短路"
}
```

运行结果:

```
x:4 y:5 b1=false
x:4 y:4 b2=false
x:4 y:5 b3=true
x:4 y:4 b4=true
```

"短路"的好处是可以省略不必要的运算,提高性能。

逻辑运算还可以多重嵌套,即逻辑运算表达式内部又可以包含逻辑运算表达式。

【示例】逻辑运算的多重嵌套,代码如下。

```
public static void main(String[] args) {
    int a=10;
    int b=20;
    int c=30;
    boolean result=((c>b)||(a>b))&&((b>c)||(a>b));
    System.out.println(result); // false
}
```

上面的逻辑运算表达式中&&运算符左边嵌套了逻辑运算表达式((a>b)||(c>b)),右边嵌套了逻辑运算表达式((b>a)||(b>c))。注意,内部嵌套的逻辑运算表达式最好加上一对括号,否则会发生&&运算符与||运算符的优先级问题。由于&&运算符优先级大于||运算符,因此会先组合再进行运算,从而导致结果可能与预期不符。

【示例】取消上面逻辑运算表达式中&&左右两边的括号。代码如下。

```
public static void main(String[] args) {
    int a=10;
    int b=20;
    int c=30;
    // boolean result=((c>b)||(a>b))&&((b>c)||(a>b));
    boolean result=(c>b)||(a>b)&&(b>c)||(a>b);//取消&&左右两边的括号
    System.out.println(result); // true
}
```

请自行思考为什么结果不同?

2.3.5 位运算符

Java定义了位运算符,是对二进制数的每一位进行运算的符号,有按位与、按位或、按位异或、按位取反及移位操作,其中移位操作又分为左移、右移、无符号右移。byte、short、int、long型整数均可进行位运算。

整数进行位运算时,需要转换为二进制补码再进行运算,运算结果也是补码。

1. 原码

二进制的左边最高位表示符号位,最高位为 0 代表正数,为 1 代表负数,其余位数表示绝对数值,这就是原码。例如,0000 0011 表示正数 3,1000 0011 表示负数-3。用原码表示的值叫真值。

2. 补码

正数的补码就是其本身。

负数的补码是在其原码的基础上，符号位不变，其余各位取反，再加 1。

3. 补码转换为原码

对于正数补码：原码等于补码。

对于负数补码：补码符号位不变其余位取反，再加 1，结果即为原码（真值）。

下面举几个例子。

（1）int 型整数 10，求其补码。

先求整数 10 的原码，注意 int 型是 32 位的：

00000000 00000000 00000000 00001010。

由于它是正数，因此补码等于原码，上面就是结果。

（2）int 型整数-10，求其二进制补码。

先求-10 的原码：

10000000 00000000 00000000 00001010。

符号位保持 1 不变，其余位取反加 1，结果是：

11111111 11111111 11111111 11110110。

（3）已知补码 11111111 11111111 11111111 11110110，求其真值（即原码）。

最高位为 1，表明是负数，符号位不变，其余位取反加 1，结果是：

10000000 00000000 00000000 00001010，表示负数-10。

位运算是按二进制的补码形式进行的，运算结果也是补码，最后需要转换为原码得到真值。

4. 按位与

运算符为&，是二元运算符，两个操作数如果对应位都是 1，则结果为 1，否则为 0。

【示例】两个 int 型整数 A=60、B=13，手算求 A&B。

首先将 A、B 分别转换为二进制补码（注意，int 型占 32 位）。

A = 00000000 00000000 00000000 00111100

B = 00000000 00000000 00000000 00001101

然后将对应位——进行按位与运算。

运算过程与结果：

00000000 00000000 00000000 00111100   &
00000000 00000000 00000000 00001101
00000000 00000000 00000000 00001100

将结果转换为原码，表示十进制数 12。

5. 按位或

运算符为|，是二元运算符，两个操作数如果对应位都是 0，则结果为 0，否则为 1。

【示例】两个 int 型整数 A=60、B=13，手算求 A|B。

首先将 A、B 分别转换为二进制补码（注意，int 型占 32 位）。

A = 00000000 00000000 00000000 00111100

B = 00000000 00000000 00000000 00001101

然后将对应位——进行按位或运算。

运算过程与结果：

00000000 00000000 00000000 00111100 |
00000000 00000000 00000000 00001101
00000000 00000000 00000000 00111101

将结果转换为原码，表示十进制数 61。

6. 按位异或

运算符为^，是二元运算符，两个操作数如果对应位相同，则结果为 0，否则为 1。

【示例】两个 int 型整数 A=60、B=13，手算求 A^B。

首先将 A、B 分别转换为二进制补码（注意，int 型占 32 位）。

A = 00000000 00000000 00000000 00111100

B = 00000000 00000000 00000000 00001101

然后将对应位一一进行按位异或运算。

运算过程与结果：

00000000 00000000 00000000 00111100   ^
00000000 00000000 00000000 00001101
00000000 00000000 00000000 00110001

将结果转换为原码，表示十进制数 49。

7. 按位取反

也叫按位非，运算符为~，是一元运算符。该运算符用于放在操作数的前面，表示翻转操作数的每一位，即 0 变成 1，1 变成 0。

【示例】int 型整数 A=60，手算求~A。

首先将 A 转换为二进制补码（注意，int 型占 32 位）。

A = 00000000 00000000 00000000 00111100

然后对 A 的每一位进行按位取反运算。

运算过程与结果：

~   00000000 00000000 00000000 00111100
     11111111 11111111 11111111 11000011

运算结果的最高位为 1，表明它变成了负数，结果转换为原码，表示十进制数-61。

8. 左移

运算符为<<，是二元运算符，左操作数所有二进制位向左移动右操作数指定的位数，右边空位补 0，左边移出的位数舍去。

【示例】int 型整数 A=60，手算求 A<<2。

首先将 A 转换为二进制补码（注意，int 型占 32 位）。

A = 00000000 00000000 00000000 00111100

然后左移 2 位，左边的两个 0 舍去，右边补两个 0。

运算过程与结果：

00000000 00000000 00000000 00111100   << 2
00000000 00000000 00000000 11110000

将结果转换为原码，表示十进制数 240。

9. 右移

运算符为>>，是二元运算符，左操作数所有二进制位向右移动右操作数指定的位数，正整数左边空位补 0，负整数左边空位补 1，右边移出的位数舍去。

【示例】int 型整数 A=60，手算求 A>>2。

首先将 A 转换为二进制补码（注意，int 型占 32 位）。

A = 00000000 00000000 00000000 00111100

然后右移 2 位，左边补两个 0，右边两个 0 舍去。

运算过程与结果：

00000000 00000000 00000000 00111100   >> 2
────────────────────────────────────
00000000 00000000 00000000 00001111

将结果转换为原码，表示十进制数 15。

【示例】int 型整数 A=-60，手算求 A>>2。

首先将 A 转换为二进制补码（注意，int 型占 32 位）。

A = 11111111 11111111 11111111 11000100

然后右移 2 位，由于它是负整数，因此左边补两个 1，右边两个 0 舍去。

运算过程与结果：

11111111 11111111 11111111 11000100   >> 2
────────────────────────────────────
11111111 11111111 11111111 11110001

结果转换为原码，表示十进制数-15。

10. 无符号右移

运算符为>>>，是二元运算符，左操作数所有二进制位向右移动右操作数指定的位数，正负整数左边空位都补 0，右边移出的位数舍去。

【示例】int 型整数 A=60，手算求 A>>>2。

首先将 A 转换为二进制补码（注意，int 型占 32 位）。

A = 00000000 00000000 00000000 00111100

然后右移 2 位，左边补两个 0，右边两个 0 舍去。

运算过程与结果：

00000000 00000000 00000000 00111100   >>> 2
────────────────────────────────────
00000000 00000000 00000000 00001111

将结果转换为原码，表示十进制数 15。

【示例】int 型整数 A=-60，手算求 A>>>2。

首先将 A 转换为二进制补码（注意，int 型占 32 位）。

A = 11111111 11111111 11111111 11000100

然后右移 2 位，虽然它是负整数，但左边也是补两个 0，右边两个 0 舍去。

运算过程与结果：

11111111 11111111 11111111 11000100   >>> 2
────────────────────────────────────
00111111 11111111 11111111 11110001

将结果转换为原码，表示十进制数 1073741809。

表 2.7 所示为位运算符的基本运算，假设整数变量 A 的值为 60 和变量 B 的值为 13。

表 2.7 位运算符

运算符	描述	规则简述	示例 （A = 60，B = 13）	结果
&	按位与	如果对应位都是 1，则结果为 1，否则为 0	A & B	12
|	按位或	如果对应位都是 0，则结果为 0，否则为 1	A | B	61

续表

运算符	描述	规则简述	示例 （A = 60，B = 13）	结果
^	按位异或	如果对应位值相同，则结果为 0，否则为 1	A ^ B	49
~	按位取反	反转操作数的每一位，即 0 变成 1，1 变成 0	~A	-61
<<	左移	左操作数左移右操作数指定的位数，右边补 0	A << 2	240
>>	右移	左操作数右移右操作数指定的位数，左边正数补 0，负数补 1	A >> 2	15
>>>	无符号右移	左操作数右移右操作数指定的位数，左边正负数都补 0	A >>> 2	15

下面的简单示例程序演示了各个位运算符：

```java
public static void main(String[] args) {
    int A = 60;
    int B = 13;
    int C = 0;
    C = A & B;
    System.out.println("A & B = " + C);
    C = A | B;
    System.out.println("A | B = " + C);
    C = A ^ B;
    System.out.println("A ^ B = " + C);
    C = ~A;
    System.out.println("~A = " + C);
    C = A << 2;
    System.out.println("A << 2 = " + C);
    C = A >> 2;
    System.out.println("A >> 2  = " + C);
    C = -A >> 2;
    System.out.println("-A >> 2  = " + C);
    C = A >>> 2;
    System.out.println("A >>> 2 = " + C);
    C = -A >>> 2;
    System.out.println("-A >>> 2 = " + C);
}
```

运行结果：

```
A & B = 12
A | B = 61
A ^ B = 49
~A = -61
A << 2 = 240
A >> 2  = 15
-A >> 2  = -15
A >>> 2 = 15
-A >>> 2 = 1073741809
```

2.3.6 三元运算符

三元运算符也称为条件运算符，该运算符有 3 个操作数，第一个操作数必须是一个结果为布尔类型的表达式，第二个和第三个操作数可以是任意相同类型的常量、变量或表达式。整个三元运算将根据表达式的结果是 true 还是 false 返回第二个或第三个操作数的结果。语法如下：

表达式 ? 返回值 1 : 返回值 2

表达式：是第一个操作数，必须是布尔类型结果的表达式，如比较运算表达式、逻辑运算表达式。

返回值1：是第二个操作数，可以是任意类型的常量、变量或表达式，但要跟返回值2的类型相同。如果第一个操作数的结果为true，则整个三元运算的结果就是返回值1的结果。

返回值2：是第三个操作数，可以是任意类型的常量、变量或表达式，但要跟返回值1的类型相同。如果第一个操作数的结果为false，则整个三元运算的结果就是返回值2的结果。

三元运算一般不能独立存在，应该赋给一个变量或直接输出。

【示例】使用三元运算符求两个变量中的最大值，代码如下。

```java
public static void main(String[] args) {
    //使用三元运算符求两个变量中的最大值
    int a = 50;
    int b = 60;
    int max = a > b ? a : b;      //=右边为三元运算：如果a>b为true则返回a，否则返回b
    System.out.println("两个数中的最大值是:"+max);
    //使用三元运算符 求3个变量中的最大值
    //思路：首先用三元运算计算出前面两个变量的最大值，然后赋给一个中间变量
    //再用三元运算计算出中间变量与第三个数的最大值
    int num1=70,num2=80,num3=60;
    int temp=num1>num2?num1:num2;
    max=temp>num3?temp:num3;
    System.out.println("3个数中的最大值是:"+max);
    //判断大象与长颈鹿谁高
    int xiang=280;
    int lu=380;
    String height=xiang>lu?"大象高":"长颈鹿高";
    System.out.println(height);
    //判断大象与长颈鹿谁比谁高，并且高多少
    height=xiang>lu?"大象比长颈鹿高"+(xiang-lu)+"cm":"长颈鹿比大象高"+(lu-xiang)+"cm";
    System.out.println(height);
}
```

运行结果：

两个数中的最大值是:60
3个数中的最大值是:80
长颈鹿高
长颈鹿比大象高100cm

2.3.7　运算符的优先级

当多个运算符出现在同一个表达式中，谁先谁后呢？这就涉及运算符的优先级问题。在一个包含多运算符的表达式中，运算符优先级不同会导致最后得出的结果差别甚大。

例如，x = 7 + 3 * 2。这里x为13，而不是20，因为乘法运算符比加法运算符的优先级高，所以先计算3 * 2得到6，再加7。

表2.8所示为Java的各种运算符的优先级，具有最高优先级的运算符在表的最上面，往下一行优先级降低一级，最低优先级的运算符在表的底部。

表2.8　运算符优先级

类别	操作符	关联性
后缀	() [] .（点操作符）	从左到右
一元	++ -- ! ~	从右到左

续表

类别	操作符	关联性
乘性	* / %	左到右
加性	+ -	左到右
移位	>> >>> <<	左到右
关系	> >= < <=	左到右
相等	== !=	左到右
按位与	&	左到右
按位异或	^	左到右
按位或	|	左到右
逻辑与	&&	左到右
逻辑或	||	左到右
条件	? :	从右到左
赋值	= += -= *= /= %= >>= >>>= <<= &= ^= |=	从右到左
逗号	,	左到右

读者无须刻意去背这个表，如果想让某个运算优先，用()把它们括起来即可。

2.3.8 接收键盘输入的数据

在 Java 中可以利用 Scanner 类获取用户键盘输入的数据，以下是创建 Scanner 对象的基本语法：

```
Scanner 对象名 = new Scanner(System.in);
```

对象名需自定义，与变量命名规则相同。为了达到见名知义的效果，常用 scanner、sc 或 input 等。要使用 Scanner，需要在类前面导入 java.util.Scanner 包，完整语句是：

```
import java.util.Scanner;
```

【示例】一个简单的数据输入程序，并通过 Scanner 类的 next()与 nextLine()方法获取输入的字符串。代码如下：

```java
public static void main(String[] args) {
    Scanner sc=new Scanner(System.in);//创建一个名为 sc 的扫描器对象
    System.out.print("请输入一个有空格的字符串,回车结束:");
    String str1=sc.nextLine();//调用扫描器的 nextLine()方法从键盘输入中接收一整行字符串
    System.out.println("你输入的字符串是:"+str1);
    System.out.print("再次输入一个有空格的字符串,回车结束:");
    String str2=sc.next();//调用扫描器的 next()方法从键盘输入中接收一个字符串,遇空格结束
    System.out.println("你输入的字符串是:"+str2);
}
```

运行结果：

```
请输入一个有空格的字符串,回车结束:Hello World!!!
你输入的字符串是:Hello World!!!
再次输入一个有空格的字符串,回车结束:Hello World!!!
你输入的字符串是:Hello
```

next()与 nextLine()的区别如下。

next()：要读取到有效字符后才会结束；对输入有效字符之前遇到的空白，next()方法会自动将其去掉；只有读取到有效字符后才将其后面输入的空白作为分隔符或者结束符；next()不能得到带有空格的字符串。

nextLine()：以回车作为结束符，也就是说 nextLine() 方法返回的是回车之前的所有字符，可以读取空白。对于 byte、short、int、long、float、double 型数据，Scanner 类提供了相应的 nextXxx() 方法来读取，其中 Xxx 代表上述各种数据类型，如 nextInt()、nextDouble()。

【示例】nextInt() 和 nextDouble() 的使用，代码如下。

```java
public static void main(String[] args) {
    Scanner sc=new Scanner(System.in);
    System.out.print("请输入一个整数:");
    int num=sc.nextInt();//调用扫描器的nextInt()方法从键盘输入中接收一个整数
    System.out.println("你输入的整数是:"+num);
    System.out.print("请输入一个小数:");
    double num2=sc.nextDouble();//调用扫描器的nextDouble()方法从键盘输入中接收一个小数
    System.out.print("你输入的小数是:"+num2);
}
```

运行结果：

请输入一个整数:10
你输入的整数是:10
请输入一个小数:10.5
你输入的小数是:10.5

【示例】输入两个整数，输出最大值。代码如下。

```java
public static void main(String[] args) {
    Scanner sc=new Scanner(System.in);
    System.out.print("请输入第一个数字:");
    int num1=sc.nextInt();
    System.out.print("请输入第二个数字:");
    int num2=sc.nextInt();
    int max=num1>num2?num1:num2;
    System.out.println("最大值是:"+max);
}
```

运行结果：

请输入第一个数字:80
请输入第二个数字:90
最大值是:90

上面示例中，本想接收一个整数，但如果输入了字母，程序会报错：
java.util.InputMismatchException
为了保证能接收到对应的数据类型，Scanner 类还提供了对应的 hasNextXxx() 方法用于判断，等讲解 if 后再来解释。

2.4 上机实验

任务一：奇偶数判断

要求：输入一个数字，输出是奇数还是偶数。
分析：接收键盘输入的整数，如果除 2 求余为 0 则是偶数，否则为奇数，判断时会用到三元运算符。

任务二：变量值交换

要求：将键盘输入的两个整型数据分别赋给两个变量，然后交换两个变量的值。

分析：要使用一个中间变量暂存变量值才能实现交换。

任务三：判断闰年

要求：利用本章所学知识，编写一个实用程序，判断给定的某个年份是否为闰年。

分析：闰年的判断规则如下。

（1）若某个年份能被 4 整除但不能被 100 整除，则是闰年。

（2）若某个年份能被 400 整除，则是闰年。

思考题

1. 什么叫标识符？标识符的命名规则是什么？false 是否可以作为标识符？
2. 什么叫关键字？true 和 false 是否为关键字？说出 6 个关键字。
3. Java 的基本数据类型都是什么？
4. float 型常量和 double 型常量在表示上有什么区别？
5. 下列哪 3 项是正确的 float 型变量的声明？

   A. float foo = -1;   B. float foo = 1.0;
   C. float foo = 42e1;   D. float foo = 2.02f;
   E. float foo = 3.03d;   F. float foo = 0x0123;

6. 下列程序中哪些代码是错误的？

```java
public class E{
    public static void main (String args[]){
        int x = 8;
        byte b = 127;          //【代码1】
        b = x;                 //【代码2】
        x = 12L;               //【代码3】
        long y = 8.0;          //【代码4】
        float z = 6.89;        //【代码5】
    }
}
```

7. 下列程序中标注的【代码1】和【代码2】输出的结果是什么？

```java
public class E{
  public static void main (String args[ ]){
    long[] a = {1,2,3,4};
    long[] b = {100,200,300,400,500};
    b=a;
    System.out.println("数组b的长度："+b.length);//【代码1】
    System.out.println("b[0]="+b[0]);          //【代码2】
  }
}
```

8. 关系运算符的运算结果是什么数据类型？
9. 下列叙述正确的是（   ）。

   A. 5.0/2+10 的结果是 double 型数据   B. (int)5.8+1.0 的结果是 int 型数据

C. '苹'+'果'的结果是 char 型数据　　　　D. (short)10+'a'的结果是 short 型数据

10. 下面涉及的类型转换合法吗？如果合法，给出转换后的结果。代码如下。

```
char c ='A';
int i =(int)c;
float f = 1000.34f;
int i =(int)f;
double d = 1000.34;
int i =(int)d;
int i = 97;
char c =(char)i ;
```

程序设计题

1. 编写一个应用程序，提示输入一个小写字母，输出大写字母。
2. 编写一个应用程序，给出汉字"你""我""他"在 Unicode 表中的位置。
3. 求六边形面积。六边形面积可以通过下面公式来计算（s 是边长）：

$$面积 = \frac{6 \times s^2}{4 \times \tan\left(\frac{\pi}{6}\right)}$$

4. （顶点坐标）假设一个正五边形的中心位于（0,0），其中一个点位于 0 点位置。编写一个程序，提示用户输入正五边形外切圆的半径，输出正五边形上 5 个顶点的坐标。
5. 编写一个程序，提示用户输入一个十进制数，输出其对应的二进制数。
6. 编写一个程序，提示用户输入一个十六进制数，输出其对应的二进制数。
7. 实现会员注册功能，要求用户名长度不小于 3，密码长度不小于 6，若不满足要求，提示输入有误；注册时两次输入的密码必须相同（字符串）。
8. 编写一个 Java 程序，输出全部的希腊字母。
9. 编写一个应用程序，求 100 以内的所有素数。
10. 编写一个程序，输出表达式 12+5+3||12-5<7 的值。

第 3 章　流程控制

流程控制就是控制程序的流向、执行路径。流程控制对于任何一门编程语言而言都是至关重要的，它提供了控制程序步骤的基本手段。本章主要介绍选择结构中的 if 语句与 switch 语句，循环结构中的 for 循环、while 循环、do…while 循环以及二重循环，使读者能够编写流程较为复杂的 Java 程序。

3.1　程序结构分类

程序结构有 3 种：顺序结构、选择结构、循环结构。

程序代码按书写顺序从上往下依次执行，没有判断和跳转，直到全部代码执行完毕，这种程序结构称为顺序结构。此前介绍的程序皆为顺序结构。程序的执行过程中出现判断，根据判断条件的不同可以选择不同的分支，执行不同的代码，这种程序结构称为选择结构。程序满足一定条件时，反复执行一段相同的代码，直到条件不满足为止，这种结构称为循环结构。例如，某人从小学一年级一直上到高三，是顺序结构；高中毕业后，面临上大学、参军、参加工作 3 个选择，是选择结构；学校每周都按固定课表上课，一周复一周，直到学期结束，是循环结构。

3.2　if 条件语句

在 Java 中，选择结构有 if 条件语句和 switch 条件语句两种。本节先介绍 if 条件语句。if 条件语句可分为简单 if 语句、if…else…语句、多重 if 语句。

3.2.1　简单 if 语句

简单 if 语句的语法如下：

```
if (表达式) {
    语句块
}
```

说明：表达式必须是结果为布尔类型的表达式，如关系运算表达式、逻辑运算表达式；也可以是布尔类型的变量，属于判断条件，为了方便理解，后面有些地方会说成条件判断表达式、条件表达式或条件判断（判断条件）。语句块可以是一条或多条语句。

执行流程如下。
- 计算表达式,得到一个布尔类型的结果。
- 如果表达式的结果为 true,则执行大括号{}里面的语句块。
- 如果表达式的结果为 false,则不执行大括号{}里面的语句块。

当大括号{}里面的语句块只有一行时,可以省略大括号,但不建议这么做。简单 if 语句的流程图如图 3.1 所示。

【示例】输入考试成绩,如果成绩大于等于 60 分,就输出"成绩及格",否则什么都不输出。代码如下。

```
Scanner sc=new Scanner(System.in);
System.out.print("请输入考试成绩:");
int score=sc.nextInt();
if(score>=60) {
    System.out.println("成绩及格");
}
```

第一次运行结果:
请输入考试成绩:80
成绩及格
第二次运行结果:
请输入考试成绩:58

可见,只有输入及格的成绩,表达式的结果才为 true,才会执行大括号里面的内容,输入不及格的成绩则不会有任何反应。假如希望输入不及格的成绩能有提示"成绩不及格",该怎么办?这就需要用到 if…else…语句。

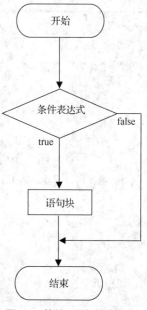

图 3.1 简单 if 语句的流程图

3.2.2 if…else…语句

if…else…语句不但考虑到了判断结果为 true 的情况,还考虑到了判断结果为 false 的情况。如果说简单 if 语句是单分支选择结构,那么 if…else…语句就是双分支选择结构。if…else…语法如下:

```
if (条件表达式) {
    语句块 1
} else {
    语句块 2
}
```

执行流程如下。
- 计算条件表达式,得到一个布尔类型的结果。
- 如果表达式的结果为 true,则执行语句块 1。
- 如果表达式的结果为 false,则执行语句块 2。

if…else…语句的流程图如图 3.2 所示。

【示例】判断输入的成绩是否及格。代码如下。

```
Scanner sc=new Scanner(System.in);
System.out.print("请输入考试成绩:");
int score=sc.nextInt();
if(score>=60) {
    System.out.println("成绩及格");
}else {
```

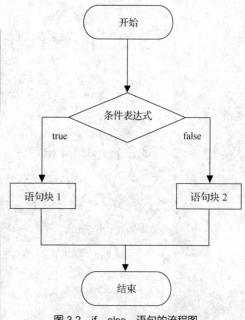

图 3.2 if…else…语句的流程图

```
        System.out.println("成绩不及格");
}
```
第一次运行结果：
请输入考试成绩:88
成绩及格

第二次运行结果：
请输入考试成绩:55
成绩不及格

可见，及格和不及格两种情况都得到了处理，程序更加完善了。

if...else...语句和第 2 章介绍的三元运算符效果基本相同，但三元运算符不能直接输出。

第 2 章利用三元运算符解决了判断闰年的问题，现在改用刚学的 if...else...语句来解决。

【示例】判断给定的某个年份是否为闰年，判断规则如下。

（1）若某个年份能被 4 整除但不能被 100 整除，则是闰年。

（2）若某个年份能被 400 整除，则是闰年。

代码如下。

```java
public static void main(String[] args) {
    System.out.print("请输入年份:");
    Scanner scanner = new Scanner(System.in);
    // 接收输入的年份
    int year = scanner.nextInt();
    // 检验输入年份的合法性
    if (year < 0 || year > 3000) {
        System.out.println("年份有误！");
    }
    // 根据规则判断输入年份是否为闰年
    if (year % 4 == 0 && year % 100 != 0 || year % 400 == 0) {
        System.out.println(year + "是闰年");
    } else {
        System.out.println(year + "不是闰年");
    }
}
```

测试结果与使用三元运算符的结果相同。在前面判断成绩的示例程序中，虽然及格和不及格都得到了处理，但没考虑到更多的分支，例如成绩中等、良好、优秀。如果也要判断出来，应该怎么办？这就要用到多重 if 语句。

3.2.3 多重 if 语句

if...else if...else...多重 if 语句是多分支选择结构，这种语句可以检测到多种可能的情况，使得多个分支均能做出判断和处理。语法如下：

```
if(表达式1) {
    语句块1;
}else if(表达式2) {
    语句块2;
}
…
else if(表达式n) {
    语句块n;
```

```
    }
    …
    else {
        语句块 m;
    }
```

执行流程如下。
- 计算表达式 1，得到布尔类型的结果。
- 如果表达式 1 的结果为 true，就执行语句块 1，if 语句结束。
- 如果表达式 1 的结果为 false，就计算表达式 2，得到布尔类型的结果。
- 如果表达式 2 的结果为 true，就执行语句块 2，if 语句结束。
- 如果表达式 2 的结果为 false，就计算表达式 3，得到布尔类型的结果。
- 如果后面还有更多的分支，则依此类推：如果表达式 n 的结果为 true，就执行语句块 n，if 语句结束；否则计算下一个表达式。
- 如果所有条件表达式的结果都是 false，就执行 else 后面的语句块 m。

使用 if…else if…else… 语句的时候，需要注意下面几点。
- if 语句后面可以有若干个 else if 语句，它们必须在 else 语句之前。
- 一旦其中一个 else if 语句中表达式的结果为 true，则其他的 else if 以及 else 语句都不再执行。
- if 语句至多有 1 个 else 语句，else 语句在所有的 else if 语句之后。else 语句也可以省略。

【示例】判断学生成绩的优秀、良好、中等、及格、不及格等多种情况。代码如下。

```java
Scanner sc=new Scanner(System.in);
System.out.print("请输入考试成绩:");
int score=sc.nextInt();
if(score>=90) {
    System.out.println("成绩优秀");
}else if(score>=80){
    System.out.println("成绩良好");
}else if(score>=70) {
    System.out.println("成绩中等");
}else if(score>=60) {
    System.out.println("成绩及格");
}else {
    System.out.println("成绩不及格");
}
```

3.2.4　if 语句的嵌套

在上述 3 种 if 语句的语句块之中，又可以嵌套使用 if 语句或 if…else… 语句。

【示例】求 3 个数字中的最大值。代码如下。

```java
Scanner sc=new Scanner(System.in);
System.out.print("请输入第 1 个数字:");
int num1=sc.nextInt();
System.out.print("请输入第 2 个数字:");
int num2=sc.nextInt();
System.out.print("请输入第 3 个数字:");
int num3=sc.nextInt();
if(num1>num2) {    //首先比较判断两个数的大小
    if(num1>num3) {    //在上一个判断结果为 true 情况下再跟第 3 个数比较
```

```
            System.out.println("最大值是:"+num1);
        }else {
            System.out.println("最大值是:"+num3);
        }
    }else {
        if(num2>num3) {
            System.out.println("最大值是:"+num2);
        }else {
            System.out.println("最大值是:"+num3);
        }
    }
}
```

运行结果：
请输入第 1 个数字:20
请输入第 2 个数字:30
请输入第 3 个数字:10
最大值是:30

3.2.5 输入数据类型的判断

前面提到，进行键盘输入时可以用 hasNextXxx()方法判断输入是否正确。这里以 hasNextInt()方法为例，代码如下。

```
Scanner sc = new Scanner(System.in);
System.out.print("请输入成绩:");
if (sc.hasNextInt()) {
    int amount = sc.nextInt();
    System.out.println("你的成绩是:"+amount+"分");
} else {
    System.out.println("输入错误，请输入数字!");
}
```

运行测试情形一：
请输入成绩:98
你的成绩是:98 分

运行测试情形二：
请输入成绩:aa
输入错误，请输入数字!

3.3 switch 条件语句

switch 语句也是多分支选择结构，类似多重 if 语句。它提供了一种更为简单清晰的逻辑结构，直接根据表达式的值和多个分支的值进行匹配，若跟其中一个值匹配则进入相应的分支。其语法格式如下：

```
switch (表达式) {
    case 值1:
        语句块 1
        break;
    case 值2:
        语句块 2
```

```
            break;
    case 值3:
        语句块 3
        break;
    …// 可以有更多的 case 子句
    default:
        语句块 m
}
```

执行流程如下。
- 计算 switch 后面的表达式，得到一个结果。
- 将表达式的结果与第一个 case 后面的值 1 进行匹配，如果相等，就执行语句块 1，接着执行 break 语句，跳出 switch 语句，switch 语句结束。
- 否则将表达式的结果与第二个 case 后面的值 2 进行匹配，如果相等，就执行语句块 2，接着执行 break 语句，跳出 switch 语句，switch 语句结束。
- 否则将表达式的结果与第三个 case 后面的值 3 进行匹配，如果相等，就执行语句块 3，接着执行 break 语句，跳出 switch 语句，switch 语句结束。
……
- 如果表达式的结果与所有 case 后面的值都不匹配，则执行 default 后面的语句块 m。

switch 语句的流程图如图 3.3 所示。

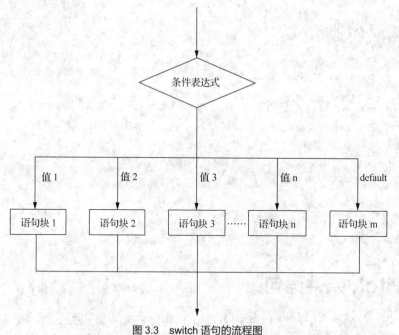

图 3.3 switch 语句的流程图

使用 switch 语句时需要注意以下几点。
- switch 语句中的表达式结果的类型只能是 byte、short、int、char 或 String 型。也可只用一个变量当作表达式。
- case 子句的数量可以随意，一般为 3 个或以上（如果两个就用 if…else…语句）。每个 case 后面跟一个要比较的值和冒号。
- case 语句中的值的数据类型必须与表达式的结果的数据类型相同，而且只能是常量，不能是变量或不确定的表达式。

- 同一个 switch 中 case 子句中的常量值不能相同。
- 当变量的值与 case 语句的值相等时，case 语句之后的语句开始执行，直到 break 语句出现才会跳出 switch 语句。
- case 语句不是必须包含 break 语句，如果没有 break 语句出现，程序会继续执行下一条 case 语句，直到 break 语句出现。
- switch 语句可以包含一个 default 分支，该分支一般是 switch 语句的最后一个分支（可以在任何位置，但建议在最后一个）。default 分支在没有 case 语句的值和表达式结果值匹配的时候执行。default 分支不需要 break 语句。switch 也可以没有 default 语句，这样的话如果所有 case 都不匹配，则跳出 switch。

【示例】成绩的等级为"A""B""C""D""E"，使用 switch 语句分别转换为"优秀""良好""中等""及格""不及格"并输出。代码如下。

```java
Scanner sc = new Scanner(System.in);
    System.out.print("请输入你的成绩等级(ABCDE):");
    String grade = sc.next();
    switch (grade) {
        case "A":
            System.out.println("优秀");
            break;
        case "B":
            System.out.println("良好");
            break;
        case "C":
            System.out.println("中等");
            break;
        case "D":
            System.out.println("及格");
            break;
        case "E":
            System.out.println("不及格");
            break;
        default:
            System.out.println("未知等级");
    }
```

运行结果：

请输入你的成绩等级(ABCDE):C
中等

如果将 break 语句去掉，那么条件匹配后程序还会继续往下执行，修改程序代码如下。

```java
Scanner sc = new Scanner(System.in);
 System.out.print("请输入你的成绩等级(ABCDE):");
 String grade = sc.next();
 switch (grade) {
     case "A":
         System.out.println("优秀");
         //break;
     case "B":
         System.out.println("良好");
         //break;
     case "C":
         System.out.println("中等");
```

```
                //break;
        case "D":
            System.out.println("及格");
                //break;
        case "E":
            System.out.println("不及格");
                //break;
        default:
            System.out.println("未知等级");
    }
```

运行结果：

```
请输入你的成绩等级(ABCDE):C
中等
及格
不及格
未知等级
```

除了输出正常匹配的结果外，后面的其他分支的结果也输出了。所以在使用 switch 语句的时候，一般要用 break 语句来控制分支代码的执行，避免程序逻辑出错。这种情况俗称"switch 的穿透"，穿透一般有害，但也可以巧妙利用穿透达到简化程序的目的。

【示例】输入数字 1~7，其中 1 代表星期一、7 代表星期天，依此类推，判断某天是工作日还是休息日。原程序代码如下。

```java
Scanner sc = new Scanner(System.in);
        System.out.print("请输入今天是星期几(1~7):");
        int weekday = sc.nextInt();
        switch (weekday) {
            case 1:
                System.out.println("今天是工作日!");
                break;
            case 2:
                System.out.println("今天是工作日!");
                break;
            case 3:
                System.out.println("今天是工作日!");
                break;
            case 4:
                System.out.println("今天是工作日!");
                break;
            case 5:
                System.out.println("今天是工作日!");
                break;
            case 6:
                System.out.println("今天是休息日!");
                break;
            case 7:
                System.out.println("今天是休息日!");
                break;
            default:
                System.out.println("输入错误! ");
        }
```

运行结果：
> 请输入今天是星期几(1~7):3
> 今天是工作日！

输入 1~7 来测试这个程序都没问题，但程序中有很多重复代码，前面 5 条 case 子句的代码相同，后面两条 case 子句的代码也相同。利用穿透修改代码如下。

```java
Scanner sc = new Scanner(System.in);
        System.out.print("请输入今天是星期几(1~7):");
        int weekday = sc.nextInt();
        switch (weekday) {
            case 1:
            case 2:
            case 3:
            case 4:
            case 5:
                System.out.println("今天是工作日！");
                break;
            case 6:
            case 7:
                System.out.println("今天是休息日！");
                break;
            default:
                System.out.println("输入错误! ");
        }
```

这样程序大大简化了，输入 1~7 来测试这个程序，结果相同。

switch 语句与多重 if 语句的联系与区别：switch 语句的作用跟多重 if 语句是等价的，也就是说，所有 switch 语句都可以用多重 if 语句代替。但并不是所有的多重 if 语句都可以用 switch 语句来代替。switch 语句只能匹配一个固定值，而无法匹配取值范围；多重 if 语句无论是固定值或取值范围都能判断，应用范围更广。

3.4 循环结构语句

如果想要程序输出 100 条 Hello World 语句，那么是不是得写 100 条输出语句呢？答案是不用写 100 条输出语句。Java 提供的循环结构的程序语句能够多次执行同样的操作。Java 提供了 3 种循环语句，分别为 for 循环语句、while 循环语句和 do…while 循环语句。下面逐一介绍这 3 种语句。

3.4.1 for 循环语句

for 循环适用于循环次数是确定的情况，其语法格式如下：

```
for (变量初始化语句①; 条件表达式语句②; 变量更新语句④) {
    循环体语句③
}
```

说明：变量初始化语句①中定义的变量，在 for 循环语句内部的①②③④中均可使用，在 for 循环语句之外无效。条件表达式语句②必须是结果为布尔类型的表达式，如比较表达式、逻辑运算表达式。

执行流程如下。
- 执行变量初始化语句①。

- 执行条件表达式语句②，看其返回值是 true 还是 false。如果是 false，就结束循环；如果是 true，就执行下一步。
- 执行循环体语句③。
- 执行变量更新语句④。然后重复执行前 3 步，即重复执行②→③→④语句，直到条件表达式语句②的结果为 false 为止。

for 循环的流程图如图 3.4 所示。

【示例】利用 for 循环语句输出 5 次"砺锋科技"。程序代码如下。

```java
public static void main(String[] args) {
    for(int i=0;i<5;i++) {
        System.out.println("砺锋科技");
    }
}
```

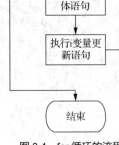

图 3.4 for 循环的流程图

运行测试，程序输出了 5 次"砺锋科技"。

分析上述程序。

（1）执行 int i=0，判断 0<5，结果为 true，输出第一次"砺锋科技"，然后执行 i++，i=1。

（2）判断 1<5，结果为 true，输出第二次"砺锋科技"，然后执行 i++，i=2。

（3）判断 2<5，结果为 true，输出第三次"砺锋科技"，然后执行 i++，i=3。

（4）判断 3<5，结果为 true，输出第四次"砺锋科技"，然后执行 i++，i=4。

（5）判断 4<5，结果为 true，输出第五次"砺锋科技"，然后执行 i++，i=5。

（6）判断 5<5，结果为 false，结束 for 循环。

依此类推，如果要输出 100 次"砺锋科技"，只需要修改 i<5 为 i<100 即可。

【示例】利用 for 循环输出 1~100。代码如下。

```java
public static void main(String[] args) {
    for(int i=1;i<=100;i++) {
        System.out.print(i+" ");
    }
}
```

运行结果：

1 2 3 4 5 6 7 8 9 10 11 12 13 14 15 16 17 18 19 20 …100

【示例】利用 for 循环输出 1~100 内的奇数。代码如下。

```java
public static void main(String[] args) {
    for (int i = 1; i <= 100; i++) {
        if (i % 2 == 1) {
            System.out.print(i + " ");
        }
    }
}
```

运行结果：

1 3 5 7 9 11 13 15 17 19 21 23 25 27 29 31 33 35 37 39 …99

如果要输出偶数，只需要将 i%2==1 改为 i%2==0 即可。

【示例】求 1~100 之和。

思路：在"利用 for 循环输出 1~100"的程序基础上，在 for 循环前面声明一个初始值为 0 的变量 sum，每循环一次，就将当前循环的数字与 sum 相加。代码如下。

```java
public static void main(String[] args) {
    int sum=0;
    for (int i = 1; i <=100; i++) {
        sum+=i;
    }
    System.out.print("1+2+3+...+99+100=" + sum);
}
```

运行结果：

```
1+2+3+...+99+100=5050
```

程序分析：为了方便分析，假设不是 1+2+…+100，而是 1+2+…+5，两者原理一样。

第一次循环：i=1，判断 1<=5，结果为 true；sum=sum+i=0+1=1；i++，i=2。
第二次循环：i=2，判断 2<=5，结果为 true；sum=sum+i=1+2=3；i++，i=3。
第三次循环：i=3，判断 3<=5，结果为 true；sum=sum+i=3+3=6；i++，i=4。
第四次循环：i=4，判断 4<=5，结果为 true；sum=sum+i=6+4=10；i++，i=5。
第五次循环：i=5，判断 5<=5，结果为 true；sum=sum+i=10+5=15；i++，i=6。
第六次循环：i=6，判断 6<=5，结果为 false，循环结束。

【示例】求 1~100 内的偶数之和。代码如下。

```java
public static void main(String[] args) {
    int sum = 0;
    for (int i = 1; i <= 100; i++) {
        if (i % 2 == 0) {
            sum += i;
        }
    }
    System.out.print("2+4+...+98+100=" + sum);
}
```

运行结果：

```
2+4+...+98+100=2550
```

类似地，求 1~100 内的奇数和，只需修改 if 条件为 i%2==1 即可。

在 for 循环中，变量初始化也可从较大的数开始，更新变量也不限于自增 1 个单位，可以自增多个单位，也可自减。

【示例】用另一种方法输出 1~100 内的奇数。代码如下。

```java
public static void main(String[] args) {
    for (int i = 1; i <= 100; i = i + 2) {
        System.out.print(i + " ");
    }
}
```

【示例】利用 for 循环输出 100、99、98…3、2、1。代码如下。

```java
public static void main(String[] args) {
    for (int i = 100; i > 0; i--) {
        System.out.print(i + " ");
    }
}
```

运行结果：

```
100 99 98 97 96 95 94 93 92 91 90 89 88 87 86 85 84 83 82 81 80...3 2 1
```

【示例】输出 100～999 内所有的水仙花数（个位数的立方加十位数的立方加百位数的立方等于它自身的数字），以及统计这种数字有多少个。代码如下：

```java
public static void main(String[] args) {
    int num = 0;
    for (int i = 100;i <= 999 ;i++ ) {
        int gw = i % 10;                                        //获取个位数
        int sw = i / 10 % 10;                                   //获取十位数
        int bw = i / 10 / 10 ;                                  //获取百位数
        if (gw * gw * gw + sw * sw * sw + bw * bw * bw == i) {//逐个进行判断
            System.out.println(i);
            num ++;
        }
    }
    System.out.println("满足条件的数字一共有: "+num+"个");
}
```

运行结果：

153
370
371
407
满足条件的数字一共有：4 个

【示例】用 for 循环输入 5 个正整数，求其最大值。

思路：先声明一个变量 max 来存储最大值，初始值为 0，然后在循环体中与输入的整数比较，如果输入的整数大于 max，则将输入的整数的值赋给 max，这样每一次循环都会让 max 成为当前最大的一个数，循环结束后 max 就成为最大值。代码如下。

```java
public static void main(String[] args) {
    Scanner scanner=new Scanner(System.in);
    int max=0;
    for(int i=1;i<=5;i++) {
        System.out.print("请输入第"+i+"个数字:");
        int num=scanner.nextInt();
        if(num>max) {
            max=num;
        }
    }
    System.out.println("5 个数字中的最大值是:"+max);
}
```

运行结果：

请输入第 1 个数字:50
请输入第 2 个数字:40
请输入第 3 个数字:60
请输入第 4 个数字:80
请输入第 5 个数字:70
5 个数字中的最大值是:80

求最小值的原理与其类似，读者自行思考一下。

常用的 for 循环的变形如下。

有时候循环变量在循环结束后还要使用，按原来的语法格式会报错。这时可以把变量初始化语句①放在 for 循环前面，原来位置空着，但符号";"需要保留。语法格式如下：

```
变量初始化语句①
for (; 比较表达式语句②; 变量更新语句④) {
    循环体③
}
//使用变量
```
通常还要结合 break 语句一起使用,后面再举例。

3.4.2 while 循环语句

while 循环的基本格式:
```
while (表达式) {
    循环体语句
}
```
说明:表达式必须是结果为布尔类型的表达式,如比较运算表达式、逻辑运算表达式。

先计算表达式的值,如果结果为 true 则执行循环体,再次计算表达式的值,如果结果为 true 则执行循环体,如此不断重复,直到表达式的结果为 false 为止。while 循环的流程图如图 3.5 所示。

只要 while 循环中表达式的结果为 true,它就会继续执行下去,甚至可以无限次执行下去。这点与 for 语句不同,while 循环适用于循环次数不确定的情况。真正使用 while 循环时,要使用下述扩展格式:

```
变量初始化语句①;
while(条件表达式语句②) {
    循环体语句③;
    变量变更语句④;
}
```

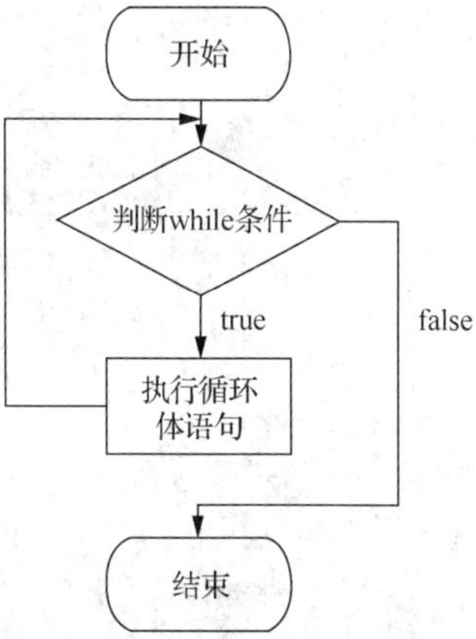

图 3.5 while 循环的流程图

执行流程如下。
- 执行变量初始化语句①。
- 执行条件表达式语句②。如果语句②的结果为 false,则 while 循环结束;如果语句②的结果为 true,则进入下一步。
- 执行循环体语句③。
- 执行变量变更语句④。然后重复执行前 3 步,即语句②→③→④,直到条件表达式语句②的结果为 false 为止。

上述所有 for 循环语句都可改为 while 循环语句,下面举部分例子。

【示例】输出 5 次 "hello world!!!"。代码如下。
```
int i=1;
while(i <= 5) {
    System.out.println( "hello world!!! ");
    i++;
}
```

【示例】计算 1+2+3+…+100 之和。代码如下。
```
int i=1;
int sum=0;
while(i <= 100) {
    sum+=i;
    i++;
}
System.out.println(sum);
```

while 循环除了能实现上述固定次数的循环外，还可用于循环次数不确定的情形。

例如，体育老师要求学生围操场跑 5 圈，这属于循环次数确定的，最好用 for 循环来实现。如果体育老师要求学生不停地跑圈，直到跑不动为止，这就属于循环次数不确定的，这时就可用 while 循环来实现。下面同时使用 for 和 while 循环模拟这两种情况。代码如下。

```java
public static void main(String[] args) {
    System.out.println("---------for 循环----------- ");
    for (int i = 1; i <= 5; i++) {
        System.out.println("跑第" + i + "圈");
    }
    System.out.println("---------while 循环----------- ");
    Scanner input = new Scanner(System.in);
    int i = 0;
    System.out.println("开始跑吗?(y/n) ");
    String run = input.next();
    while (run.equals("y ")) {//run== "y " equals()用于判断字符串是否相等
        i++;
        System.out.println("跑第" + i + "圈");
        System.out.println("还跑得动吗?(y/n) ");
        run = input.next();
    }
    System.out.println("我不行了,累趴了! ");
}
```

运行结果：

```
---------for 循环-----------
跑第1圈
跑第2圈
跑第3圈
跑第4圈
跑第5圈
---------while 循环-----------
开始跑吗?(y/n)
y
跑第1圈
还跑得动吗?(y/n)
y
跑第2圈
还跑得动吗?(y/n)
y
跑第3圈
还跑得动吗?(y/n)
y
跑第4圈
还跑得动吗?(y/n)
n
我不行了,累趴了!
```

【示例】计算 1+2+3+…+N 的过程中，求加到哪一个数的时候其和刚刚超过 1000。由于这个数是未知数，因此循环次数是不确定的，这时 while 循环就派上用场了。代码如下。

```java
public static void main(String[] args) {
```

```
    int i=1;
    int sum=0;
    while(sum<1000) {
        sum+=i;
        i++;
    }
    System.out.println(i-1);//由于最后多加了一次,因此要减1
}
```

【示例】假设某汽车 2021 年的销量为 10 万辆，每年增长 8%，求到哪一年的销量超过 20 万辆。代码如下。

```
public static void main(String[] args) {
    int year=2021;
    double quantity=100000;
    while(quantity<200000) {
        quantity=quantity*(1+0.08);
        year++;
    }
    System.out.println( "到"+year+"年,销量突破20万辆");
}
```

运行结果：

到 2031 年,销量突破 20 万辆

for 循环与 while 循环的区别是 for 循环适用于循环次数确定的情况，while 循环适用于循环次数不确定的情况。

3.4.3 do…while 循环语句

对 while 语句而言，如果不满足条件，则不能进入循环，甚至可能一次都不会执行循环体语句。但有时候需要即使不满足条件，也至少执行循环一次，这就需要用到 do…while 循环。它的功能与 while 循环相似，不同的是，do…while 循环至少会执行一次。

do…while 循环基本格式：

```
do {
    循环体
} while (表达式);
```

简单来说，while 循环是先判断再执行，do…while 循环是先执行再判断。do…while 循环的流程图如图 3.6 所示。

do…while 循环的扩展格式：

```
变量初始化语句①;
do{
    循环体语句②;
    变量更新语句③;
}while(条件表达式语句④);
```

执行流程如下。
- 执行变量初始化语句①。
- 执行循环体语句②。
- 执行变量更新语句③。
- 执行条件表达式语句④，如果表达式的结果为 false，则结束 do…while 循环，否则进入下一次循环，如此重复执行前 3 步，即语句②→③→④。

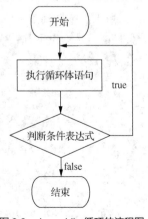

图 3.6 do…while 循环的流程图

同样可用 do…while 循环实现 for 循环中的所有实例，如求 1~100 的和，代码如下。

```java
public static void main(String[] args) {
    int sum = 0;
    int a = 1;
    do {
        sum += a;
        a++;
    } while (a <= 100);
    System.out.println(sum);
}
```

【示例】重复输入密码，直到登录成功为止。这种情况是先输入密码再判断，最少要输入一次，所以用 do…while 循环较为合适。代码如下。

```java
public static void main(String[] args) {
    Scanner input = new Scanner(System.in);
    int password;
    do {
        System.out.print("请输入密码: ");
        password=input.nextInt();
    }while(password!=123);
    System.out.println("登录成功! ");
}
```

运行结果：
请输入密码: 111
请输入密码: 222
请输入密码: 333
请输入密码: 123
登录成功!

3 种循环结构的联系与区别：for 循环、while 循环、do…while 循环都可以实现固定次数的循环，但固定次数的循环比较适合用 for 循环来实现，而 while 循环和 do…while 循环比较适合用于循环次数不确定的情况；while 循环是先判断再执行，有可能一次都不执行循环体语句；do…while 循环是先执行再判断，至少能够执行一次循环体语句。

3.4.4 无限循环

对上述循环结构，如果条件表达式一直为 true，则循环会一直进行下去，即无限循环，俗称"死循环"。具体有以下几种格式：

```
for(;;){
    循环体语句
}

while(true){
    循环体语句
}

do{
    循环体语句
}while(true)
```

【示例】无限次输出"hello world"。
方法一：利用 for 循环的特殊形式。代码如下。
```
for(;;) {
```

```
        System.out.println("hello world ");
}
```

方法二：将 while 循环的条件表达式直接设为 true。代码如下。

```
while(true) {
        System.out.println("hello world ");
}
```

方法三：将 do…while 循环的条件表达式直接设为 true。代码如下。

```
do {
        System.out.println( "hello world ");
}while(true);
```

但无限循环一般不会真的用，因为循环里面还是要有退出条件的。这个也要结合 break 语句一起用。

3.4.5 break 与 continue 跳转语句

break 和 continue 语句用于循环控制中，其中 break 语句还可用于 3.3 节的 switch 语句中，作用是跳出 switch 语句块。

这里 break 语句用来跳出循环，如果是二重循环，它用来跳出最里层的循环；如果只有一层循环，break 语句则跳出整个循环，继续执行其他语句。

【示例】利用 break 语句控制循环，输出 1~10。代码如下。

```
public static void main(String[] args) {
    int i = 0;
    while (true) {
        System.out.println("i = " + (++i));        //注释1
        if (i == 10) {
            break;
        }
    }
}
```

其中，注释 1 处用到了自增运算符。while 循环的表达式传入布尔型常量 true，表示无限循环 while 语句块，如果没有 break 语句，程序将无限循环下去。

【示例】判断某个大于 2 的数是否为素数。

分析：素数是除了能被 1 和它本身整除之外，不能被其他数整除的数；假设这个数字为 num，则从 2 开始到 num-1 进行循环，一一进行整除判断，一旦能被其中一个数整除则证明不是素数，输出并退出循环即可。先看下面代码：

```
public static void main(String[] args) {
    Scanner sc = new Scanner(System.in);
    System.out.print("请输入一个数字: ");
    int num=sc.nextInt();
    for(int i=2;i<num;i++) {
        if(num%i==0) {
            System.out.println("不是素数! ");
            break;
        }
    }
}
```

运行代码，发现不是素数的数都能判断出来，但素数却没判断出来。其中一个解决办法是在 for 循环结束后，判断 for 循环里面的循环变量 i 的值，如果 i 的值等 num，则表明全部 for 循环都执行完了，且 break 语句从没执行过，这种情况是素数。但问题是变量 i 的值是在 for 循环里面定义的，在

for 循环外面用不了。解决办法是用前面提到的 for 循环的变形，将变量 i 的初始化语句放到 for 循环前面，修改后的代码如下。

```java
public static void main(String[] args) {
    Scanner sc = new Scanner(System.in);
    System.out.print("请输入一个数字:");
    int num=sc.nextInt();
    int i=2; //这条语句原本是放在for循环里面的
    for(;i<num;i++) {
        if(num%i==0) {
            System.out.println("不是素数! ");
            break;
        }
    }
    if(i==num) {
        System.out.println("是素数");
    }
}
```

运行测试情形一：

请输入一个数字:8
不是素数!

运行测试情形二：

请输入一个数字:13
是素数

【示例】银行卡最多允许输入 3 次密码，如果 3 次都不对就锁定，3 次之内正确就登录成功。代码如下。

```java
public static void main(String[] args) {
    Scanner sc = new Scanner(System.in);
    int i=1;
    while(true) {
        System.out.print("第"+i+ "次输入密码: ");
        int num=sc.nextInt();
        if(num==123) {
            System.out.println("登录成功! ");
            break;
        }
        if(i==3) {
            System.out.println("3次输入密码错误，银行卡已被锁定，请联系工作人员! ");
            break;
        }
        i++;
    }
}
```

运行测试情形一：

第1次输入密码:111
第2次输入密码:222
第3次输入密码:123
登录成功!

运行测试情形二：

第1次输入密码:111

第 2 次输入密码:222
第 3 次输入密码:333
3 次输入密码错误,银行卡已被锁定,请联系工作人员!

与 break 语句不同,continue 语句的作用是让程序结束本次循环,立刻跳转到下一次循环的迭代中,本次循环中 continue 语句后面的代码将不再执行。在 for 循环中,continue 语句会使程序立即跳转到更新语句。在 while 或者 do…while 循环中,continue 语句会让程序立即跳转到条件表达式的判断语句。

【示例】利用 continue 语句输出 1~20 中的奇数。示例代码如下。

```java
public static void main(String[] args) {
    for(int i = 1; i < 21; i++) {
        if (i % 2 == 0) {
            continue;
        }
        System.out.print(i+ " ");
    }
}
```

程序输出如下:
1 3 5 7 9 11 13 15 17 19

利用取余运算符,当 i 对 2 取余为 0 时,执行 continue 语句,程序立刻跳出本次循环,执行下次循环,本次循环不再执行 continue 语句后面的输出语句。只有 i 对 2 取余不为 0 时,才执行输出语句。

【示例】输出 1~50 中能被 7 整除的数字。代码如下。

```java
public static void main(String[] args) {
    for(int i=1;i<=50;i++) {
        if(i%7!=0) {        //表示不能被 7 整除的数字
            continue;       //表示结束当次循环,不再执行这次循环体后面的代码,进入下一次循环
        }
        System.out.print(i+ " "); //输出能被 7 整除的数字
    }
}
```

运行结果:
7 14 21 28 35 42 49

【示例】循环输入 Java 课程 5 个学生的成绩,统计大于等于 80 分的人数。代码如下。

```java
public static void main(String[] args) {
    Scanner sc=new Scanner(System.in);
    int count=0;//大于等于 80 分的人数
    for(int i=1;i<=5;i++) {
        System.out.print("请输入第"+i+ "个学生的 Java 成绩: ");
        int score=sc.nextInt();
        if(score<80) {
            continue;//小于 80 分时结束本次循环
        }
        count++;        //大于等于 80 分时累加
    }
    System.out.println("大于等于 80 分的人数是: "+count);
}
```

运行结果:
请输入第 1 个学生的 Java 成绩:69
请输入第 2 个学生的 Java 成绩:88

请输入第 3 个学生的 Java 成绩:75
请输入第 4 个学生的 Java 成绩:82
请输入第 5 个学生的 Java 成绩:90
大于等于 80 分的人数是:3

3.4.6 二重循环

与嵌套 if 条件语句类似，循环语句也可以嵌套。循环两层的语句称为二重循环语句，外层循环每执行一次，内层循环就执行一遍。多重循环通常用于逻辑较为复杂的语句中。

【示例】输出由*组成的矩形，要求一次只能输出一个*，共 5 行 5 列。代码如下。

```java
public static void main(String[] args) {
    for (int i = 1; i <= 5; i++) {
        for (int j = 1; j <= 5; j++) {
            System.out.print("*");
        }
        System.out.println();
    }
}
```

运行结果:
```
*****
*****
*****
*****
*****
```

【示例】输出由*组成的直角三角形，共 5 行。代码如下。

```java
public static void main(String[] args) {
    for (int i = 1; i <= 5; i++) {
        for (int j = 1; j <= i; j++) {
            System.out.print("*");
        }
        System.out.println();
    }
}
```

运行结果:
```
*
**
***
****
*****
```

【示例】输出由*组成的倒直角三角形。代码如下。

```java
public static void main(String[] args) {
    for (int i = 1; i <= 5; i++) {
        for (int j = 1; j <= 5-i+1; j++) {
            System.out.print("*");
        }
        System.out.println();
    }
}
```

运行结果:
```
*****
```

```
****
***
**
*
```

【示例】输出由*组成的等腰三角形。代码如下。

```java
public static void main(String[] args) {
    for (int i = 1; i <= 5; i++) {
        for(int j=1;j<=5-i+1;j++) {
            System.out.print(" ");// 可先用"$"号代替空格加深认识
        }
        for (int j = 1; j <= 2 * i - 1; j++) {
            System.out.print("*");
        }
        System.out.println();
    }
}
```

运行结果：
```
    *
   ***
  *****
 *******
*********
```

下面利用二重 for 循环输出一个九九乘法表。如果没有二重循环，则需要写 9 条循环语句才能完成这个需求。程序代码如下。

```java
public static void main(String[] args) {
    for (int i = 1; i < 10; i++) {
        // 第二重循环执行 i 次
        for (int j = 1; j <= i; j++) {
            // 末尾输出制表符\t，控制每一项的间距
            System.out.print(i + "*" + j + "=" + (i * j) + "\t");
        }
        // 二重循环执行结束后输出换行符，控制输出排版
        System.out.print("\n");
    }
}
```

程序输出如图 3.7 所示。

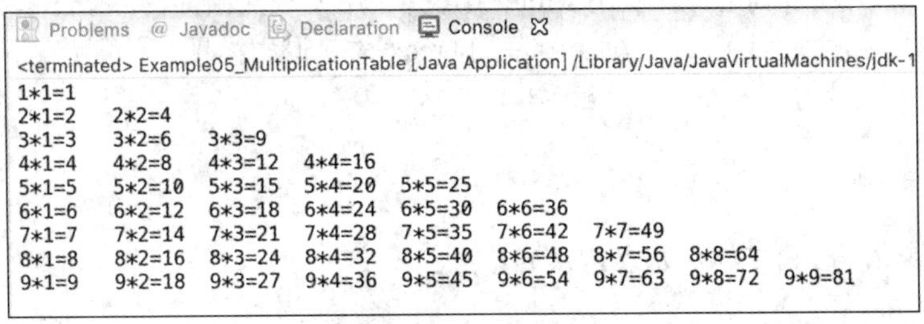

```
Problems  @ Javadoc  Declaration  Console
<terminated> Example05_MultiplicationTable [Java Application] /Library/Java/JavaVirtualMachines/jdk-1
1*1=1
2*1=2   2*2=4
3*1=3   3*2=6   3*3=9
4*1=4   4*2=8   4*3=12  4*4=16
5*1=5   5*2=10  5*3=15  5*4=20  5*5=25
6*1=6   6*2=12  6*3=18  6*4=24  6*5=30  6*6=36
7*1=7   7*2=14  7*3=21  7*4=28  7*5=35  7*6=42  7*7=49
8*1=8   8*2=16  8*3=24  8*4=32  8*5=40  8*6=48  8*7=56  8*8=64
9*1=9   9*2=18  9*3=27  9*4=36  9*5=45  9*6=54  9*7=63  9*8=72  9*9=81
```

图 3.7 九九乘法表

使用二重循环很容易就实现了九九乘法表，其中利用到了 1.6 节的制表符和换行符的知识，对该知识点不熟悉的读者可以翻看第 1 章的内容。

上面示例中的外层和内层循环都采用了 for 循环，外层和内层循环还可以是 for 循环、while 循环、do…while 循环的任意组合。除了二重循环，也有多重循环。

3.5 上机实验

任务一：生肖属相

要求：用户输入自己的出生年份，程序输出其生肖。

分析：出生年份除以 12，取余数，余数参照下列数字获取对应的生肖。

0：猴	1：鸡	2：狗	3：猪
4：鼠	5：牛	6：虎	7：兔
8：龙	9：蛇	10：马	11：羊

用 switch 语句进行多分支判断即可输出对应的生肖。

任务二：班级成绩统计

子任务一：循环输入一个学生的 5 门课成绩，求其总分、平均分、最高分、最低分。

分析：使用 for 循环进行循环输入并同时累加，进行最大值和最小值的比较。

子任务二：假设一个班有 3 个学生，各有 5 门课，输入学生姓名、各门课的成绩，求各个学生的总分、平均分、最高分、最低分，以及整个班级的总分、平均分、最高分、最低分。

分析：将子任务一的功能模块作为内层循环，外面再使用一个以学生人数作为循环次数的外层循环。

任务三：斐波那契数列

要求：用 Java 程序输出斐波那契数列的前 20 项，分别为 1、1、2、3、5、8、13、21、34、55、89、144、233、377、610、987、1597、2584、4181、6765。

任务四：乌龟爬坡

要求：假设乌龟走一段长为 100 米的上坡路，每小时向前走 4 米，又后滑 1 米，问一共要多少小时才能首次到达终点。

分析：因为循环次数不确定，所以用 while 循环；使用无限次循环，每循环一次路程加 4 米，并判断是否满足条件（到达终点），如果满足就使用 break 语句退出循环，否则路程减掉 1 米。

思考题

1. 假设 x 等于 1，给出下列布尔表达式的结果：

   (x > 0)

   (x < 0)

   (x !=0)

   (x >= 0)

   (x !=1)

2. 编写一个 if 语句，在 y 大于等于 0 的时候将 1 赋给 x。

3. 编写一个 if 语句，如果 score 大于 90 则增加 3%的支付，否则增加 1%的支付。
4. 下列语句正确吗？哪个更好？

```
if (age < 16)
System.out.println
("Cannot get a driver's license");
if (age >= 16)
System.out.println
("Can get a driver's license");
```
(a)

```
if (age < 16)
System.out.println
("Cannot get a driver's license");
else
System.out.println
("Can get a driver's license");
```
(b)

5. 分析下面的代码。在 Point A 处、Point B 处和 Point C 处，count<0 总是 true，还是总是 false？或者有时是 true，有时是 false？

```
int count = 0;
while(count < 100){
// Point A
System.out.println("Welcome to Java! ");
count++;
// Point B
}
// Point C
```

6. 下面的循环体会重复执行多少次？这些循环的输出是什么？

```
int i = 1;
while (i < 10)
  if (i % 2 == 0)
    System.out.println(i);
```
(a)

```
int i = 1;
while (i < 10)
  if (i % 2 == 0)
    System.out.println(i++);
```
(b)

```
int i = 1;
while (i < 10)
  if ((i++) % 2 == 0)
    System.out.println(i);
```
(c)

7. 下面代码的输出结果是什么？解释原因。

```
int x =80000000;
  while (x > 0)
x++;
System.out.println(""x is "" + x);
```

8. while 循环和 do...while 循环的区别是什么？将下面的 while 循环转换成 do...while 循环。

```
Scanner input = new Scanner(System.in);
int sum = 0;
System.out.println("Enter an integer " + "
        (the input ends if it is 0)");
int number = input .nextInt();
while (number != 0) {
    sum += number;
    System.out.println("Enter an integer" +
    "(the input ends if it is 0)");
    number = input.nextInt();
    }
```

程序设计题

1. 编写程序求 1!+2!+…+10!的和。
2. 编写程序求 1+1/2!+1/3!+1/4!+…的前 20 项和。

3.（代数：解一元二次方程）可以使用下面公式求一元二次方程 $ax^2+bx+c=0$ 的解。

$$r_1 = \frac{-b+\sqrt{b^2-4ac}}{2a} \text{ 和 } r_2 = \frac{-b-\sqrt{b^2-4ac}}{2a}$$

b^2-4ac 称作一元二次方程的判别式。如果它是正值，那么一元二次方程就有两个实数根；如果它为 0，方程式就只有一个根；如果它是负值，方程式无实数根。编写程序，提示用户输入 a、b 和 c 的值，并且显示基于判别式的结果。如果这个判别式的结果为正，输出两个根；如果判别式的结果为 0，输出一个根；否则，输出 The equation has no real roots（该方程式无实数根）。

注意：可以用 Math.pow(x, 0.5) 来计算 x 的开方。下面是一些运行示例：

```
Enter a, b, c : 1.0 3 1
The equation has two roots  -0.381966  and -2.61803

Enter a, b, c : 1 2.0 1
The equation has one root  -1

Enter a, b, c : 1 2 3
The equation has no real roots
```

4.（随机月份）编写一个随机产生 1~12 之间整数的程序，并且根据数字输出相应的英文月份：January、February、……、December。

5.（对 3 个整数排序）编写程序，提示用户输入 3 个整数。以非降序的形式输出这 3 个整数。

6.（找出两个分数最高的学生）编写程序，提示用户输入学生的个数、每个学生的名字及其分数，最后输出获得最高分的学生和第二高分的学生。

7.（求满足 $n^2>12\,000$ 的 n 的最小值）使用 while 循环找出满足 n^2 大于 12 000 的最小整数 n。

8.（找出一个整数的因子）编写程序，输入一个整数，然后以升序显示它的所有最小因子。例如，输入的整数是 120，那么输出就应该是 2，2，2，3，5。

9.（财务应用程序：复利值）假设每月在储蓄账户上存 100 元，年利率是 5%。那么每月利率是 0.05/12=0.00417。在第一个月之后，账户上的值变成：

$100 \times (1 + 0.00417) = 100.417$。

第二个月之后，账户上的值变成：

$(100 + 100.417) \times (1 + 0.00417) = 201.253$。

第三个月之后，账户上的值变成：

$(100 + 201.253) \times (1 + 0.00417) = 302.509$。

……

编写程序，提示用户输入一个数目（例如 100）、年利率（例如 5%）和月份数（例如 6），然后输出给定月份后账户上的值。

第 4 章 方法与数组

Java 中的方法代表一个实现特定功能的代码集合。将一段程序代码打包集成在一起实现一个或多个特定的功能,并给这个代码集取一个名字,主程序只需调用方法的名称就相当于执行这个方法下的全部代码集合。数组对每一门编程语言来说都是重要的数据结构之一,是一组相关类型的变量集合,并且这些变量可以按照统一的方式进行操作。

本章介绍方法的定义、调用、重载、递归,以及一维数组与二维数组,并且介绍冒泡排序等多种排序方法。

4.1 方法

通常将一些重复使用到的具有特定功能的代码集合定义成方法,从而减少代码冗余。

4.1.1 方法的定义

Java 中方法的定义语法如下:

```
修饰符 返回值类型 方法名称(参数类型1 参数名1,参数类型2 参数名2,…){
    方法体;
    return 返回值;
}
```

① 修饰符:包含权限修饰符、静态修饰符 static 以及 final 修饰符。这些修饰符会在后面的章节讲到,现在暂时固定使用 public static。

② 返回值类型:就是结果的数据类型。

③ 方法名称:方法的标识符,自定义,命名规则与变量相同。

④ 参数列表:指方法名称后面的括号里面的内容。如果把方法当作工厂,参数就是工厂的原材料,可以定义多个参数(类比工厂的多种原材料)。每个参数都要声明数据类型及参数名,相当于变量的定义,定义好的参数(变量)将在方法内部使用,进行特定的处理。方法也可以没有参数,称为无参方法,只用来完成特定的功能,表现为括号里面是空的。

- 参数类型:就是参数的数据类型。
- 参数名:就是变量名。

⑤ 方法体:是指{}里面的内容,就是方法要实现的功能的代码集合。

⑥ return 返回值:返回值是方法的最终结果。如果说参数是工厂的原材

料,那么返回值就是工厂生产的成品。返回值由 return 带给调用者并结束方法,return 下面不应该再出现语句,return 后面的返回值的数据类型必须与方法名称前面的返回值类型一致。也可以没有 return 语句,即没有返回值,只执行特定的功能代码就结束,此时返回值类型处要写成 void。

一个类里面可以有多个方法,但方法跟方法之间是平级关系,定义时不能存在嵌套(所以方法要定义在 main()方法外面,这时对类的认知就提高了一个层次,即类不但有 main()方法,还有自定义方法)。

【示例】自定义一个方法,返回两个数中较大的那个。代码如下。

```java
public static int max(int x,int y){
    int m;
    if(x>y) {
        m=x;
    }else {
        m=y;
    }
    return m;
}
```

这个方法中 public static 是修饰符;int 是方法的返回值类型;max 是自定义的方法名称;(int x,int y)表示这个方法定义了两个 int 型参数;return m 表示该方法的返回值,注意这个返回值 m 的数据类型必须与方法名称前的类型相同,这里都是 int 型。

在 main()方法中调用自定义方法:

```java
public static void main(String[] args) {
    System.out.println(max(5, 6));//输出5、6中的较大值
    System.out.println(max(8, 18));//输出8、18中的较大值
}
```

运行结果:

```
6
18
```

4.1.2 方法的调用

已经定义的方法如果不调用就不会执行,可以通过调用方法来执行方法中的方法体。

方法调用过程中要分清楚形式参数与实际参数,方法定义时的参数称为形式参数(简称"形参"),方法调用时实际传入的值称为实际参数(简称"实参")。形参前面要有数据类型,实参前面不需要数据类型。如上面示例中定义的方法 max(int x,int y)里面的 int x 和 int y 就是形参,调用时 max(5,6)中的 5 和 6 就是实参。

方法调用规则:如果是无参方法,直接使用方法的名字加()即可;如果是有参方法,还需输入实参,且实参的参数列表(即参数的个数、类型、顺序)必须和形参一致,否则无法编译通过。

【示例】定义一个有参方法(注意定义在 main()方法以外)。代码如下。

```java
public static int add(int m,int n){   // m、n是形参
    int result= m+n;
    return result;
}
```

在 main()方法中调用:

```java
int sum=add(100,50);   //100、50是实参
System.out.print(sum);
```

调用过程如下。

(1)main()方法中调用 add()方法,把实参 100、50 分别传递给形参 m、n,使 m=100、n=50;

(2) 执行方法语句 int result= m+n;，把 m 和 n 的实际值相加得到结果 150，把它赋给 result；
(3) 执行 return 语句，将 result 的结果返回；
(4) 最后将方法的结果 result 赋给 sum。

方法调用如图 4.1 所示，留意实参与形参的值传递。

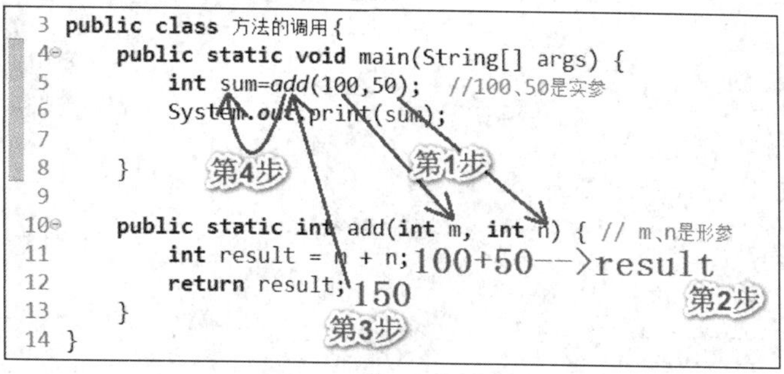

```
 3  public class 方法的调用 {
 4      public static void main(String[] args) {
 5          int sum=add(100,50);        //100、50是实参
 6          System.out.print(sum);
 7
 8      }
 9
10      public static int add(int m, int n) { // m、n是形参
11          int result = m + n;  100+50-->result
12          return result;  150
13      }
14  }
```

图 4.1 方法调用图示

方法的调用形式如下。
(1) 直接调用，将方法名(实参列表)单独构成一条语句，适用于方法中本身有输出语句的情况。
(2) 输出调用，用 System.out.println(方法名(实参列表))这种基本格式输出方法的返回值，只适用于方法有返回值的情况。
(3) 赋值调用，用变量=方法名(实参列表)这种格式将方法的返回值赋给一个变量。
(4) 运算调用，将有返回值的方法当作一个操作数参与算术运算、比较运算、逻辑运算等，赋值调用也可归于此类。

另外，不但 main()方法可以调用普通方法，普通方法之间也可互相调用。

【示例】方法的调用。代码如下。

```java
public static void main(String[] args) {
    sum1(10, 20);                            // 1.直接调用
    System.out.println(sum3(10, 20, 30));    //2.输出调用
    int sum = sum2(20, 30);                  // 3.赋值调用
    System.out.println("sum=" + sum);
    int total=sum2(10, 20)+sum3(20,30,40);   //4.运算调用
    System.out.println("total=" + total);
}
// 方法：求两个数的和,无返回值
public static void sum1(int num1, int num2) {
    System.out.println("两个数的和是" + (num1 + num2));
}
// 方法：求两个数的和,有返回值
public static int sum2(int num1, int num2) {
    return num1 + num2;
}
// 方法：求3个数的和,有返回值
public static int sum3(int num1, int num2, int num3) {// 方法之间也能互相调用
    return sum2(num1, num2) + num3;          // 这里调用了 sum2 方法
}
```

运行结果：

两个数的和是 30
60

```
sum=50
total=120
```

【示例】使用方法输出 1~100 的所有素数。

分析：这需要定义一个方法，其功能是判断每一个传递进来的参数是否为素数，是就返回 true，否则返回 false；然后对 1~100 进行循环，对每一个迭代变量都调用方法进行判断，如果是 true 就输出。代码如下。

```java
public static void main(String[] args) {// 主方法
    for (int i = 1; i <= 100; i++) {
        if (sushu(i) == true) {
            System.out.print(i + ",");
        }
    }
}
public static boolean sushu(int num) {
    boolean flag = true;
    for (int i = 2; i <= num - 1; i++) {
        if (num % i == 0) {
            flag = false;
            break;
        }
    }
    return flag;
}
```

运行结果：
1,2,3,5,7,11,13,17,19,23,29,31,37,41,43,47,53,59,61,67,71,73,79,83,89,97,

【示例】定义一个方法，输入圆柱体的半径、高度，输出体积。代码如下。

```java
public static void main(String[] args) {// 主方法
    Scanner sc=new Scanner(System.in);
    System.out.print("请输入圆柱体的半径: ");
    double r=sc.nextDouble();
    System.out.print("请输入圆柱体的高度: ");
    int h=sc.nextInt();
    System.out.println("该圆柱体的体积是:"+capacity(r, h));
}
// 定义一个方法，输入圆柱体的半径、高度，输出体积
public static double capacity(double radius, int height) {
    return 3.14159*radius*radius*height;
}
```

运行结果：
请输入圆柱体的半径：10
请输入圆柱体的高度：10
该圆柱体的体积是：3141.59

4.1.3 方法的重载

如果想定义方法求两个数字中的较大值，这两个数字可能都是整数，可能都是浮点数，也可能既有整数又有浮点数。按前面介绍的知识，不得不针对这么多种情况定义多个不同名称、不同参数类型的方法来解决，如定义以下 4 个方法求较大值：max1(int x,int y)、max2(int x,double y)、max3(double x,int y)、max4(double x,double y)。调用时根据实参的情况分别调用不同的方法。这样，同是求较大值，但有多个不同名称的方法，调用时很难分清楚哪种情况该去调用哪个方法，极易出错。需要这

样的机制：如果有多个不同的方法实现相似的功能，最好方法名称相同，只是参数列表不同。这就是方法的重载机制。

方法的重载指的是在一个类中可以有多个名字相同的方法，但这些方法要么参数的类型不同，要么参数的个数不同，要么参数的顺序不同。否则就不是重载，而是重复，程序会报错。简单来说，方法重载就是方法名称相同，但参数列表不同。需要注意的是，重载与返回值无关。就是说两个方法如果参数的类型、个数及顺序相同，即使返回值类型不同，它们也不是重载方法，而会被视为重复，这是不允许的。例如：

```
int fun(int a,int b);
double fun(int a,int b);
```

这两个方法不是重载方法，而是重复，程序会报错。可以这样理解：当调用fun(2,3)时，编译器无法识别要调用哪一个方法。

Java 根据实参的参数列表（参数的个数、类型、顺序）来判定调用同名方法中的哪一个，可以通过向重载方法传递不同的参数来选择想要调用的方法。

【示例】定义多个求最大值的重载方法 max()。代码如下。

```java
static int max(int a, int b) {
    return a > b ? a : b;
}
static double max(double a, int b) {
    return a > b ? a : b;
}
static int max(int a, int b, int c) {
    int x = max(a, b);
    return max(x, c);
}
```

调用重载方法：

```java
public static void main(String[] args) {
    int max1 = max(2, 3); // 结果为3，显然调用了 int max(int a,int b)这个方法
    double max2 = max(3.1, 4); // 结果为4.0，显然调用了 double max(double a,int b)这个方法
    int max3 = max(5, 8, 12); // 结果为12，显然调用了 int max(int a,int b,int c)这个方法
    System.out.println("max1:"+max1+",max2:"+max2+",max3:"+max3);
}
```

运行结果：

```
max1:3,max2:4.0,max3:12
```

4.1.4 方法的递归

一个方法在方法体内调用自身被称为递归。执行递归方法会不断调用自身，每调用一次就进入新的一层。

【示例】下面的方法就是一个递归方法。代码如下。

```java
public static void fun(int a){
    int b=a+1;
    fun(b);
}
```

该方法会不断地调用自身，使得程序的运行无法中止。由此可见，必须在方法体中设置判断条件，使得程序在满足判断条件后就不再调用自身，而是逐层返回。

下面举一个计算 n 的阶乘 $n!$ 的例子来说明递归的执行过程：

```java
public static int f(int n){
    if(n>1)
```

```
            return n*f(n-1);
        else if(n==1 || n==0)
            return 1;
        else
            return -1;
}
```

输入 4 来分析程序的执行过程：f(4)返回 4*f(3)，于是调用 f(3)；f(3)返回 3*f(2)，于是调用 f(2)；f(2)返回 2*f(1)，于是调用 f(1)；f(1)返回 1，于是层层返回；最后 f(4)返回的值为 4*3*2*1，即 4!。

斐波那契数列也可以用递归来实现。斐波那契数列指的是这样一个数列：1、1、2、3、5、8、13、21、…这个数列前两项都为 1，从第 3 项开始，每一项都等于前两项之和。使用递归输出斐波那契数列前 20 项，代码如下。

```
public static void main(String[] args) {
    for(int i=1;i<=20;i++) {
        System.out.print(f(i)+"\t");
        if(i%5==0) {
            System.out.println("");
        }
    }
}
public static int f(int n) {
    if (n == 1 || n == 2) {
        return 1;
    } else {
        return f(n - 1) + f(n - 2);
    }
}
```

【示例】使用递归计算 1～100 的和。代码如下。

```
public static void main(String[] args) {
    System.out.println("1～100 的和是： "+sum(100));
}
public static int sum(int n) {
    if(n==1) {
        return 1;
    }else {
        return n+sum(n-1);
    }
}
```

4.2 一维数组

4.2.1 数组概述

数组是一组相同数据类型的数据的集合。数组中的数据称为元素，数组有名字（相当于变量名），该变量存放数组的引用（即地址）。创建数组时会在内存中开辟一整块连续的内存空间，而数组名中引用的就是这块连续的内存空间的首地址。同一个数组中的多个元素在连续的内存空间中存放时，通过编号进行统一管理。元素的编号又称为下标或索引，通过下标可以快速访问指定位置的元素。数组本身是引用数据类型，而数组中的元素可以是任何数据类型，包括基本数据类型和引用数据类型。数组包含的元素个数就是数组的长度。数组长度一旦确定，就不能修改。

假如程序要存放一个班级中 40 个人的成绩，在没有学习数组之前就要定义 40 个变量，每一个变量存放一个人的成绩，如 score1=64、score2=76、score3=87……显而易见这样会非常麻烦。这时只需要定义一个数组 score[40]，就可以一次性存储和操作这些成绩。

数组的分类如下。

按照维度：一维数组、二维数组、三维数组……，除一维数组以外的数组也叫多维数组。

按照元素的数据类型：基本数据类型元素的数组、引用数据类型元素的数组（即对象数组）。

数组经过声明和初始化后才能使用。数组的创建指的是数组声明和初始化。如果没有特别说明，后文中说的数组指的是一维数组。

4.2.2 数组的声明

数组在声明（定义）时需要指定数组需要存储的元素的数据类型以及数组的名字。这样程序会在栈内存中开辟一块空间，用于存储数组元素实际存储的内存地址，值暂时为空。进行初始化后才会有地址值存进来。

数组的声明有如下两种方式：

数组元素的类型 [ ] 数组名字；
数组元素的类型 数组名字 [ ]；

两种方式举例如下。

int[ ] a;   //声明一个数组，命名为 a，用于存储 int 型元素
double[] b;   //声明一个数组，命名为 b，用于存储 double 型元素

也可以分别声明：int a[]、double b[]。效果相同，一般使用上面那种格式。

注意：声明数组时不能在[]中加上数组的长度，如 int[3] a 是错误的。

int[ ] a 声明语句执行后的内存状态如图 4.2 所示。

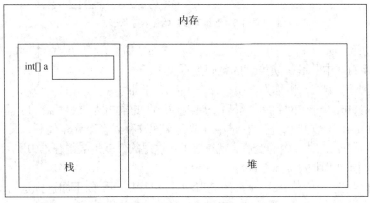

图 4.2 数组声明内存状态

说明：内存又分为栈和堆，定义一个数组 int[] a 时，相当于在内存的栈中定义一个变量 a；这个变量 a 用来存放数组实际存储位置（堆中）的地址，当前暂时为空。

4.2.3 数组的初始化

数组声明后，相当于只是定义了一个变量（数组名），还没有存放元素，需要进行初始化。初始化的任务包括在堆内存中开辟一块连续的内存空间、将连续内存空间的首地址赋给数组名、确定数组的长度（元素的个数）、为每个元素赋初始值。

根据数组的长度、每个数组元素的初始化值分别是由程序员指定还是由系统指定，数组的初始化分为静态初始化和动态初始化。

1. 静态初始化

静态初始化就是指在声明数组的同时指定每个数组元素的初始值，由系统决定数组的长度，在编译的时候就初始化好了。

一般格式：

数据类型[] 数组名 = new 数据类型[]{元素1,元素2…};

简化格式：

数据类型[] 数组名 = {元素1,元素2…};

【示例】静态初始化的应用，代码如下。

```
int[] a = new int[]{10,20,30,40,50};
//或者简化成以下形式
int [] a ={10,20,30,40,50};
```

数组静态初始化内存状态如图 4.3 所示。

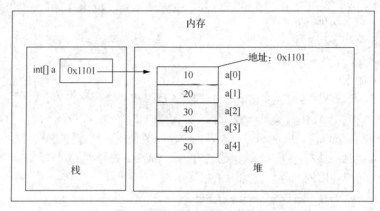

图 4.3　数组静态初始化内存状态

说明：静态初始化时，在内存的栈中定义一个变量 a，用于存储数组在堆中的实际地址，值暂时为空；然后在内存的堆中开辟一块连续的相同数据类型的内存空间，用于存放数组中的多个元素；这些连续的内存空间有编号，也称为索引；第一块内存空间的索引为 0，存放第一个元素，程序中用数组名[0]，这里用 a[0]即可访问到它；最后一块内存空间的索引为数组长度-1，存放最后一个元素，本例索引为 4，用 a[4]可以访问到它；在堆中开辟空间并存入多个元素值后，又将该连续空间的首地址赋给栈中的变量 a，这时栈中的变量 a 就有值了；这里的值就是数组在堆中实际存放位置的地址，相当于有一个指针指向堆中的实际地址。

静态初始化不能指定数组的长度（系统会自动计算长度），所以下面这样是错误的：

```
int[ ] a = new int[3]{1,2,3};
```

数组静态初始化后，即可访问数组中的每一个元素，通过下标（也叫索引）来访问数组元素（可读可写）的格式是数组名[下标]，其中下标从 0 算起，即第一个元素的下标是 0，最后一个元素的下标是数组长度-1。数组长度的获取方法为使用数组的 length 属性。数组长度的用法为数组名.length。值得注意的是，访问数组名得到的是数组的地址。

【示例】创建数组并静态初始化，代码如下。

```
public static void main(String[] args) {
    // 创建数组,静态初始化
    int[] arr = new int[] { 10, 20, 30 };
    //也可以是简化格式 int[] arr = { 10, 20, 30 };
    System.out.println("第1个数组长度:" + arr.length);
    System.out.println("第1个数组的地址:"+arr);     //数组名 arr 存储的是数组的地址
```

```java
        System.out.println("第1个元素的值是："+arr[0]);  //输出数组中的第1个元素的值
        System.out.println("第2个元素的初始值是："+arr[1]);  //读
        arr[1] = 50;  //写
        System.out.println("第2个元素的最新值是："+arr[1]);
        System.out.println("第3个元素的值是："+arr[2]);
        System.out.println("--------------------------");
        String[] names = { "张三", "李四" };
        System.out.println("第2个数组长度:" + names.length);
        System.out.println("第2个数组的地址:"+names);        //数组名names存储的是数组的地址
        System.out.println("第1个元素的值是："+names[0]);
        System.out.println("第2个元素的值是："+names[1]);
    }
```

运行结果：

第1个数组长度:3
第1个数组的地址:[I@7852e922
第1个元素的值是：10
第2个元素的初始值是：20
第2个元素的最新值是：50
第3个元素的值是：30

第2个数组长度:2
第2个数组的地址:[Ljava.lang.String;@4e25154f
第1个元素的值是：张三
第2个元素的值是：李四

简化格式的静态初始化不可以分成两步完成，以下代码是错误的：

```java
int[] arr;
arr = { 10, 20, 30 };
```

一般格式的可以分成两步完成，以下代码能正常运行：

```java
int[] arr;
arr = new int[] { 10, 20, 30 };
```

2. 动态初始化

动态初始化在数组声明后或声明数组的同时指定数组长度，系统自动为数组中的每一个元素赋予默认初始值。语法格式：

数组名=new 数据类型[长度];

上面格式适用于数组已经声明的情况。另一种语法格式：

数据类型[] 数组名=new 数据类型[长度];

上面格式适用于同时实现数组的声明与初始化。

【示例】先声明数组再动态初始化。代码如下。

```java
int[] a;
a = new int[5];
```

上述 int[] a 语句是数组的声明，声明了数组 a，其实也是定义了一个变量 a，在栈内存中为 a 开辟一个内存空间，值暂时为空。a = new int[5]语句就是数组的动态初始化，动态初始化的过程是：在堆内存中分配一整块连续的内存空间，用于存储 5 个数组元素，把这个连续内存空间的首地址赋给变量 a；这样栈内存中的变量 a 的地址值指向堆内存中的元素的实际存储位置，相当于有个指针；系统还会自动为数组中的每一个元素赋一个默认初始值，这里数组 a 中每一个元素都赋予默认初始值 0。

数组动态初始化内存状态如图 4.4 所示。

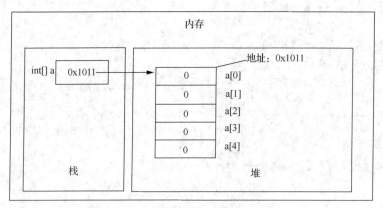

图 4.4 数组动态初始化内存状态

【示例】声明数组的同时初始化。代码如下。

```
int[] a=new int[3];
```

数组动态初始化时，系统会自动为数组中的每一个元素赋一个默认初始值，不同数据类型的数组元素初始化时的默认初始值不一样，如表 4.1 所示。

表 4.1 Java 中不同数据类型元素的初始值

数据类型	默认初始值
short、int、long、byte	0
float	0.0
char	空字符，'\u0000'
boolean	false
引用	null

静态初始化和动态初始化的区别：静态初始化数组的元素初始值由程序员指定，长度由系统计算给定；动态初始化数组的元素初始值由系统给定，长度由程序员给定。

【示例】创建一个数组 names，用于存储 3 个学生的姓名，再创建一个数组 scores，用于存储 3 个学生的成绩。已知第一个学生的成绩为 80，第二个学生的成绩未知，第三个学生的成绩为 90 分。输出各个学生的成绩。代码如下。

```java
public static void main(String[] args) {
    int[] scores;           // 定义一个数组,名叫 scores
    scores= new int[3];     // 动态初始化
    //上面两步可以合并成一步
    //int[] scores=new int[3];
    scores[0]=80;
    scores[2]=90;
    String[] names=new String[3];   //用于存储多个学生姓名
    names[0]="张无忌";              //给数组中的第一个元素赋值
    names[1]="李寻欢";
    names[2]="黄飞鸿";
    System.out.println("学生"+names[0]+"的成绩是: "+scores[0]);
    System.out.println("学生"+names[1]+"的成绩是: "+scores[1]);
    System.out.println("学生"+names[2]+"的成绩是: "+scores[2]);
}
```

运行结果：

学生张无忌的成绩是：80
学生李寻欢的成绩是：0
学生黄飞鸿的成绩是：90

【示例】创建数组，把一个数组名称赋给另一个数组，并输出数组的所有元素。代码如下。

```java
public static void main(String[] args) {
    int[] a1 = new int[2];
    int[] a2 = new int[4];
    int[] a3 = a2;              //将 a2 赋给 a3，赋的是地址值，使 a3 与 a2 指向同一个数组
    //输出 a1、a2、a3 的地址
    System.out.println(a1);
    System.out.println(a2);
    System.out.println(a3);     //注意观察 a3 的地址与 a2 的地址
    //给 a1 的各个元素赋值
    a1[0] = 50;
    a1[1] = 60;
    //给 a2、a3 的部分元素赋值
    a2[1] = 70;
    a3[1] = 80;
    a3[2] = 90;
    System.out.println("------------输出数组 a1 的所有元素----------------");
    System.out.println(a1[0]);
    System.out.println(a1[1]);
    System.out.println("------------输出数组 a2 的所有元素----------------");
    System.out.println(a2[0]);
    System.out.println(a2[1]);//注意观察这个值是 70 还是 80
    System.out.println(a2[2]);
    System.out.println(a2[3]);
    System.out.println("------------输出数组 a3 的所有元素----------------");
    System.out.println(a3[0]);
    System.out.println(a3[1]);
    System.out.println(a3[2]);
    System.out.println(a3[3]);
}
```

运行结果：

```
[I@1f32e575
[I@279f2327
[I@279f2327
------------输出数组 a1 的所有元素----------------
50
60
------------输出数组 a2 的所有元素----------------
0
80
90
0
------------输出数组 a3 的所有元素----------------
0
80
90
0
```

这个程序证明了数组是引用类型，数组名称保存的是地址；此外，还证明了把一个数组名称赋给另一个数组时，传递的是数组的地址，这样另一个数组也同时指向同一个数组。

数组经过声明与初始化后就可以使用了。数组可以有多个元素，每一个元素又相当于一个变量，所以可以存储与处理大量数据。

4.2.4 数组的异常

下面来了解下数组使用过程中常见的异常，从而帮助我们在编程过程中尽量避免这些异常的发生。

1. 数组索引越界异常

错误提示：java.lang.ArrayIndexOutOfBoundsException。

异常原因：访问了不存在的索引，比较常见的是使用数组的长度作为索引。前面提到过，索引（下标）从 0 算起，索引的最大值为数组长度-1。但初学者经常会将索引设置为数组的长度。例如，定义了一个数组 int[] a=new int[3]，数组长度为 3，然后访问了 a[3]，这时程序就会报这个异常。这里，a 的下标只能是 0、1、2，不能是 3，a[3]的话就越界了。

2. 空指针异常

错误提示：Java.lang.NullPointerException。

异常原因：数组名已经不再指向堆内存而还用数组名去访问元素。

【示例】数组异常，代码如下。

```java
public static void main(String[] args) {
    // 定义一个静态数组
    int[] arr = { 1, 2, 3};
    System.out.println(arr[3]);//越界异常
    arr=null;    //清空数组名变量存储的地址
    System.out.println(arr[0]);//空指针异常
}
```

运行后程序先报出越界异常，注释掉第二行代码后，再次运行，报出空指针异常。

4.2.5 数组的使用

1. 一维数组的遍历

访问数组中的每个元素称为数组的遍历，通常使用 for 循环来实现。

【示例】静态初始化一个数组，存储一批学生的成绩，长度随意。输出参加考试的人数、各个学生的成绩。代码如下。

```java
public static void main(String[] args) {
    int[] scores = {58,69,88,79,90,82,77,60,95,59,66};
    System.out.println("参加考试人数为:"+scores.length);
    for(int i=0;i<scores.length;i++) {
        System.out.println("第"+(i+1)+"个学生的成绩是:"+scores[i]);
    }
}
```

运行结果：

参加考试人数为:11
第1个学生的成绩是:58
第2个学生的成绩是:69

第 3 个学生的成绩是:88
第 4 个学生的成绩是:79
第 5 个学生的成绩是:90
第 6 个学生的成绩是:82
第 7 个学生的成绩是:77
第 8 个学生的成绩是:60
第 9 个学生的成绩是:95
第 10 个学生的成绩是:59
第 11 个学生的成绩是:66

2. 计算数组元素中的最大值和最小值

求最大值的思路：先选择第一个元素为参照物，假设它的值最大，将其赋给一个变量 max，然后对数组进行遍历，遍历时每一个元素都跟 max 比较，只要有元素的值大于 max 就将该元素赋给 max。求最小值的思路类似。

【示例】求学生成绩中的最高分、最低分及平均分。代码如下。

```java
public static void main(String[] args) {
    int[] scores = {58,69,88,79,90,82,77,60,95,59,66};//学生的成绩集
    int max=scores[0]; //假设第一个元素为最大值
    int min=scores[0]; //假设第一个元素为最小值
    int sum=0;
    for(int i=0;i<scores.length;i++) {
        if(scores[i]>max) {
            max=scores[i];
        }
        if(scores[i]<min) {
            min=scores[i];
        }
        sum+=scores[i];
    }
    System.out.println("学生的最高分是: "+max+ ",最低分是: "+min+ ",平均分是:
        "+sum/scores.length);
}
```

运行结果：

学生的最高分是: 95,最低分是:58,平均分是:74

3. 数组作为方法的参数

【示例】创建数组，将其作为求和、求数组元素中的最大值、求数组元素中的最小值的方法。给定两个班级的成绩数组，分别调用上述方法输出各个班的成绩记录、最高分、最低分、平均分。

```java
// 求数组元素中的最大值
public static int getMax(int[] arr) {
    int max = arr[0];
    // 然后依次遍历每一个元素
    for (int i = 0; i < arr.length; i++) {
        if (arr[i] > max) {
            max = arr[i];
        }
    }
    return max;
}
// 求数组元素中的最小值
public static int getMin(int[] arr) {
```

```java
        int min = arr[0];
        // 然后依次遍历每一个元素
        for (int i = 0; i < arr.length; i++) {
            if (arr[i] < min) {
                min = arr[i];
            }
        }
        return min;
    }
    // 遍历数组
    public static void showAll(int[] arr) {
        for (int i = 0; i < arr.length; i++) {
            System.out.print(arr[i] + " ");
        }
    }
    // 求和
    public static int getSum(int[] arr) {
        int sum = 0;
        // 然后依次遍历每一个元素
        for (int i = 0; i < arr.length; i++) {
            sum += arr[i];
        }
        return sum;
    }
    public static void main(String[] args) {
        //第一个班的成绩
        int[] scores1 = { 50, 78, 66, 89, 77, 93, 60 };
        //第二个班的成绩
        int[] scores2 = { 70, 59, 88, 95, 53, 79, 83 };
        System.out.println("---------------第一个班---------------");
        System.out.println("成绩记录: ");
        showAll(scores1); //遍历
        System.out.println("\n最高分"+getMax(scores1)+",最低分:"+getMin(scores1)+",
            平均分:"+getSum(scores1)/scores1.length);
        System.out.println("\n---------------第二个班---------------");
        System.out.println("成绩记录: ");
        showAll(scores2); //遍历
        System.out.println("\n最高分"+getMax(scores2)+",最低分:"+getMin(scores2)+",
            平均分:"+getSum(scores2)/scores2.length);
    }
```

运行结果:

---------------第一个班---------------
成绩记录:
50 78 66 89 77 93 60
最高分93,最低分:50,平均分:73

---------------第二个班---------------
成绩记录:
70 59 88 95 53 79 83
最高分95,最低分:53,平均分:75

4.2.6 冒泡排序

数组中的元素可能是无序排列的，为了让它有序，可以对数组进行排序。常用的排序方法有冒泡排序、直接选择排序等。另外，为了让本来有序的数组插入一个新的元素后能保持有序，可以使用插入排序。下面介绍冒泡排序，这里指升序排序。

冒泡排序原理如下。

第一轮冒泡从数组头部开始，不断比较相邻的两个元素的大小，如果前面的元素的值大于后面的元素的值，就交换两个元素的值，最大的元素会逐渐往后移动，直到数组的末尾。经过第一轮的比较，可以找到最大的元素，并将它移动到最后一个位置。这时最后一个元素属于排好序的，不再参与第二轮冒泡，接下来第二轮冒泡只需对前面的数组长度-1 个数组元素执行相同的操作即可。

第二轮冒泡仍然从数组头部开始，不断比较相邻的两个元素的大小，如果前面的元素的值大于后面的元素的值，就交换两个元素的值，第二大的元素会逐渐往后移动，直到数组的倒数第二个元素为止。经过第二轮的比较，就可以找到第二大的元素，并将它放到倒数第二个位置。这时倒数第二个元素也属于排好序的，不再参与第三轮冒泡，接下来第三轮冒泡只需对前面数组长度-2 个数组元素执行相同的操作即可。

后面几轮冒泡依此类推，这样，经过 n-1 轮之后，所有元素就均按由小到大的顺序排列了。

【示例】对数组{ 3, 2, 6, 9, 1, 7}进行冒泡排序。

第一轮冒泡过程如下。

① 第 1、2 个元素比较，3>2，true，交换，结果：<u>2 3</u> 6 9 1 7。
② 第 2、3 个元素比较，3>6，false，不交换，结果：<u>2 3 6</u> 9 1 7。
③ 第 3、4 个元素比较，6>9，false，不交换，结果：<u>2 3 6 9</u> 1 7。
④ 第 4、5 个元素比较，9>1，true，交换，结果：<u>2 3 6 1 9</u> 7。
⑤ 第 5、6 个元素比较，9>7，true，交换，结果：<u>2 3 6 1 7 9</u>。

第二轮冒泡：初始序列 2 3 6 1 7 **9**。

① 第 1、2 个元素比较，2>3，false，不交换，结果：<u>2 3</u> 6 1 7 9。
② 第 2、3 个元素比较，3>6，false，不交换，结果：<u>2 3 6</u> 1 7 9。
③ 第 3、4 个元素比较，6>1，true，交换，结果：<u>2 3 1 6</u> 7 9。
④ 第 4、5 个元素比较，6>7，false，不交换，结果：<u>2 3 1 6 7</u> 9。

第三轮冒泡：初始序列 2 3 1 6 7 **9**。

① 第 1、2 个元素比较，2>3，false，不交换，结果：<u>2 3</u> 1 6 7 **9**。
② 第 2、3 个元素比较，3>1，true，交换，结果：<u>2 1 3</u> 6 7 **9**。
③ 第 3、4 个元素比较，3>6，false，不交换，结果：<u>2 1 3 6</u> 7 **9**。

第四轮冒泡：初始序列 2 1 3 6 7 **9**。

第 1、2 个元素比较，2>1，true，交换，结果：<u>1 2</u> 3 6 7 **9**。
第 2、3 个元素比较，2>3，false，不交换，结果：<u>1 2 3</u> 6 7 **9**。

第五轮冒泡：初始序列 1 2 3 6 7 **9**。

第 1、2 个元素比较，1>2，false，不交换，结果：<u>1 2</u> 3 6 7 **9**。

这样经过 5 轮冒泡后，最终排序成功，数组长度为 6，冒泡轮数为 5，表明冒泡轮数为数组长度-1。冒泡排序的参考代码如下。

```java
public static void main(String[] args) {
    int[] a = { 3, 2, 6, 9, 1, 7};
    for (int i = 0; i < a.length; i++) {//遍历数组
        System.out.print(a[i] + " ");
```

```java
        }
        for(int i=0;i<a.length-1;i++) {//外层循环控制轮数
            for(int j=0;j<a.length-1-i;j++) {//内层循环比较相邻两数，大的移后
                if(a[j]>a[j+1]){
                    int temp=a[j];
                    a[j]=a[j+1];
                    a[j+1]=temp;
                }
            }
        }
        for (int i = 0; i < a.length; i++) {//遍历数组
            System.out.print(a[i] + " ");
        }
    }
```

读者也可以思考一下，如果要对数组进行降序排序，应该怎么修改程序？

4.2.7 直接选择排序

直接选择排序的思想是：从所有序列中先找到最小的，将其放到第一个位置；之后再选择剩余元素中最小的，放到第二个位置；依此类推。具体是：第一轮，选出整个数组中最小的元素与a[0]交换；第二轮，选出除a[0]外数组中最小的元素与a[1]交换；依此类推，最后整个序列的排序就完成了。

【示例】对数组{3, 2, 6, 9, 1, 7}进行直接选择排序。

（1）第一轮选择

定位到数组a的第一个元素a[0]，然后将a[0]与a[1]-a[5]一一比较，获得最小值所在的索引min，交换a[0]与a[min]（如果a[0]与a[min]相等，则不交换，下同）。这样a[0]就是最小值，这个位置排好序了，不再参与下一轮。第一轮选择结果：1 2 6 9 3 7。

（2）第二轮选择

定位到数组a的第二个元素a[1]，然后将a[1]与a[2]-a[5]一一比较，获得最小值所在的索引min，交换a[1]与a[min]。这样a[1]就是除a[0]外的最小值了，前面两个位置都排好序了，不再参与下一轮。第二轮选择结果：1 2 6 9 3 7。

（3）第三轮选择

定位到数组a的第三个元素a[2]，然后将a[2]与a[3]-a[5]一一比较，获得最小值所在的索引min，交换a[2]与a[min]。这样a[2]就是除前面两个元素外的最小值了，前面3个位置都排好序了，不再参与下一轮。第三轮选择结果：1 2 3 9 6 7。

（4）第四轮选择

定位到数组a的第四个元素a[3]，然后将a[3]与a[4]-a[5]一一比较，获得最小值所在的索引min，交换a[4]与a[min]。这样a[4]就是除前面3个元素外的最小值了，前面4个位置都排好序了，不再参与下一轮。第四轮选择结果：1 2 3 6 9 7。

（5）第五轮选择

定位到数组a的第五个元素a[4]，然后将a[4]与a[5]进行比较，获得最小值所在的索引min，交换a[4]与a[min]。这样a[4]就是除前面4个元素外的最小值了，最后一个a[5]肯定就是最大值了，这样所有位置都排好序了。第五轮选择结果：1 2 3 6 7 9。

经过五轮选择，完成排序，参考代码如下所示：

```java
public static void main(String[] args) {
    int a[] = {3,2,6,9,1,7};
```

```
    for (int i = 0; i < a.length; i++) {//遍历数组
        System.out.print(a[i] + " ");
    }
    int i,j,min,temp;
    for(i=0;i<a.length-1;i++) {//外层循环控制轮数,内层循环获得最小值所在索引并交换
        min=i;//假设最小值所在的索引为i,即假设a[i]值最小
        for(j=i+1;j<a.length;j++) {//将a[i+1]~a[5]一一与a[i]比较,获得真实的最小值的索引
            if(a[j]<a[min]) {
                min=j;
            }
        }
        //说明最小值所在的索引发生了变化,交换a[i]与a[min],这样每一轮a[i]就是最小值了
        if(min!=i) {
            temp=a[i];
            a[i]=a[min];
            a[min]=temp;
        }
    }
    for (int i = 0; i < a.length; i++) {//遍历数组
        System.out.print(a[i] + " ");
    }
}
```

4.2.8 插入排序

对于已经排好序的数组,如果有新的元素加入进来,怎样让数组依然有序呢?这就要用到插入排序。

插入排序原理如下。

假设原来的数组是升序排列的,这个数组需要有个多余的空位,以便新元素能存储进来,一般最后一个元素留空(即为 0)。①获得新元素应该要插入的位置,方法是将新元素的值与原数组的所有元素从头开始一一比较,一旦发现新元素的值小于某个元素值,则这个元素所在位置就是新元素要插入的位置。②这个位置及后面的所有元素要往后挪一位,这样这个位置就腾出来了。③将新元素的值放在这个位置。

【示例】原始数组为{60,63,82,87,99,0},注意最后一个 0 代表空位,输入一个要插入的元素(假设为 85),要求插入后数组仍然保持升序排列。

第一步:比较得到要插入的位置。对数组进行遍历,将 85 与所有元素一一进行小于比较,一旦为 true,则该元素所在索引即为插入位置,这里是 87 所在的位置。

| 60 | 63 | 82 | 87 | 99 | |

第二步:将 87 连同后面的所有元素后移一位。

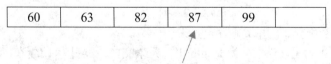

第三步:将新元素放入空位。

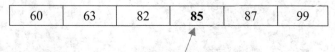

代码如下。

```java
public static void main(String[] args) {
    int[] arr = {60,63,82,87,99,0};
    System.out.println("原始数组遍历:");
    for (int i = 0; i < arr.length; i++) {//遍历数组
        System.out.print(arr[i] + " ");
    }
    Scanner scanner=new Scanner(System.in);
    System.out.print("请输入待插入的值:");
    int num=scanner.nextInt();
    //第一步:获得待插入位置
    int index = arr.length-1;        //代表插入位置(索引)
    for(int i=0;i<arr.length;i++) {//查找插入位置
        if(num<arr[i]) {             //一旦为true,即代表是应该插入的位置
            index=i;                 //获得插入位置的索引
            break;
        }
    }
    //第二步: 插入位置的元素及其后面所有元素全部向后移一位,从最后一个开始,每一个元素等于前一个元素
    for(int i=arr.length-1;i>index;i--) {
        arr[i]=arr[i-1];
    }
    //第三步: 把新元素放在插入位置
    arr[index]=num;
    System.out.println("插入后再次遍历:");
    for (int i = 0; i < arr.length; i++) {//遍历数组
        System.out.print(arr[i] + " ");
    }
}
```

运行结果如下:

原始数组遍历:
60 63 82 87 99 0
请输入待插入的值:85
插入后再次遍历:
60 63 82 85 87 99

思考:如果原来的数组是降序排列的,插入后仍要保持降序排列,应该怎样做?

4.2.9 数组的逆序

数组的逆序即将数组元素的排列顺序反过来。

思路:将索引为 0 的元素与索引为 length-1 的元素交换,索引为 1 的元素与索引为 length-2 的元素交换,依此类推,直到执行到索引为 length/2 的元素为止。

【示例】数组的逆序。代码如下。

```java
public static void main(String[] args) {
    int[] arr = { 1, 3, 5, 7, 9, 11, 13 };
    System.out.println("逆序前遍历:");
    for (int i = 0; i < arr.length; i++) {
        System.out.print(arr[i] + " ");
    }
    for (int i = 0; i < arr.length / 2; i++) {
```

```java
            int temp = arr[i];
            arr[i] = arr[arr.length-1-i];
            arr[arr.length-1-i] = temp;
        }
        System.out.println("\n逆序后遍历:");
        for (int i = 0; i < arr.length; i++) {
            System.out.print(arr[i] + " ");
        }
    }
}
```

运行结果:

逆序前遍历:
1 3 5 7 9 11 13
逆序后遍历:
13 11 9 7 5 3 1

可以将数组的冒泡排序、直接选择排序、逆序分别封装成一个方法，这样多个数组排序时都能方便地调用。以逆序为例，代码如下。

```java
public static void main(String[] args) {
    System.out.println("-----------第1个数组-----------");
    int[] a = { 9, 1, 7, 13, 5, 4 };
    System.out.println("逆序前遍历:");
    showArray(a);  //遍历数组的方法
    reverse(a);
    System.out.println("逆序后遍历:");
    showArray(a);
    System.out.println("-----------第2个数组-----------");
    int[] b = {5,6,7,8,9};
    System.out.println("逆序前遍历:");
    showArray(b);
    reverse(b);
    System.out.println("逆序后遍历:");
    showArray(b);
}
public static void reverse(int[] arr) {
    for (int i = 0; i < arr.length / 2; i++) {
        int temp = arr[i];
        arr[i] = arr[arr.length-1-i];
        arr[arr.length-1-i] = temp;
    }
}
//数组遍历方法代码同前，这里省略
```

运行结果:

-----------第1个数组-----------
逆序前遍历:
9 1 7 13 5 4
逆序后遍历:
4 5 13 7 1 9
-----------第2个数组-----------
逆序前遍历:
5 6 7 8 9
逆序后遍历:
9 8 7 6 5

4.2.10 Arrays 工具类

前面介绍的数组排序有点复杂,有没有更简单快速的方法呢?

JDK 提供了用于操作数组的工具类 Arrays,其位于 java.util 包中,使用时需将其导入。下面介绍几种常用的 Arrays 类操作数组的方法。想要了解更多方法,只需自行访问 JDK 文档即可。

1. String toString(Object[] array)

把数组 array 转换成一个字符串。这个字符串是下面的形式:

```
[array[0],array[1],…,array[length-1]]
```

【示例】数组转换为字符串,代码如下。

```java
int[] a= {8,4,3,11,1,5,9};
String s = Arrays.toString(a);
System.out.print(s);
```

运行结果:

```
[8, 4, 3, 11, 1, 5, 9]
```

2. boolean equals(Object[] array1,Object[] array2)

比较两个数组是否相等。

【示例】比较数组,代码如下。

```java
int a[]= {1,2,3};
int b[]= {1,2,3};
boolean is = Arrays.equals(a,b);   //结果为true
```

3. void sort(Object[] array)

对数组 array 的元素进行升序排列。

【示例】对数组元素升序排列,代码如下。

```java
int[] a= {8,4,3,11,1,5,9};
Arrays.sort(a);
String s = Arrays.toString(a);
System.out.print(s);
```

运行结果:

```
[1,3,4,5,8,9,11]
```

这样排序是不是就是我们想要的简单快速的方法呢?说明一下,前面介绍的冒泡排序等复杂的排序只是用来开拓思维、学习算法的,实际对数组进行排序用这个简单的方法就行了。

4. void fill(Object[] array,int val)

把数组 array 中的所有元素都赋值为 val。

【示例】把数组中的元素赋值为同一个值,代码如下。

```java
int[] a = {8, 4, 3, 11};
Arrays.fill(a, 1);   //数组a变为{1,1,1,1}
```

重载方法:fill(array,startIndex,endIndex,val)。

该重载方法把数组 array 从索引 startIndex(包括)到 endIndex(不包括)之间的元素赋值为 val。

5. int binarySearch(Object[] array,Object val)

使用二分搜索法查询元素值 val 在数组 array 中的索引,如果找到,返回要搜索元素的索引;如果没找到,目标值不在数组内的,返回-(第一个大于目标值的元素的下标+1),若数组内的值都比目标值小,则返回-(数组长度+1)。

【示例】查询元素值在数组中的索引,代码如下。

```java
int[] a = {8, 4, 3, 11, 1, 5, 9};
```

```
    int index = Arrays.binarySearch(a,11);    //index 等于 3
```
重载方法：int binarySearch(Object[] array,int startIndex,int endIndex,Object val)。

该重载方法在数组的指定范围从索引 startIndex（包括）到 endIndex（不包括）之间查找值 val，返回要搜索元素的索引值；如果没找到，返回-1。

6. copyOf(Object[] array,int length)

把原数组 array 的前面 length 个元素复制到一个新数组中。

如果 length 等于原数组的长度，则返回一个跟原数组相同的新数组；如果 length 小于原数组的长度，则只复制原数组的前面 length 个元素；如果 length 大于原数组的长度，则多出的元素用默认值来填充（int 型默认值为 0，char 和 String 型默认值为 null）。

【示例】复制数组中的元素到新数组中，代码如下。
```
int[] a={8, 4, 3, 11};
int[] b=Arrays.copyOf(a, a.length);    //b 为{8, 4, 3, 11}
```
重载方法：copyOf(Object[] array,int startIndex,int endIndex)。

该重载方法表示复制原数组指定范围从索引 startIndex（包括）到 endIndex（不包括）之间的元素到新数组中。

4.3 二维数组

4.3.1 二维数组的声明与初始化

前面介绍的数组都是一维数组，如果数组的元素也是个数组，则称为二维数组。二维数组同样要声明与初始化后才能使用。二维数组的初始化也分为静态初始化与动态初始化。

二维数组的声明有如下两种方式：

数组元素的类型[][] 数组名字;
数组元素的类型 数组名字[][];

【示例】二维数组的声明，代码如下。
```
char b[][];
//或者
char[][] b;
```
动态初始化：在二维数组声明后或声明的同时指定数组长度，由系统赋予默认初始值。语法格式：

数组名=new 数据类型[长度][长度];

该格式适用于已声明的二维数组。另一种语法格式：

数据类型[][] 数组名=new 数据类型[长度][长度];

该格式在声明一个二维数组的同时进行初始化。

例如：
```
char[][] b;                         //先声明
b = new char[3][2];                 //再指定数组长度
//或者
char b[][] = new char[3][2];        //声明的同时指定数组长度
```
Java 的二维数组是由若干个一维数组组成的。例如 int[ ][ ] d = new int[3][2];，在二维数组 d 中，第一个数字 3 表示包含了 3 个一维数组，即 d[0]、d[1]、d[2]；第二个数字 2 表示每个一维数组的长度是 2。d[0][0]代表第一个一维数组中的第一个元素，d[0][1]代表第一个一维数组中的第二个元素，

d[0][2]则越界了；类似地，d[1][0]代表第二个一维数组中的第一个元素，d[1][1]代表第二个一维数组中的第二个元素，d[2][0]代表第三个一维数组中的第一个元素，d[2][1]代表第三个一维数组中的第二个元素。

组成二维数组的每个一维数组的长度不必相同。例如，可以这样定义一个二维数组 int[ ][ ] e = new int[3][ ];，再创建组成它的3个一维数组：

```
e[0] = new int[2];
e[1] = new int[3];
e[2] = new int[4];
```

这3个一维数组的长度显然不同。

二维数组的静态初始化与一维数组类似，例如：

```
int[][] f = new int[][]{{1},{1,2},{1,2,3}};
```

或者简化形式：

```
int[][] f = {{1},{1,2},{1,2,3}};
```

二维数组 String[ ][ ] person = {{"关羽","张飞"},{"孙权","周瑜"},{"曹操","张辽"}};，初始化完成后二维数组在内存中的结构如图4.5所示。

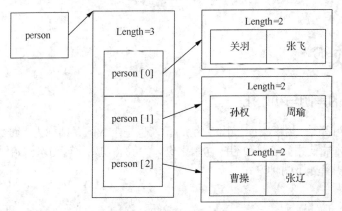

图4.5 二维数组内存示意

【示例】对二维数组动态初始化，输出地址和元素值。代码如下。

```java
public static void main(String[] args) {
    // 定义一个二维数组
    String[][] names = new String[3][2];    // 二维数组的动态初始化
    // 定义了一个二维数组,里面有3个一维数组,每个一维数组里面有两个元素
    person[0] = new String[] { "关羽", "张飞"};// 给3个一维数组赋值
    person[1] = new String[] { "孙权", "周瑜" };
    person[2] = new String[] { "曹操", "张辽" };
    System.out.println(person);              // 输出二维数组的地址值
    System.out.println(person[0]);           // 输出第一个一维数组的地址值
    System.out.println(person[1]);           // 输出第二个一维数组的地址值
    System.out.println(person[2]);           // 输出第三个一维数组的地址值
    // 输出二维数组的具体元素值
    System.out.println(person[0][0]);        // 输出第一个一维数组的第一个元素的值
    System.out.println(person[2][1]);        // 输出第三个一维数组的第二个元素的值
}
```

运行结果：

```
[[Ljava.lang.String;@1f32e575
```

```
[Ljava.lang.String;@279f2327
[Ljava.lang.String;@2ff4acd0
[Ljava.lang.String;@54bedef2
关羽
张辽
```

【示例】有 4 个班，每个班有 3 个学生，给定所有学生的成绩，输出任意第几个班第几个同学的成绩。代码如下。

```java
public static void main(String[] args) {
    // 定义数组
    int[][] scores = new int[][] { { 70, 66, 89 }, { 58, 92, 80 }, { 88, 61, 75 }, { 86, 93, 60 } };
    System.out.println("输出第 1 个班第 2 个学生的成绩:"+scores[0][1]);
    System.out.println("输出第 3 个班第 3 个学生的成绩:"+scores[2][2]);
    System.out.println("输出第 4 个班第 1 个学生的成绩:"+scores[3][0]);
}
```

运行结果：

```
输出第 1 个班第 2 个学生的成绩:66
输出第 3 个班第 3 个学生的成绩:75
输出第 4 个班第 1 个学生的成绩:86
```

4.3.2 二维数组的使用

1. 二维数组的遍历

二维数组的遍历需要用到两层 for 循环，外层获取第一个下标，代表一维数组的索引；内层获取第二个下标，代表一维数组中的元素的索引。下面这个例子演示了二维数组的遍历：

```java
public static void main(String[] args) {
    int[][] a = {{1,2},{3,4,5},{6,7,8,9}};
    for(int i=0;i<a.length;i++) {
        for(int j=0;j<a[i].length;j++){
            System.out.print(a[i][j]+" ");
        }
        System.out.println();
    }
}
```

运行结果：

```
1 2
3 4 5
6 7 8 9
```

2. 计算二维数组的最大值与最小值

【示例】有 3 个班，每个班有 4 个学生，给定成绩，求所有学生中的最高分、最低分。代码如下。

```java
public static void main(String[] args) {
    int[][] a = { { 80, 68, 76, 66 }, { 90, 72, 57, 58 }, { 86, 77, 85, 53 } };
    int max = a[0][0];
    int min = a[0][0];
    for (int i = 0; i < a.length; i++) {
        for (int j = 0; j < a[i].length; j++) {
            if (a[i][j] > max) {
                max = a[i][j];
            }
            if (a[i][j] < min) {
```

```
                    min = a[i][j];
                }
            }
        }
        System.out.println("最高分:"+max+",最低分:"+min);
    }
```
运行结果：
最高分:90,最低分:53

4.4 上机实验

任务一：学生成绩统计

要求：设计一个程序，求若干个学生参加某课程考试的总分、平均分、最高分以及合格的人数，输出从低到高和从高到低排序的成绩。

分析：用数组存储学生的成绩，并定义求总分、合格人数、最高分、逆序的方法，利用对数组的各种操作实现上述功能。

任务二：子公司销售额统计

要求：有一家总公司有 3 家子公司，去年各个季度各家子公司的销售额如表 4.2 所示，单位为万元。计算各家子公司的年销售总额，平均每个季度的销售额，最高季度销售额，最低季度销售额，以及总公司的年销售总额，平均每个子公司的年销售额，所有子公司中的季度最高销售额，所有子公司中的季度最低销售额。

表 4.2　各家子公司的销售明细

子公司	第 1 季度	第 2 季度	第 3 季度	第 4 季度
子公司 1	225	660	348	605
子公司 2	727	353	818	625
子公司 3	322	249	565	458

思考题

1. 下面这段程序的输出是什么？

```
public class E9 {
    public static void fun(int n) {
        n=n+3;
    }
    public static void main(String[] args) {
        int n=1;
        fun(n);
        System.out.println(n);
    }
}
```

2. 下面是一个用递归求 1+2+3+⋯+n 的方法，把它填写完整。

```
public static int f(int n) {
```

```
            if(n>1)
                return _____;
            else if(n==1)
                return _____;
            else {
                System.out.println("请输入大于等于1的数");
                return -1;
            }
        }
```

3. 简述方法的调用、重载、递归的区别。
4. 数组的初始化包括哪两种方式？
5. 关于数组，下列说法中不正确的是（   ）。
    A. 数组是最简单的复合数据类型，是一系列数据的集合
    B. 数组元素可以是基本数据类型、对象或其他数组
    C. 定义数组时必须分配内存
    D. 一个数组中所有元素都必须具有相同的数据类型
6. 有下列数组：

```
byte[] a1, a2[];
byte a3[][];
byte[][] a4;
```

下列数组操作语句中不正确的是（   ）。
    A. a2 = a1   B. a2 = a3   C. a2 = a4   D. a3 = a4
7. 设有下列数组定义语句：

```
int a[] = {1, 2, 3};
```

对此语句的叙述错误的是（   ）。
    A. 定义了一个名为 a 的一维数组   B. a 数组有 3 个元素
    C. a 数组元素的下标为 1~3   D. 数组中每个元素的类型都是整数
8. 写出下列程序的输出。

```
public static void main(String[] args) {
    int a[]= {1,2,3,4,5};
    int[] b=a;
    a[2]=10;
    System.out.println(Arrays.toString(b));
}
```

9. 执行语句 int[] x = new int[20];后，正确的是（   ）。
    A. x[19]为空   B. x[19]未定义   C. x[19]为 0   D. x[0]为空
10. 下面这些数组创建的方式正确吗？若不正确，指出错误之处并改正。

```
int[] a=new a[];
char b[3]={1,2,3};
double c[]=new double[4];c={1,2,3,4};
```

程序设计题

1. 设计一个方法，判断两个数的大小并输出较大的那个数。
2. 设计一个方法，输出乘法口诀表。
3. 使用递归的方法求 1!+2!+3!+4!+…的前 10 项和。
4. 使用递归的方法求 1~1000 的和。

5. 实现一个声明为 boolean pn(int n);的方法，其功能是输入一个正数，判断其是否为素数。

6. 编写一个程序，将 char 型数组{'a','b','c','d',e',f,g'}中的第三个元素替换为'x'，并将替换后的数组逆序输出。

7. 编写一个程序，使用算法思想将 int 型数组{ 10, 3, 25, 17, 8, 31, 22}按从小到大排序后输出。

8. 编写一个程序，使用 Arrays 工具类将 int 型数组{ 10, 3, 25, 17, 8, 31, 22}按从小到大排序后输出。

9. 编写一个程序，将二维数组 a 转置（行列互换）后存入数组 b，例如：

$$\begin{matrix}1\ 2\ 3\\4\ 5\ 6\\7\ 8\ 9\end{matrix}\ 的转置就是\ \begin{matrix}1\ 4\ 7\\2\ 5\ 8\\3\ 6\ 9\end{matrix}$$

10. 编写一个程序，用二维数组实现两个 3×3 的矩阵相加，并输出结果。

第 5 章　面向对象基础

Java 是面向对象的编程语言，对象是面向对象程序设计的核心。对 Java 语言来说，一切皆是对象。把现实世界中的对象抽象地体现在编程世界中，一个对象代表了某个具体的操作。多个对象最终组成了完整的程序设计，这些对象可以是独立存在的，也可以是从别的对象继承过来的。对象之间通过相互作用传递信息，实现程序开发。

本章介绍类与对象的概念、成员变量与成员方法、对象的创建、构造方法、this 与 static 关键字等，使读者初步掌握面向对象的编程方法。

5.1　面向对象编程简介

随着计算机性能的提高以及程序开发的便利性和稳健性的需要，程序的开发经历了从机器语言到过程语言，再到面向对象语言的过程。面向对象编程的思想是把一切待解决的问题抽象为对象，分析这些对象有哪些属性与行为，设计好对象之间的关系，对象与对象之间可以方便地进行调用。面向对象的编程模式更加符合人们思考问题的方式，它是对现实世界中的问题的建模。面向对象编程（Object-Oriented Programming，OOP）的四大基本特征是：封装、继承、多态、抽象。本章和下一章将逐一介绍这些特征。

5.2　类与对象

所有事物都可称为对象，如一部手机、一辆汽车、一个人。类是对某一类具有共同特性的对象的抽象描述，对象则是用于表示现实中该类事物的个体，如鸟是类，某一只老鹰是鸟的对象，某一只麻雀是鸟的另一个对象。它们有共同的特性，即都有翅膀、都能飞行，根据这些共同特性把它们归为鸟类。类都有静态的属性和动态的行为两种特征，鸟类（例如老鹰和麻雀）都有翅膀这个静态的属性，都有飞行这个动态的行为；人类都有姓名、性别、身高、体重等静态的属性，都有吃饭、睡觉这些动态的行为。在 Java 语言中，用 class（类）来模拟现实世界中的类，其中 Java 类中的变量为模拟现实世界中的类的属性，Java 类中的方法行为模拟现实世界中的类的行为。

Java 类是预先定义的一段代码，是抽象的，不占用存储空间；Java 对象是由这段代码创建出来的"实体"，占用存储空间。如果把类比作一栋大楼的设计图纸，则对象则是实际建成的大楼；如果把类比作一个模具，那么对象就是这个模具制造出来的其中一个具体的产品。可以说类只是定义了一种概念，而对象是这种概念的具体实现。类是构造对象实体时所必须遵守的规范。

5.2.1 类的定义

类（class）是组成 Java 程序的最基本的元素。类是一系列变量和方法的封装，分别用来模拟现实世界对象的属性和行为。类中（方法外）的变量又称成员变量，类中的方法又称成员方法。Java 类与现实世界事物的对应关系如下所示。

现实世界事物 ─────────────→ Java 类
属性 ─────────────────→ 成员变量
行为 ─────────────────→ 成员方法

定义类 class 的基本语法格式为：

```
class 类名{
    成员变量;
    成员方法;
}
```

class 是关键字，类名必须以字母开头，后面可以跟字母、数字、下画线和美元符号的任意组合。类名一般约定以大写字母开头。

【示例】定义一个 Person 类。代码如下。

```
class Person {
    String name;        //成员变量
    String gender;      //成员变量
    int age;            //成员变量
    void walk() {}      //成员方法
    void eat() {}       //成员方法
}
```

可见类是成员变量和成员方法的集合，用来刻画想要描述的事物。通常类或对象的成员变量直接称为属性，成员方法直接称为方法。到此，对 class 类的认识从最初的只有一个 main()方法扩展到包含普通方法，再扩展到成员变量、成员方法（main()方法也可当作特殊的成员方法）。

5.2.2 成员变量

1. 成员变量的定义规则

成员变量的数据类型可以是任何一种 Java 数据类型，包括基本数据类型和引用数据类型，如数组、对象类型。代码如下。

```
class Person {
    String name;
    String[] friends;
    int age;
    Person couple;  //配偶,这个成员变量是对象类型
}
```

成员变量定义的同时也可以赋值，如上面的 int age 可以改为 int age=18。

2. 成员变量的作用域

成员变量在整个类中都是有效的，也就是说在这个类的任何地方（包括所有成员方法内部）都可以使用和操作成员变量。

3. 成员变量的分类

成员变量可以分为实例变量和静态变量（也称类变量）。实例变量只有在这个类实例化的时候才实际产生（分配内存），而静态变量则不依赖实例产生。静态变量用 static 关键词修饰，也称为静态属性，具体内容将在后面详细介绍。代码如下：

```
class Circle{
    static double PI=3.14;    //PI 是静态变量,也称类变量
    double radius;            //radius 是实例变量
}
```

5.2.3 成员方法

成员方法顾名思义就是定义在类中作为类的成员的方法。由于 Java 是纯面向对象的语言，因此 Java 中的一切方法都是成员方法。

和成员变量类似，成员方法按类型可以分为实例方法和静态方法（也称类方法）。代码如下：

```
class Bycircle{
    double price;//成员变量
    //实例方法
    void setPrice(double p){
        price=p;
    }
    //静态方法(类方法)
    static int wheelNum(){
        return 2;
    }
}
```

5.2.4 对象的创建

对象是类的实例，是根据类具体化的"实体"，占用存储空间。对象的创建也称为类的"实例化"或"初始化"，对象也称为类的"实例"。与数组一样，对象可以先声明后创建，也可以在声明的同时就创建。

对象的声明语法：

类名 对象名；

对象命名规则同变量一样。Java 使用 new 关键字来创建对象，创建对象的语法：

new 类名();

同时声明与创建对象的语法：

类名 对象名=new 类名();

例如有类 Car，它有两个成员变量 String brand 和 int seatNum，分别表示汽车品牌和座位数，可以先声明后创建 Car 类的一个对象，在 main()方法中输入如下代码：

Car car;
car=new Car();

也可以在声明的同时创建对象：

Car car =new Car()

上述代码中，Car car 声明了 Car 类型的变量 car，它是一个声明在栈内存中的单独的变量；new Car()则在堆内存中开辟内存空间，创建了一个 Car 类的实例；对成员变量进行初始化赋值，String 型成员变量赋值为 null，int 型成员变量赋值为 0；然后把 Car 实例的地址赋给变量 car，这样变量 car 就引用了这个对象（实例），相当于有个指针指向实例，通过变量 car 就可以访问到这个对象（实例）了，这一点可以类比数组。创建对象（实例）的内存结构如图 5.1 所示。

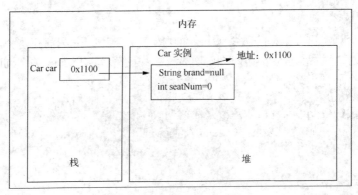

图 5.1 创建对象的内存结构

如前所述，变量 car 中存放的是对象的地址，如果在程序中直接输出对象名，将输出对象的地址。代码如下。

```
Car car =new Car();
System.out.println(car);
```

运行结果：

```
com.seehope.Car@7852e922
```

一个类可以创建（实例化）多个对象，这些对象的地址都是不同的。代码如下。

```
Car car1 =new Car();
Car car2 =new Car();
Car car3 =new Car();
System.out.println(car1);
System.out.println(car2);
System.out.println(car3);
```

运行结果：

```
com.seehope.Car@28a418fc
com.seehope.Car@5305068a
com.seehope.Car@1f32e575
```

创建多个对象（实例）的内存结构如图 5.2 所示。

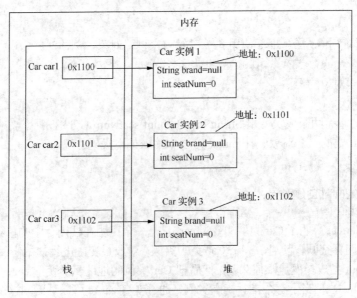

图 5.2 创建多个对象的内存结构

创建对象时，JVM 会给成员变量赋一个初始值，也叫初始化值。不同数据类型的成员变量，初始值不同，如表 5.1 所示。

表 5.1 Java 中不同数据类型的成员变量的初始值

成员变量的数据类型	byte	short	int	long	float	double	char	String	boolean	引用类型
初始值	0	0	0	0	0.0	0.0	空字符	null	false	null

【示例】为成员变量赋值，代码如下。

```
public class Car {
    int seatNum;//几辆车
    String brand;//品牌
    public static void main(String[] args) {
        Car car=new Car();
        System.out.println("car.seatNum="+car.seatNum);
        System.out.println("car.brand="+car.brand);
    }
}
```

上面程序中没有给 seatNum 和 brand 手动赋值，程序输出如下：

```
car.seatNum=0
car.brand=null
```

可见成员变量有默认的初始值。

5.2.5 局部变量

局部变量是指定义在成员方法中的变量，包括定义在方法体中的变量和方法的形参，前面使用的变量都是局部变量。若局部变量直接定义在方法中，那么其作用范围是从变量的声明到方法的结束；若局部变量定义在嵌套语句中，那么其作用范围只是在此嵌套语句的内部，而在外部无效。局部变量随着方法的调用而创建，随着方法调用的结束而消失；而成员变量随着对象的创建而产生，随着对象的消失而消失。

需要注意的是，局部变量在使用前必须进行赋值，否则程序会报错；而成员变量在对象创建后有默认值，未赋值使用不会报错。代码如下。

```
public class House{
    void setHouse(int n) {          //n 是局部变量
        double price;                //price 是局部变量
        double rate=price*2;         //报错,price 在使用前必须赋值
        for(int i=0;i<3;i++) {}
        i=9;                         //报错,i 的作用范围只在 for 的嵌套语句内部
    }
}
```

这里局部变量 price 未赋值就使用，所以程序报错了。

5.2.6 访问对象的属性和方法

可以通过"对象名.属性"来访问对象的属性，通过"对象名.方法()"来访问（调用）对象的方法；也可以通过访问对象的方法来间接访问对象的属性。下面是一个例子：

```
public class People{
    String words;
    void setWords(String w) {
        words=w;
```

```java
        public static void main(String[] arg) {
            People people = new People();
            people.setWords("学好 Java 走遍天下都不怕！");
            System.out.println(people.words);
        }
    }
```

运行结果：

学好 Java 走遍天下都不怕!

程序先创建了一个 People 的实例 people；然后通过访问 people 实例对象的 setWords()方法来操作对象的成员变量 words，将其赋值为"学好 Java 走遍天下都不怕!"；最后通过 people.words 访问对象的成员变量 words，将其输出到控制台上。也可以在另外一个类中访问对象的属性和方法。

【示例】新建 PeopleTest 类来访问 People 类的对象属性与方法。代码如下。

```java
public class PeopleTest{
    public static void main(String[] arg) {
        People people = new People();
        people.setWords("学好 Java 走遍天下都不怕！");
        System.out.println(people.words);
    }
}
```

5.2.7 对象的比较

可以使用运算符==或者 equals()方法进行对象的比较。

1. 运算符==

如果比较的是基本数据类型，则比较的是值是否相等。
如果比较的是引用数据类型，则比较的是地址值是否相等。

2. equals()方法

如果比较的是字符串类型，则比较的是值是否相等。
如果比较的是引用数据类型，则比较的是地址值是否相等。
关于 equals()方法，后面介绍 Object 类时还会做进一步介绍。

【示例】对象的比较，代码如下。

```java
public class Test {
    public static void main(String[] args) {
        Student s1=new Student();
        Student s2=new Student();
        Student s3=s2;
        System.out.println("s1=s2:"+(s1==s2));
        System.out.println("s1=s3:"+(s1==s3));
        System.out.println("s2=s3:"+(s2==s3));
        System.out.println("s1.equals(s3):"+s1.equals(s3));
        System.out.println("s2.equals(s3):"+s2.equals(s3));
    }
}
class Student{
}
```

运行结果:

s1=s2:false

```
s1=s3:false
s2=s3:true
s1.equals(s3):false
s2.equals(s3):true
```

注意：其中的 s3=s2 是把 s2 的地址赋给 s3，这样 s3 跟 s2 就引用了同一个地址的对象。

5.3 构造方法

在类中除了成员方法外，还有一种特殊的方法——构造方法。构造方法是类在初始化的时候调用的方法，用来完成对象的创建及成员变量的初始化工作。上面示例代码中的 new Student()中的 Student()其实就是构造方法。

5.3.1 构造方法的定义

构造方法的名字必须与类名完全相同，没有返回类型，甚至连 void 也没有。构造方法被 public 修饰，不能被 static、final、synchronized、abstract 和 native 修饰。构造方法可以重载，类中既可以有无参的构造方法，也可以有带参的构造方法。无参的构造方法可以不包含任何代码，也可以添加代码。通常进行成员变量的初始化时，会手动给各个成员变量赋一个初始值，而不是使用前面提到的系统提供的默认值。

类中必定有构造方法，之前没察觉到构造方法的存在是因为它是系统默认提供的。如果没有在一个类中写构造方法，Java 会自动为对象添加一个无参的构造方法。可以显式地将构造方法写出来，并利用构造方法进行成员变量的初始化。代码如下：

```java
public class People {
    String name;
    String gender;
    int age;
    //public People() {// 无参的构造方法
    //}
    public void show() {
        System.out.println("姓名: " + name + " 性别: " + gender + " 年龄: " + age);
    }
    public static void main(String[] arg) {
        People p = new People();
        p.show();
    }
}
```

运行结果：

姓名：null 性别：null 年龄：0

主方法里的这条语句 People p = new People();调用了 People 类的无参的构造方法。尽管 People 类中并没有这个方法，但理论上由系统默认提供了，所以没有报错。接着把无参的构造方法写上去，方法体为空，即添加如下代码：

```java
public People() {// 无参的构造方法
}
```

再次运行，结果仍然一样，说明了系统默认提供的构造方法就是这样的。但目前仍然感觉不到构造方法的存在，接着在无参的构造方法里面添加一条输出语句，如下所示：

```java
public People() {// 无参的构造方法
    System.out.println("你调用了无参的构造方法");
```

}
```

再次运行，结果如下：

```
你调用了无参的构造方法
姓名：null 性别：null 年龄：0
```

有输出就充分证明无参的构造方法被调用了。不过无参的构造方法主要不是用来输出的，下面介绍它的通常用途：用来对成员变量进行初始化。先来看上面结果的第 2 行，发现输出的姓名和性别都为 null，年龄为 0，即对象创建时各个成员变量只具有系统赋予的默认值，有没有办法在对象创建出来时让各个成员变量都有实际的值？办法就是在构造方法里面给成员变量赋值，修改无参的构造方法的代码如下：

```
public People() {// 无参的构造方法
    //System.out.println("你调用了无参的构造方法");
    this.name="小丽";
    this.gender="女";
    this.age=17;
}
```

再次运行，结果如下：

```
姓名：小丽 性别：女 年龄：17
```

结果体现了构造方法的常规用途：用来对成员变量进行初始化。

注意以下几点。

（1）如果类中没写构造方法，Java 将提供一个默认的无参的构造方法（方法体是空的）。

（2）如果自定义了构造方法（有参或无参），Java 将不再提供默认的构造方法。如果这个时候要使用无参的构造方法，就必须自己定义，否则程序会报错。推荐永远手动显式给出无参的构造方法。

【示例】构造方法的使用，代码如下。

```java
//1.创建 People 类
public class People{
    int age;
    public People(int age){
        this.age=age;
    }
}
//2.创建 Animal 类
public class Animal{
}
//3.创建 Test 类
public class Test{
    public static void main(String[] args) {
        People people = new People(8);    //使用带参的构造方法，不报错
        People people =new People();      //报错，找不到无参的构造方法
        //成功创建对象 animal，编译器会自动创建一个无参的构造方法
        Animal animal = new Animal();
    }
}
```

分析：People people =new People();报错的原因是这条语句调用了无参的构造方法，但 People 中并没有无参的构造方法，因为已经自定义了一个有参的构造方法，所以系统不再默认提供无参的构造方法。要使这句话不报错，必须手动显式地添加一个无参的构造方法。Animal 类内部无任何代码，也没有构造方法，但 Animal animal = new Animal();这条语句调用了构造方法却没有报错，这是因为
```

系统默认提供了无参的构造方法。

5.3.2 构造方法的重载

构造方法和一般的方法一样，是可以重载的。事实上构造方法更好地体现了重载的需要和好处。构造方法的方法名要求与类名一样，如果没有重载的话，那么方法的名字必须不同，于是一个类中就只能有一个构造方法。既然只有一个构造方法，那么构造方法就直接是程序默认的无参构造方法，这样就无法在对象创建的时候指定想要的初始化的操作，这将降低创建对象的灵活性。构造方法重载的示例代码如下。

```java
public class People {
    String name;
    String gender;
    int age;
    public People() {// 无参的构造方法
        this.name="小丽";
        this.gender="女";
        this.age=17;
    }
    public People(int age){//带有一个参数的构造方法
        this.age=age;
    }
    public People(String name, String gender) {        // 带有两个参数的构造方法
        this.name = name;
        this.gender = gender;
    }
    public People(String name, String gender, int age) {// 带有3个参数的构造方法
        this.name = name;
        this.gender = gender;
        this.age = age;
    }
    void show() {
        System.out.println("姓名: " + name + " 性别: " + gender + " 年龄: " + age);
    }
    public static void main(String[] arg) {
        People p1 = new People();
        People p2 = new People(18);
        People p3 = new People("小红", "女");
        People p4 = new People("小明", "男", 21);
        p1.show();
        p2.show();
        p3.show();
        p4.show();
    }
}
```

运行结果：

```
姓名: 小丽 性别: 女 年龄: 17
姓名: null 性别: null 年龄: 18
姓名: 小红 性别: 女 年龄: 0
姓名: 小明 性别: 男 年龄: 21
```

本例中有多个重载的构造方法：无参的构造方法，带有一个参数、两个参数、三个参数的构造

方法。这样可以用多种方式创建 People 的实例,灵活地在创建的时候将类成员初始化。

介绍了构造方法后,还要深入了解下使用构造方法创建对象的过程。以语句 People p = new People("小明", "男", 21)为例进行说明。

(1)首先在栈内存中定义变量 p,为它开辟一块内存空间。

(2)在堆内存中为 People 的实例开辟一块内存空间。

(3)在实例中对成员变量进行初始化赋值,这里将 name 赋值为 null,gender 赋值为 null,age 赋值为 0。

(4)如果定义类时成员变量有设置值,则这一步为成员变量赋值,没有就跳过。假设类 People 定义时开头部分是这样的:

```java
public class People {
    String name= "张三";
    String gender= "女";
    int age=18;
```

则这一步将 name 赋值为"张三",gender 赋值为"女",age 赋值为 18。

(5)通过构造方法对实例中的成员变量重新赋值,将 name 赋值为"小明",gender 赋值为"男",age 赋值为 21。

(6)所有数据都初始化完毕后,将堆内存中实例的地址赋给栈内存中的变量 p,变量 p 相当于有个指针指向了实例。

可见整个过程中成员变量最多可能有 3 次赋值。

5.4 封装

封装是面向对象的一个重要概念。在 Java 中,封装就是把对象的属性和方法集成在一个类中。类可以把自己的数据和方法只让可信的对象操作,对不可信的对象进行信息隐藏。

在 Java 中的一个直观的体现就是这个类向外提供有限的可以被其他类访问的接口(方法),而无法直接访问这个对象的属性,实现了对其内部数据的隐藏,保证了数据的安全性和完整性。

先来看一个例子:

```java
//1.创建 StuScore 类
public class StuScore {
    String stuName;
    double score;
    void show() {
        System.out.println(stuName+"的成绩是"+score);
    }
}
//2.创建 Test 类
public class Test {
    public static void main(String[] args) {
        StuScore ss = new StuScore();
        ss.score=-23;
        ss.stuName="小明";
        ss.show();
    }
}
```

运行结果:

小明的成绩是-23

这里小明的成绩被赋为一个负数，这在实际上显然是不合理的，但程序可以正常运行。这是由于在外部类访问成员变量的时候赋了一个不合适的值，因此问题的根源在于成员变量可以被外部类随意访问。如果不让外部类随意访问成员变量，而是通过成员方法访问，并在给成员变量赋值时加上一些限定条件，就可以有效解决这个问题。这就是封装的作用。

体现在实际的代码中是这样的：用 private（私有）修饰成员变量，使其在外部类无法被访问；再为成员变量定义一个获取变量值的 get 变量名()方法（俗称 getter()方法），以及一个设置变量值的 set 变量名()方法（俗称 setter()方法），并用 public（公有）修饰（注：关于 private 和 public 的内容详见本书 6.4 节）；然后在 setter()方法中进行限制，防止非法值赋予成员变量。setScore()方法修改如下：

```java
public void setScore(double score) {
    if(score<0||score>100)
        System.out.println("成绩必须在 0 到 100 之间！");
    else
        this.score = score;
}
```

再次运行程序，结果如下：

```
成绩必须在 0 到 100 之间！
小明的成绩是 0.0
```

上面代码尝试调用 setScore()方法向 score 传入一个负数，方法体对输入数据进行验证，发现不符合要求，输出提示，不予赋值。这样，score 的值仍然是默认初始值 0，没有发生改变。

对类封装的一般做法是让所有属性都私有（private），然后为每一个属性提供公有（public）的 getter()和 setter()方法。在 Eclipse 中，在私有属性定义好后，可以用快捷方式为所有属性提供 getter()和 setter()方法。首先在类中空白处单击鼠标右键，选择 source→Generate Getters and Setters，弹出对话框，选择全部属性（或根据需要只选部分属性），然后单击 Generate 按钮即可。

通过构造方法和封装的介绍，看到对标准的封装类，要给成员变量赋值，一个方法是通过变量的 setter()方法，另一个方法就是使用构造方法。

5.5　this 关键字

1. 调用成员变量与成员方法

this 关键字代表的是本类对象的引用，哪个对象调用就代表哪个对象。下面的测试代码可以证明这个结论。

```java
public class Student {
    private String name;
    private int age;
    public String getName() {
        return name;
    }
    public void setName(String name) {
        this.name = name;
    }
    public int getAge() {
        return age;
    }
    public void setAge(int age) {
        this.age = age;
    }
    public Student getStudent() {
```

```
            return this;
        }
    public static void main(String[] args) {
        Student zhangsan=new Student();//创建了第一个Student对象zhangsan
        zhangsan.setName("张三");
        System.out.println(zhangsan);
        System.out.println(zhangsan.getStudent());
        System.out.println(zhangsan.getName());
        System.out.println("----------------");
        Student lisi=new Student();//创建了第二个Student对象lisi
        lisi.setName("李四");
        System.out.println(lisi);
        System.out.println(lisi.getStudent());
        System.out.println(lisi.getName());
    }
}
```

运行结果：

```
com.seehope.Student@7852e922
com.seehope.Student@7852e922
张三
----------------
com.seehope.Student@4e25154f
com.seehope.Student@4e25154f
李四
```

在setName()方法中出现的this代表本类对象的引用，第一次是zhangsan这个对象调用了它，这时this就代表zhangsan这个对象，this.name就代表zhangsan的name属性；第二次是lisi这个对象调用了它，这时this就代表lisi这个对象，this.name就代表lisi的name属性。下面这两条语句的输出相同：

```
System.out.println(zhangsan);
System.out.println(zhangsan.getStudent());
```

充分证明了getStudent()方法中的this跟zhangsan这个对象就是同一个对象。同理，lisi跟lisi.getStudent()的输出相同也证明了这点。即只要是本类的对象，谁调用this就代表谁。

从this.name这个语句可以看出，通过this可以调用本类的任意一个成员变量，格式为this.成员变量。this通常用在类的封装中，用来区分成员变量与局部变量重名的情况。本例setName()方法中的this.name=name赋值语句等号左侧的this.name代表的是成员变量，等号右侧的name代表局部变量。

通过this也可以调用本类的成员方法，语法格式：

```
this.成员方法();
```

2. 调用构造方法

可以用this()或this(参数列表)调用构造方法。

一个类在被实例化时会调用其构造方法，在一个构造方法中可以用this()或this(参数列表)来调用本类的其他构造方法。代码如下。

```java
public class People {
    String name;
    String gender;
    int age;
    public People() {// 无参的构造方法
        this.name="小丽";
    }
    public People(int age){//带有一个参数的构造方法
        this();
```

```
            this.age=age;
        }
        public People(String name, String gender) {//带有两个参数的构造方法
            this.name = name;
            this.gender = gender;
        }
        public People(String name, String gender, int age) {//带有 3 个参数的构造方法
            this(name,gender);
            // this.name = name;
            // this.gender = gender;
            this.age = age;
        }
        void show() {
            System.out.println("姓名: " + name + " 性别: " + gender + " 年龄: " + age);
        }
        public static void main(String[] arg) {
            People p1 = new People();
            People p2 = new People(18);
            People p3 = new People("小红", "女");
            People p4 = new People("小明", "男", 21);
            p1.show();
            p2.show();
            p3.show();
            p4.show();
        }
}
```

运行结果:

```
姓名: 小丽 性别: null 年龄: 0
姓名: 小丽 性别: null 年龄: 18
姓名: 小红 性别: 女 年龄: 0
姓名: 小明 性别: 男 年龄: 21
```

分析：带有一个参数的构造方法 public People(int age)里面的 this();语句调用了无参的构造方法 public People()，相当于引用了无参的构造方法 public People()里面的 this.name="小丽";这条语句，所以用 People p2 = new People(18);这条语句实际调用并用 p2.show();语句输出后的结果不但有年龄 18，还有姓名"小丽"。

带有 3 个参数的构造方法 public People(String name, String gender, int age)里面的 this(name,gender);语句调用了带有两个参数的构造方法 public People(String name, String gender)，相当于引用了带有两个参数的构造方法 public People(String name, String gender)里面的这两条语句：this.name = name;和 this.gender = gender;。所以用 People p4 = new People("小明", "男", 21);这条语句实际调用并用 p4.show();语句输出后的结果不但有年龄，还有姓名和性别。

注意：只能在构造方法中使用 this()或 this(参数列表)调用另一构造方法，而不能在程序的其他位置调用，并且只能出现在构造方法的第一句。

5.6　static 关键字

　　static 关键字可以修饰变量和方法，被它修饰的成员变量称为静态变量（或类变量），被它修饰的成员方法称为静态方法（或类方法）。

5.6.1 静态变量

静态变量是指定义在类中用 static 关键字修饰的变量，也称类变量。静态变量属于类所有，而不单独属于这个类的实例对象。一个静态变量只会在程序中被创建一次，随着类的加载而加载，优先于对象存在。类的所有实例对象共享这个静态变量，在其他类中也可以访问这个静态变量。静态变量可以通过类名调用，也可以通过对象名调用。建议通过类名调用，因为这样更能体现它的特点。如果一个成员变量需要供这个类的所有对象共享，就添加 static 将其创建为静态变量，否则不添加 static。

【示例】先定义一个 Person 类，其中属性国籍 nationality 为静态变量。代码如下。

```java
public class Person {
    String name;                    //姓名
    int age;                        // 年龄
    static String nationality;      //国籍,静态变量
    public Person() {
    }
    public Person(String name, int age, String nationality) {
        this.name = name;
        this.age = age;
        this.nationality = nationality;
    }
    public String toString() {
        return "Person [name=" + name + ", age=" + age + ", nationality=" + nationality + "]";
    }
}
```

再创建一个测试类 TestPerson，代码如下。

```java
public class TestPerson {
    public static void main(String[] args) {
        // 创建对象1
        Person p1 = new Person("张三", 18, "中国");
        System.out.println(p1.toString());
        // 创建对象2
        Person p2 = new Person("李四", 19, "中国");
        System.out.println(p2.toString());
        // 创建对象3
        Person p3 = new Person("王五", 20, "中国");
        System.out.println(p3.toString());
        System.out.println("-----------------");
        // 张三移民加拿大
        p1.nationality= "加拿大";
        //Person.nationality = "加拿大";
        System.out.println(p1.toString());
        System.out.println(p2.toString());
        System.out.println(p3.toString());
    }
}
```

运行结果：

```
Person [name=张三, age=18, nationality=中国]
Person [name=李四, age=19, nationality=中国]
```

```
Person [name=王五, age=20, nationality=中国]
----------------
Person [name=张三, age=18, nationality=加拿大]
Person [name=李四, age=19, nationality=加拿大]
Person [name=王五, age=20, nationality=加拿大]
```

上面代码中张三"移民"了,其国籍(即 nationality 属性值)改成了"加拿大",李四和王五并没有"移民",但从结果发现李四和王五的国籍也跟着变成了"加拿大"。这是因为 nationality 属性是静态变量,为本类的所有对象共享,所以任何一个对象改变了它,所有对象都会受影响。静态成员变量内存图如图 5.3 所示。

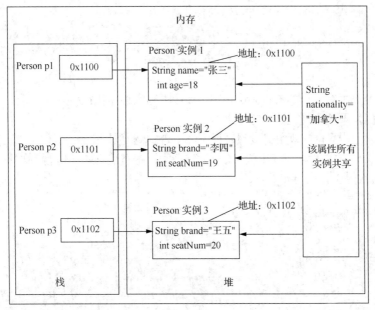

图 5.3　静态成员变量内存图

5.6.2　静态方法

静态方法是指定义在类中用 static 关键字修饰的方法。静态方法在一个类没有实例化之前就分配了入口地址,可以像静态变量一样通过"类.静态方法名"在任何类中访问。需要注意的是,静态方法中出现的成员变量只能是静态变量,而不能出现实例变量。这是因为静态方法不依赖类的实例对象的存在而存在,在类的实例对象创建之前静态方法就存在了,这时在方法中操作不存在的实例变量就会发生错误。代码如下。

```
public class Student {
    int age=0;
    static int score=0;
    public static void add() {
        age = age +1;          //错误,静态方法中不能出现实例变量
        score = score +1;      //正确,静态方法中可以有静态变量
    }
}
```

同理,静态方法只能调用本类中的静态方法,不能调用本类中的非静态方法。这也是第 4 章介绍方法时为什么 main()方法前面要加上 static 的原因,因为 main()方法本身也是静态方法。

5.6.3 静态代码块

在 Java 中，使用{}括起来的代码被称为代码块。代码块根据其位置和声明的不同，可以分为局部代码块、构造代码块、静态代码块。

① 局部代码块：在方法中出现，限定变量生命周期，及早释放变量所占内存，提高内存利用率。

② 构造代码块：在类中方法外出现，将多个构造方法中相同的代码存放到一起，每次调用构造方法都执行，并且在构造方法前执行，对对象进行初始化。

③ 静态代码块：在类中方法外出现，并用 static 修饰，用于对类进行初始化。静态代码块在类被加载的时候运行，而且只运行一次，在构造方法前执行。

静态代码块的格式：

```
static {
    代码体;
}
```

注意以下几点。

（1）如果一个类中有多个静态代码块，则会按照书写的顺序执行。

（2）静态代码块不能出现在任何方法之中。

（3）静态代码块中只能出现静态变量，而不能出现实例变量。

静态代码块、构造代码块、构造方法的执行顺序为：静态代码块→构造代码块→构造方法。

【示例】静态代码块，代码如下。

```java
public class Test {
    public static void main(String[] args) {
        new Student();
        new Student();
        new Student();
    }
}
class Student{
    int age1 = 18;
    int age2 = 19;
    static int age3 = 20;
    //构造代码块
    {
        System.out.println("构造代码块 age1:"+age1);
    }
    public Student(){
        System.out.println("构造方法 age2:"+age2);
        System.out.println("-----------------");
    }
    //静态代码块
    static{
        System.out.println("静态代码块 age3:"+age3);
    }
}
```

运行结果：

```
静态代码块 age3:20
构造代码块 age1:18
构造方法 age2:19
-----------------
```

```
构造代码块 age1:18
构造方法 age2:19
----------------
构造代码块 age1:18
构造方法 age2:19
----------------
```

这个例子说明了静态代码块最先执行，且只执行一次；其次执行构造代码块；最后执行构造方法。

5.7 值传递与引用传递

值传递指的是方法调用的过程中，如果方法的参数类型是基本数据类型，则实参把自己的值赋给形参变量，形参的值的变化不会影响实参的值。引用传递是指在方法调用的过程中，如果方法的参数类型是引用数据类型（如对象或数组），实参的值是某个对象的引用，那么形参也是这个对象的引用了；因此，它们引用的是同一个对象，方法的执行会影响实参引用的对象。下面举个例子：

```java
public class TestPerson {
    public static void method1(int age) {//年龄增加一岁
        age=age+1;
    }
    public static void method2(Person person) {//年龄增加一岁
        person.age=person.age+1;
    }
    public static void main(String[] args) {
        int age=18;
        System.out.println("执行method1()方法前age的值："+age);
        method1(age);
        System.out.println("执行method1()方法后age的值："+age);
        Person p=new Person();
        System.out.println("执行method2()方法前p.age的值："+p.age);
        method2(p);
        System.out.println("执行method2()方法后p.age的值："+p.age);
    }
}
class Person{
    String name;
    int age=18;
}
```

运行结果：

```
执行method1()方法前age的值：18
执行method1()方法后age的值：18
执行method2()方法前p.age的值：18
执行method2()方法后p.age的值：19
```

method1()方法执行后age的值并没有增加1，因为这个方法的参数类型是基本数据类型，该方法的调用属于值传递，实参传递的只是 age 的值本身，传入方法后改变的只是方法中的局部变量 age 的值，它跟方法外部的 age 是两个不同的变量，对方法外部的变量 age 并无影响。

method2()方法执行后发现这个 p.age 的值改变了，这是因为这个方法的参数类型是对象类型，该方法的调用属于引用传递，传递的是同一个对象的引用，这里实参 p 的值（即对象的引用）赋给了 method2()方法中的 person，所以 p、person 指向同一个对象，这样方法中对引用对象的任何改变都会影响对象本身。

总结：形参是基本数据类型的话，不会直接影响实参；形参是引用数据类型的话，会直接影响实参。所以数组或对象（都是引用数据类型）作为参数会改变数组或对象本身，例如第 4 章中以数组为参数的方法在对数组进行排序或逆序等操作时会影响数组本身。

5.8 对象数组

数组的元素可以是任何类型。如果数组的元素是对象，则称该数组为对象数组。

【示例】创建一个手机 Mobile 对象，有品牌、型号、价格、尺寸、像素等属性和打电话、上网、玩游戏等方法，创建一个数组存储某公司某个部门的所有员工的手机。假设该部门有 3 个人，输出所有手机信息，以及使用华为手机上网，使用苹果手机玩游戏。代码如下。

```java
public class Test {
    public static void main(String[] arg) {
        Mobile[] mobiles=new Mobile[3];
        mobiles[0]=new Mobile("苹果","11",8000,"150*50",1200);
        mobiles[1]=new Mobile("三星","note20",6000,"140*40",1100);
        mobiles[2]=new Mobile("华为","mate40",9000,"160*60",1500);
        System.out.println("\t\t手机信息一览");
        System.out.println("品牌\t型号\t价格\t尺寸\t像素");
        System.out.println("-----------------------------------------");
        for(int i=0;i<mobiles.length;i++) {
            System.out.println(mobiles[i].getBrand()+"\t"+mobiles[i].getType()+"\t"+
            mobiles[i].getPrice()+"\t"+mobiles[i].getSize()+"\t"+mobiles[i].getPixel());
        }
        System.out.println("-----------------------------------------");
        mobiles[2].network();
        mobiles[0].playGame();
    }
}

class Mobile {
    private String brand;
    private String type;
    private int price;
    private String size;
    private int pixel;

    public void call() {
        System.out.println("使用"+this.brand+this.type+"的手机打电话");
    }
    public void network() {
        System.out.println("使用"+this.brand+this.type+"的手机上网");
    }
    public void playGame() {
        System.out.println("使用"+this.brand+this.type+"的手机玩游戏");
    }

    public Mobile() {
```

```
    }
    public Mobile(String brand, String type, int price, String size, int pixel) {
        super();
        this.brand = brand;
        this.type = type;
        this.price = price;
        this.size = size;
        this.pixel = pixel;
    }
    //省略getter()和setter()方法
}
```

运行结果：

```
            手机信息一览
品牌      型号          价格      尺寸         像素
-----------------------------------------------
苹果      11           8000     150*50       1200
三星      note20       6000     140*40       1100
华为      mate40       9000     160*60       1500
-----------------------------------------------
使用华为mate430的手机上网
使用苹果11的手机玩游戏
```

5.9 垃圾回收机制

Java 程序在运行的过程中会产生很多对象，有些对象会随着程序运行不再被引用。也就是说，程序不会再访问到这些对象，但这些对象会占用内存，Java 会自动回收这些对象占用的内存。垃圾回收机制是 Java 的显著特点之一。有了垃圾回收机制，JRE 会负责回收那些不再使用的内存，Java 程序员不用再考虑内存管理问题。垃圾回收机制可以有效地防止内存泄漏，有效地使用空闲的内存。

当没有任何引用变量引用一个对象时，这个对象就成了垃圾。JVM 使用垃圾回收算法通过两个步骤实现垃圾回收：发现无用信息对象；回收被无用对象占用的内存空间，使该内存空间能被程序再次使用。

JVM 会自动进行垃圾回收，也可以调用静态方法 System.gc()手动进行垃圾回收。调用这个方法可以启动垃圾回收功能，垃圾对象在接下来的某一时刻会被回收。对象被回收时会调用对象的 finalize()方法进行资源释放。finalize()方法是 Object 类中的方法，任何对象都继承自 Object 类，对象可以重写 Object 类的 finalize()方法。代码如下：

```
public class Animal {
    public void finalize() {
            System.out.println("此对象被回收");
    }
}
public class Test {
    public static void main(String[] args) {
            Animal animal = new Animal();
            animal = null;
            System.gc();
    }
}
```

程序运行后控制台输出"此对象被回收"。

5.10 上机实验

任务：汽车销售统计

要求：某汽车销售公司销售各种汽车，有品牌、型号、座位数、颜色、单价、上个月销售量等属性及计算月销售金额方法，创建 Car 类封装上述属性与方法，创建测试类实例化多辆汽车，从键盘输入数据（假定上月销售了 3 种类型的汽车），假设各种汽车的销售情况如表 5.2 所示，输出上月销售明细，并统计汽车的上个月总销售金额。

表 5.2 汽车销售情况

品牌	型号	座位数/个	颜色	单价/元	上月销量/辆
奔驰	GLS	7	白色	1080000	10
宝马	X5	5	棕色	980000	15
奥迪	Q7	7	黑色	750000	20

思考题

1. 什么是对象？什么是类？类和对象有什么关系？
2. 一个类主要包含两个要素，分别是什么？
3. 静态方法和实例方法可以操作的变量分别有哪些？
4. 下面关于类的说法不正确的是（　　）。
    A. 类是同种对象的集合和抽象　　B. 类属于 Java 语言中的复合数据类型
    C. 类就是对象　　D. 对象是 Java 语言中的基本结构单位
5. 为 AB 类定义一个无返回值的方法 f()，使得使用类名就可以访问该方法，该方法头的形式为（　　）。
    A. abstract void f()　B. public void f()　C. final void f()　D. static void f()
6. 简述运算符==和 equals()方法的区别。
7. 静态变量和实例变量分别在什么时候分配内存空间？
8. 定义一个公有 double 型常量 PI，下面最好的语句是（　　）。
    A. public final double PI;
    B. public final static double PI=;
    C. public final static double PI;
    D. public static double PI=;
9. 改正下面①②③④中错误的地方。

```
public class Test2 {
    static int a=2;
    int b=3;
    void f1() {
        a=a+1;          //①
        b=b+1;          //②
    }
    static void f2() {
        b=b+1;          //③
        a=a+1;          //④
    }
}
```

10. 写出下列程序的运行结果。
```
public class Q {
    int data=3;
    Q(int n){
        data=n;
    }
}
public class E15 {
    static void f(Q q) {
        q.data+=1;
    }
    public static void main(String[] args) {
        Q q1 = new Q(9);
        Q q2 = q1;
        f(q2);
        System.out.println(q1.data);
    }
}
```

程序设计题

1. 设计一个矩形类，有长、宽属性，在构造方法中初始化长和宽。在类中定义一个方法，返回这个矩形的面积。

2. 编写一个类 A，它有静态变量 count。实现用 count 来记录类 A 对象的个数（每创建类 A 的一个对象，count 加 1），再调用静态方法输出个数。

3. 类 B 有整型属性 num，试用引用调用的方式在方法 f()中改变 num 的值，在主方法中输出 B 的对象的 num 属性。

4. 编写一个简单计算器类，它有属性 x、y，有方法加、减、乘、除分别对 x、y 进行相应的操作并返回计算结果。

5. 编写一个程序，程序中包含以下内容。
一个圆类（Circle），包含以下内容。
属性：圆半径 radius。
常量：PI。
方法：构造方法；求面积方法 area()；求周长方法 perimeter()。
主类（Text1），包含以下内容。
主方法 main()：在主方法中创建圆类的对象 c1 和 c2 并初始化，c1 的半径为 100，c2 的半径为 200，然后分别输出两个圆的面积和周长。

6. 编写一个程序，程序中包含以下内容。
一个学生类（Student），包含以下内容。
属性：学号 s_No，姓名 s_Name，性别 s_Sex，年龄 s_Age。
方法：构造方法，显示学号方法 showNo()，显示姓名方法 showName()，显示性别方法 showSex()，显示年龄方法 showAge()，修改年龄方法 modifyAge()。
主类（Text2），包含以下内容。
主方法 main()：在其中创建两个学生对象 s1 和 s2 并初始化，两个对象的属性自行确定，然后分别显示这两个学生的学号、姓名、性别、年龄，然后修改 s1 的年龄并输出修改后的结果。

7. 设计一个日期类，其输出格式是"月/日/年"或"June 13,1993"。利用构造方法重写技术设计适合上面输出格式的构造方法。类中的输出方法也要利用构造方法重写技术来满足上述的输出格式。最后，编写一个测试程序来测试所定义的日期类能否实现预期的功能。

8. 设计一个分数类。要求分数类包括分子和分母两个成员变量，同时类中应包含分数运算的各种方法。例如，方法应包括两个分数的加、减、乘、除等。分数的格式应该是分子/分母。最后，编写一个测试程序进行测试。

9. 设计一个电视机类。成员变量包括商品编号、商品型号、生产厂家、大小、质量、开关状态等，同时设计一些方法对电视机的状态进行控制。例如，方法应包括开/关电视机、更换频道、提高/降低音量等。要求商品编号自动生成。注意：有些成员变量应定义成静态的（static），并且控制和操作静态成员变量的方法也应是静态的。

10. 编写一个基本账户类。成员变量包含账号、储户姓名和存款余额等，方法有存款和取款等。编写一个测试程序来测试所定义的账户类能否实现预期的功能。

第 6 章　深入面向对象

本章介绍继承的原理、如何实现继承、抽象类与接口、多态、权限修饰符等，使读者掌握更深入的面向对象知识，能深入地进行面向对象编程。

6.1　继承

Java 中的一个类可以继承另一个类，获得另一个类的属性与方法，而无须自己重新定义。

6.1.1　继承的实现

继承是指在一个现有类的基础上进行扩展得到新的子类。现有类称为父类，子类可以自动继承父类的属性和方法，也可以添加父类没有的属性和方法，还可以重写父类的方法。

定义多个类时，若它们有共同的属性和方法，可以将它们共同的属性和方法抽取出来作为父类。其他类继承这个父类时，只需添加自己特有的属性和方法即可。这样可以大大减少代码冗余，提高代码的复用性，提高开发效率。此外继承还提高了代码的可维护性，加强了类与类之间的联系。

继承的语法：

```
class 子类名 extends 父类名{}
```

下面是继承的几个例子。

学生类 Student
属性：姓名 name、年龄 age、性别 gender、学号 studentNo。
方法：吃饭 eat()、睡觉 sleep()、学习 study()。
教师类 Teacher
属性：姓名 name、年龄 age、性别 gender、职称 title。
方法：吃饭 eat()、睡觉 sleep()、讲课 teach()。
工人类 Worker
属性：姓名 name、年龄 age、性别 gender、工号 workno。
方法：吃饭 eat()、睡觉 sleep()、车间做工 work()。

可以发现这 3 个类有很多属性与方法都是相同的。如果每一个类都完整地定义全部属性与方法，代码会非常冗余。使用类的继承可以很好地解决这个问题，将这些类共同的属性和方法抽取出来作为父类，其他类继承父类并添加特有属性和方法即可，具体做法如下。

定义一个人类 Person，有姓名 name、年龄 age、性别 gender 属性和吃饭 eat()、睡觉 sleep()方法；然后定义学生类 Student 继承 Person 类，只添加特有属性学号 studentNo 和特有方法学习 study()即可；定义教师类 Teacher 继承 Person 类，只添加特有属性职称 title 和特有方法讲课 teach()即可；定义工人类 Worker 继承 Person 类，只添加特有属性工号 workno 和特有方法车间做工 work()即可。参考代码如下。

```java
public class Test {
    public static void main(String[] args) {
        Student s = new Student();
        s.name="张无忌";
        s.studentno="1001";
        System.out.println("学生姓名:"+s.name);       //来自父类的属性
        System.out.println("学号:"+s.studentno);      //子类本身的属性
        s.study();//子类本身的方法
        s.eat();//来自父类的方法
        s.sleep();//来自父类的方法
        System.out.println("----------------");
        Teacher t = new Teacher();
        t.title="教授";
        t.name="李寻欢";
        System.out.println("教师姓名:"+t.name);       //来自父类的属性
        System.out.println("教师职称:"+t.title);      //子类本身的属性
        t.teach();//子类本身的方法
        t.eat();//来自父类的方法
        t.sleep();//来自父类的方法
        System.out.println("----------------");
        Worker w = new Worker();
        w.name="欧阳锋";
        w.workno="w03";
        System.out.println("工人姓名："+w.name);      //来自父类的属性
        System.out.println("工号:"+w.workno);         //子类本身的属性
        w.work();                                     //子类本身的方法
        w.eat();                                      //来自父类的方法
        w.sleep();                                    //来自父类的方法
    }
}
class Student extends Person{
    String studentno;
    public void study() {
        System.out.println("学生在学习");
    }
}
class Teacher extends Person{
    String title;
    public void teach() {
        System.out.println("老师在讲课");
    }
}
class Worker extends Person{
    String workno;
    public void work() {
```

```java
            System.out.println("工人在操作机器");
        }
    }
    class Person{
        String name;
        int age;
        String gender;
        public void eat(){
            System.out.println("吃饭");
        }
        public void sleep(){
            System.out.println("睡觉");
        }
    }
```

运行结果：

学生姓名:张无忌
学号:1001
学生在学习
吃饭
睡觉

教师姓名:李寻欢
教师职称:教授
老师在讲课
吃饭
睡觉

工人姓名:欧阳锋
工号:w03
工人在操作机器
吃饭
睡觉

注意：Java 只能单继承，即一个类只能有唯一的父类，不能有多个父类，但可以多层继承，例如父类又有父类；多个类也可以继承同一个父类，即一个父类允许有多个子类。

多层继承示例，代码如下。

```java
public class ExtendDemo {
    public static void main(String[] args) {
        Son son = new Son();
        System.out.println("我自己啥也没有，但...我可以...");
        son.fromFather();//调用父类的方法
        System.out.println(son.fatherMoney+"万元"); //调用父类的属性
        son.fromGrandPa();//调用父类的父类的方法
        System.out.println(son.grandpaMoney+"万元");//调用父类的父类的属性
    }
}
class GrandPa{
    int grandpaMoney=2000;
    public void fromGrandPa(){
        System.out.println("使用爷爷的财产:");
```

```
        }
    }
    class Father extends GrandPa {
        int fatherMoney=1000;
        public void fromFather(){
            System.out.println("使用父亲的财产:");
        }
    }
    class Son extends Father{
    }
```

运行结果：

我自己啥也没有，但...我可以...
使用父亲的财产：
1000 万元
使用爷爷的财产：
2000 万元

这里 Son 继承了 Father，Father 又继承了 GrandPa，因此 Son 不但可以获得父类的属性与方法，还可以获得父类的父类的属性与方法，层层继承下来。

6.1.2 方法的重写

子类可以自动继承父类中定义的方法，但有时继承过来的某个方法可能不能完全满足子类的需求，这时子类可以在自己的类体中重新定义并修改这个方法，这种操作称为重写父类方法，也称为覆写或覆盖父类方法。子类中重写的方法必须跟父类中对应的方法有完全相同的返回值类型、方法名、参数个数以及参数类型。

当在子类中重写了父类的方法时，就隐藏了父类的方法。当在子类的对象中调用该方法时，调用的是子类的方法而不是父类的方法。要想访问被重写的父类的方法，可以用 super 关键字来实现（super 将在下一小节中介绍）。子类可以重写父类的方法，且子类本身也可能有自己特有的方法。为了区别，通常在重写的方法上面添加注解@Override。

【示例】有个动物类 Animal，其方法 shout()表示动物会叫，子类小狗 Dog 和小猫 Cat 继承父类 Animal，它们都有 Animal 类的共同特征，都继承了 shout()方法，即小狗、小猫都会叫，但小狗、小猫仅仅会叫还不够具体，还希望具体到怎么叫（小狗是汪汪叫，小猫是喵喵叫），所以子类 Dog 和 Cat 都需要重写父类的 shout 方法。具体代码如下。

```
public class OverrideDemo {
    public static void main(String[] args) {
        Animal animal=new Animal();
        animal.shout();
        Dog dog=new Dog();
        dog.shout();
        Cat cat=new Cat();
        cat.shout();
    }
}
class Animal{
    public void shout() {
        System.out.println("动物在叫...");
    }
}
class Dog extends Animal{
```

```
        @Override
        public void shout() {
            System.out.println("小狗在汪汪汪...叫");
        }
    }
    class Cat extends Animal{
        @Override
        public void shout() {
            System.out.println("小猫在喵喵喵...叫");
        }
    }
```
运行结果：
动物在叫...
小狗在汪汪汪...叫
小猫在喵喵喵...叫

可见子类 Dog 和 Cat 重写了父类的 shout()方法后，其对象调用的 shout()方法都是子类重写后的方法，而不再是父类的 shout()方法。

6.1.3 super 关键字

如果子类中重写了父类的方法或子类的成员变量与父类的成员变量重名，那么父类中的这个方法或成员变量将在子类中被隐藏，子类对象将无法访问父类被重写的方法或与子类重名的成员变量。Java 提供的 super 关键字可以解决这个问题。

super 关键字有两个用途。一是访问被隐藏的父类中的方法或成员变量，语法为 super.方法名(参数列表)，用于访问父类的成员方法；super.成员变量，用于访问父类的成员变量。二是调用父类的构造方法，语法为 super()，用于调用父类的无参的构造方法，super(参数列表)，用于调用父类的带参的构造方法。super()和 super(参数列表)只能放在子类的构造方法里面，且只能是第一句。下面举个例子演示 super 关键字的用法，代码如下。

```
    class Person {//定义一个父类
        String name;
        int age=18;
        public Person(){
            this.name="一个人";
        }
        public Person(String name){
            this.name=name;
        }
        public void show(){
            System.out.println("这是父类的show()方法");
        }
    }
    class Student extends Person{//定义一个子类
        String gender;
        int age=19;   //这个属性与父类重复了
        public Student(){
            super();//调用了父类的无参的构造方法，相当于调用 this.name="一个人"
            this.gender="女";
        }
        public Student(String name,String gender,int age){
```

```java
            super(name);//调用了父类的带参的构造方法,相当于调用 this.name=name
            this.gender=gender;
            this.age=age;
        }
        @Override
        public void show() {
            super.show();//调用了父类的被重写了的方法
            System.out.println("这是子类的show()方法");
            System.out.println("子类中的年龄: "+this.age);
            System.out.println("父类中的年龄: "+super.age);  //调用了父类的跟子类名称相同的属性
        }
    }
    public class SuperTest {
        public static void main(String[] args) {
            Student s1 = new Student();
            s1.show();
            System.out.println("--------------------------");
            System.out.println(s1.name);
            System.out.println(s1.gender);
            System.out.println(s1.age);
            System.out.println("--------------------------");
            Student s2=new Student("张无忌","男",20);
            System.out.println(s2.name);
            System.out.println(s2.gender);
            System.out.println(s2.age);
        }
    }
```

运行结果：

```
这是父类的show()方法
这是子类的show()方法
子类中的年龄: 19
父类中的年龄: 18
--------------------------
一个人
女
19
--------------------------
张无忌
男
20
```

这个案例中的子类 Student 中的 super()调用了父类的无参的构造方法，super(name)调用了父类的带参的构造方法，super.show()调用了父类的被重写了的方法，super.age 调用了父类中跟子类名称相同的属性。

子类中所有的构造方法（包括带参和无参的构造方法）默认都会访问父类中无参构造方法，即子类中的所有构造方法默认第一句都是 super()，但子类中的构造方法可以显式指定调用父类的某个带参的构造方法，这种情况下则不再默认调用父类的无参构造方法。如果有多层继承，最底层类的构造方法默认访问上一层（中层）的无参构造方法，中层的无参构造方法又会访问最高层的无参构造方法，这样实际上的执行顺序是：先执行最高层的无参构造方法，再执行中层的无参构造方法，最后执行最底层的无参构造方法。

【示例】假设有多层继承,最高层的类是"爷爷"类 Grandpa,中层的类是"父亲"类 Father,最底层的类是"儿子"类 Son,测试构造方法的执行顺序。

Grandpa 类:
```java
public class Grandpa {
    public Grandpa() {
        System.out.println("这是爷爷(最高层的类)");
    }
}
```

Father 类:
```java
public class Father extends Grandpa{
    public Father() {
        System.out.println("这是父亲(中层的类)");
    }
    public Father(String name) {
        System.out.println("这是"+name+"的父亲");
    }
}
```

Son 类:
```java
public class Son extends Father{
    public Son() {
        System.out.println("这是儿子(最底层的类)");
    }
    public Son(String name) {
        //super();              //默认调用,可要可不要,可自行取消注释进行测试
        System.out.println("son 名叫: "+name);
    }
}
```

测试类:
```java
public class Test {
    public static void main(String[] args) {
        Son son=new Son();
    }
}
```

运行结果:

这是爷爷(最高层的类)
这是父亲(中层的类)
这是儿子(最底层的类)

这结果充分表明了多层继承中的构造方法的执行顺序。

将测试类的代码改为 Son son=new Son("张三");,再次运行,结果如下:

这是爷爷(最高层的类)
这是父亲(中层的类)
son 名叫: 张三

这表明了带参构造方法仍然默认调用父类的无参构造方法。接下来修改 Son 的带参构造方法,代码如下。

```java
public Son(String name) {
    //super();            //默认调用,可要可不要
    super(name);          //指定调用父类的带参的构造方法
    System.out.println("son 名叫: "+name);
```

}
运行测试类,结果如下:
这是爷爷(最高层的类)
这是张三的父亲
son 名叫:张三

这表明了指定调用父类的带参的构造方法后,没再调用父类的无参的构造方法。

6.1.4 final 关键字

通过上面的介绍,发现一个类经常被其他类所继承。有没有办法阻止一个类被其他类继承呢?答案是可以,这会用到 final 关键字。final 关键字可以用来修饰变量、方法、类,各有不同的含义与特点。

1. final 修饰变量

被 final 修饰的变量是常量,必须在定义时赋值,且只能赋值一次,其值在运行时不能改变,如经常用到的圆周率常量 final double PI=3.14159。

2. final 修饰方法

被 final 修饰的方法不能被子类重写。如果父类中的某个方法不希望被子类重写,可以用 final 修饰父类中的这个方法。

【示例】final 修饰方法,代码如下。

```
public class Father {
    final void fun() {}
}
public class Son extends Father{
    void fun(){}              //错误,fun()方法不能被重写
}
```

3. final 修饰类

被 final 修饰的类不能被继承。如果一个类不想被继承,可以将这个类声明为 final。格式如下:

```
final class 类名{ }
```

【示例】final 修饰类,代码如下。

```
final class Father {
    public void fun() {}
}
public class Son extends Father{    //错误,无法继承 Father 类
    public void fun(){}
}
```

6.2 抽象类与接口

6.2.1 抽象类

1. 为什么需要抽象类

动物类(Animal)这个概念,一般人看了都会问是什么动物,所以它是个抽象的概念。而说到小狗类、小猫类会立即让人联想到自己身边的小狗、小猫,所以它们是比较具体的概念。

生活中,有些概念比较具体,适合进行建模,可以将其比作 Java 中的普通类,可以进行实例化

创建对象，例如上述的小狗类（Dog）、小猫类（Cat）；而有些概念比较抽象，不适合进行建模，如上述提到的动物类（Animal），可以将其比作 Java 中的抽象类，不可以进行实例化创建对象。又如正方形、圆形、三角形这些有具体的边长、边数的形状可以建模为普通类，而把形状这种不具体的概念定义为抽象类。

既然动物类（Animal）是抽象的，那么就不应该被实例化，否则人们无法理解动物类实例化出来的是个什么动物，实例化没有意义。在 Java 中，这种类就应该定义为抽象类，一旦定义为抽象类，那么它是不能实例化的。

虽然动物类（Animal）是个抽象的概念，但起码这个类规定了凡是动物都有质量、颜色等属性，有"叫"（shout）、"吃东西"（eat）等方法。而小狗类（Dog）、小猫类（Cat）都是归属于动物类的，必须接受或者说继承动物类的这些属性与方法，也可以说是受动物类（Animal）的约束。所以说抽象类对子类有约束作用。

动物类（Animal）尽管定义了 shout()这个方法，但不适合规定具体的内容，因为不同动物有不同的叫法，在动物类（Animal）中无法具体描述。只有在动物类的子类对象中才适合进行具体描述，如小狗类（Dog）的对象中 shout()方法具体描述成"汪汪叫"，另一个子类小猫类（Cat）将 shout()方法具体描述成"喵喵叫"。这种方法在抽象类中就应该定义成抽象方法，抽象方法没有方法体，即不需要具体的实现代码，只规定方法名称即可，但每一个继承抽象类的子类都要重写抽象方法。再例如，形状类中可以定义方法，如求面积，但具体什么形状不清楚，没法给出具体求面积的代码，具体的求面积的代码只能在长方形、圆形等子类中实现，所以它也要定义成抽象方法。

2. 抽象类与抽象方法

使用 abstract 修饰的类称为抽象类，抽象类中使用 abstract 修饰的没有方法体的方法称为抽象方法。抽象类及抽象方法有如下特点。

（1）抽象类不可实例化。
（2）只有抽象类中可以有抽象方法，普通类里不允许出现抽象方法。抽象方法只允许声明，不允许实现，无方法体。
（3）抽象方法必属于抽象类，但抽象类未必有抽象方法。
（4）抽象方法不能用 final 修饰。
（5）继承抽象类的子类必须实现抽象类中定义的抽象方法。

在实际操作中，一般将抽象类作为父类，继承抽象类的子类来实现抽象类中定义的抽象方法。这就是抽象方法不能用 final 修饰的原因。代码如下。

```java
public class TestAnimal {
    public static void main(String[] args) {
        //Animal animal=new Animal(); //报错,抽象类不能实例化
        Dog dog=new Dog();
        dog.shout();
        Cat cat=new Cat();
        cat.shout();
    }
}
abstract class Animal{
    abstract void shout();
}
class Dog extends Animal{
    void shout() {
        System.out.println("小狗汪汪叫");
```

```
    }
}
class Cat extends Animal{
    void shout() {
        System.out.println("小猫喵喵叫");
    }
}
```

运行结果：

小狗汪汪叫
小猫喵喵叫

在实现过程中可以发现，一旦 Dog 类继承了 Animal 类就会先报错，意思是要求必须重写父类（即 Animal 类）的抽象方法 shout()，直到重写完成才不再报错，这可以当作一种约束。这也是抽象类存在的意义之一。代码如下。

```
abstract class Shape {
    abstract double getArea();
}
class Rectangle extends Shape{
    double length=0;
    double width=0;
    Rectangle(double length,double width){
        this.length=length;
        this.width=width;
    }
    double getArea() {
        return length*width;
    }
}
class Circle extends Shape{
    double radius=0.0;
    Circle(double radius){
        this.radius=radius;
    }
    double getArea() {
        return 3.14159*radius*radius;
    }
}
public class TestShape {
    public static void main(String[] args) {
        // Shape shape = new Shape();                    //错误,抽象类不可实例化
        Rectangle rectangle = new Rectangle(2,3);
        System.out.println("长方形的面积是:"+rectangle.getArea());
        Circle circle=new Circle(10);
        System.out.println("圆形的面积是:"+circle.getArea());
    }
}
```

运行结果：

长方形的面积是:6.0
圆形的面积是:314.159

6.2.2 接口

在现实生活中经常接触到接口这个概念，例如 USB 接口。它其实是一种技术标准，但它本身没

有具体的应用，必须接上具体的东西才有用，例如接上手机才可充电或传送照片，接上 USB 台灯才可照明。但这些具体的应用物品必须满足 USB 接口的技术标准才能使用这个接口，所以接口是一种约束，约束使用它或者说实现它的物品。

Java 中也有接口的概念，类似上述的 USB 接口。接口本身不能被实例化，需要其他类来实现它，类似上述的 USB 台灯。凡实现它的类都要受它的约束，接口的实现类可以实例化。

Java 接口可以看作抽象类的进一步抽象，它通过定义抽象方法描述要有什么功能，而功能的具体实现要由实现类来完成，实现类必须重写接口的所有抽象方法。所以接口也相当于是一种约束，约束其所有的实现类。接口关键字为 interface，只能用 public 修饰。

创建接口的语法：

```
public interface 接口名称{
    接口体；
}
```

接口中允许定义静态方法、default 修饰的方法、抽象方法。其中，静态方法和 default 修饰的方法是有方法体的方法；而抽象方法只允许声明，没有方法体；抽象方法默认被 public abstract 修饰。

接口中可以有常量，默认用 public static final 修饰。注意：抽象方法和常量的修饰符只能是默认的修饰符，也可省略不写，编译器会自动加上。

一个类可以使用 implements 关键字实现接口，且实现的接口数目可以是多个，多个接口之间用逗号隔开。语法格式：

```
class 类名 implements 接口名[,接口2][,接口3]…{
}
```

一个类实现某个接口后就可以像继承关系一样调用接口中的抽象方法（另外还有 default 修饰的方法、常量）。如果一个类实现多个接口，就可以"获得"更多的方法，实现功能的扩展。

【示例】定义接口 Shape，代码如下。

```java
public interface Shape {
    double getArea(); //求面积,默认为public abstract double getArea();
}
```

定义实现类 Rectangle，代码如下。

```java
public class Rectangle implements Shape{
    double width;
    double height;
    public Rectangle(double width,double height) {
        this.width=width;
        this.height=height;
    }
    @Override
    public double getArea() {
        return width*height;
    }
    public static void main(String[] args) {
        Rectangle rectangle=new Rectangle(10,20);
        System.out.println("矩形的面积是:"+rectangle.getArea());
    }
}
```

运行结果：

```
矩形的面积是:200.0
```

接口之间也可以继承，子接口可以在父接口的基础上扩充功能，语法格式：

```
public Interface 子接口 extends 父接口{}
```

一个类可以同时继承一个父类和实现一个或多个接口。语法格式：

```
class 类名 extends 父类 implements 接口名[ ,接口2][,接口3]...{
}
```

注意：先 extends，再 implements。

【**示例**】在上面的 Shape 接口的基础上，定义第二个接口 Circle 来继承 Shape 接口。代码如下。

```java
public interface Circle extends Shape{       //接口之间的继承
    double PI=3.14;                           //默认为public static final double PI=3.14;
}
```

定义第三个接口 Draw。代码如下。

```java
public interface Draw {
    void draw();
}
```

定义父类 Printer。代码如下。

```java
public class Printer {
    public void print() {
        System.out.println("使用打印机打印一个圆");
    }
}
```

定义实现类 Circular，同时继承 Printer 类并实现 Circle 和 Draw 两个接口。代码如下。

```java
public class Circular extends Printer implements Circle,Draw {
    double radius;
    public Circular(double radius) {
        this.radius=radius;
    }
    @Override
    public double getArea() {              //重写接口 Shape 中定义的抽象方法
        return PI*radius*radius;           //调用了接口 Circle 中定义的常量 PI
    }
    @Override
    public void draw() {                    //重写接口 Draw 中定义的抽象方法
        System.out.println("用铅笔画一个圆形");
    }
    public static void main(String[] arg) {
        Circular circular = new Circular(10);
        System.out.println("圆面积是: " + circular.getArea());
        circular.draw();
        circular.print();                   //调用父类 Printer 中的方法
    }
}
```

运行结果：

```
圆面积是:314.0
用铅笔画一个圆形
使用打印机打印一个圆
```

这里的父类 Printer 也可以是抽象类，print()方法可以是抽象方法，这样 Circular 类还得重写 print() 方法。

6.3 多态

6.3.1 多态简介

使用多态可以使得一个方法既具有通用性，又具有良好的可扩展性。多态不仅解决了方法同名问题，还使得程序更加灵活。

对于同一个父类或接口方法，不同类型的实例对象调用它会产生不同的结果，这称为多态。例如上述案例中，Shape 接口中有个 getArea()方法，即求形状的面积。当矩形 Rectangle 类的对象调用它时是求矩形的面积；当圆形 Circular 类的对象调用它时是求圆形的面积。又如动物类 Animal 中的 shout()方法，当 Dog 类的对象调用它时是"汪汪叫"，当 Cat 类的对象调用它时是"喵喵叫"。这些都是多态的体现。

多态的原理在于一个引用类型的变量可以引用多种实例以及方法可以被重写。可以使用继承实现多态，如上述的 Animal 父类与 Dog 子类和 Cat 子类；也可以使用接口实现多态，如 Shape 接口与 Rectangle 实现类和 Circular 实现类。

6.3.2 使用继承实现多态

假设有一个交通工具类 Vehicle，其中有 transport()方法表示运输，但不同的交通工具的运输方式不一样。例如，小轿车类 Car 运输方式是载人，卡车类 Truck 运输方式是载货。所以将 transport()方法设置为抽象方法，让子类去具体实现。

父类 Vehicle：

```java
public abstract class Vehicle {
    public abstract void transport();//抽象方法,运输
}
```

子类 Car 重写了 transport()方法：

```java
public class Car extends Vehicle{
    @Override
    public void transport() {
        System.out.println("小轿车载人运输");
    }
}
```

子类 Truck 重写了 transport()方法：

```java
public class Truck extends Vehicle{
    @Override
    public void transport() {
        System.out.println("卡车载货运输");
    }
}
```

实现类：

```java
public class TestVehicle {
    public static void main(String[] args) {
        Vehicle vehicle;
        vehicle=new Car();
        vehicle.transport(); //语句1
        vehicle=new Truck();
        vehicle.transport(); //语句2
    }
}
```

}
```

这里面要特别留意语句 1 和语句 2，这两条语句是完全相同的，它们调用的是同一个方法。
运行结果：

小轿车载人运输
卡车载货运输

结果表明这两条相同的语句虽然调用了相同的方法，但输出结果却完全不同。这就体现了多态。其中语句 vehicle=new Car();是关键，等号左边是父类类型的变量，等号右边是子类 Car 对象；vehicle=new Truck();这条语句的等号左边是父类类型的变量，等号右边是子类 Truck 对象。这样尽管表面上语句 1 和语句 2 的 vehicle 是同一个变量，但它们实际引用的是不同的子类对象，并且这些子类对象都重写了 transport()方法，具体的方法代码各不相同。这就体现了上述多态原理中的"一个引用类型的变量可以引用多种实例以及方法可以被重写"。当执行语句 1 时，变量 vehicle 实际引用的是 Car 类的实例，JVM 实际调用的是 Car 类的 transport()方法；当执行语句 2 时，变量 vehicle 实际引用的是 Truck 类的实例，JVM 实际调用的是 Truck 类的 transport()方法，这样就实现了多态。这种多态的实质是父类变量引用子类对象。

### 6.3.3 使用接口实现多态

使用接口实现多态和使用继承实现多态类似，可以使用接口变量引用一个实现这个接口的对象实例。

【示例】接口 Container 表示容器，有计算容积的抽象方法。代码如下。

```java
public interface Container {
    public abstract void getCapacity();//求容积
}
```

实现类 Cuboid 表示长方体容器，它们求容积的方法是长、宽、高相乘。代码如下。

```java
public class Cuboid implements Container{
    double length; //长
    double width;  //宽
    double height; //高
    public Cuboid(double length, double width, double height) {
        this.length = length;
        this.width = width;
        this.height = height;
    }
    @Override
    public void getCapacity() {
        System.out.println("长方体容器的容积是:"+length*width*height);
    }
}
```

另外一个实现类 Cylinder 表示圆柱体容器，它们求容积的方法是底部圆面积乘以高。代码如下。

```java
public class Cylinder implements Container{
    double radius;
    double height;
    public Cylinder(double radius, double height) {
        this.radius = radius;
        this.height = height;
    }
    @Override
    public void getCapacity() {
        System.out.println("圆柱体容器的容积是:"+3.14*radius*radius*height);
```
```

```
    }
}
```
测试类：
```
public class TestContainer {
    public static void main(String[] args) {
        Container container;
        container=new Cuboid(5, 10, 20);
        container.getCapacity();    //语句1
        container=new Cylinder(10, 20);
        container.getCapacity();    //语句2
    }
}
```
这里语句 1 和语句 2 也是相同的，它们都调用了同一个方法。观察它们的输出结果：

长方体容器的容积是:1000.0
圆柱体容器的容积是:6280.0

可发现结果不同，语句 container=new Cuboid(5, 10, 20);是关键，等号左边表示接口类型的变量，右边表示具体引用的接口实现类，这里引用的是 Cuboid 类的对象。同样 container=new Cylinder(10, 20);这条语句的等号左边是接口类型的变量，右边表示具体引用的接口实现类，这里引用的是 Cylinder 类的对象。这样表面上它们是同一个变量，但实际引用的是不同的实现类对象，并且这些实现类对象都重写了 getCapacity()方法，具体的方法代码各不相同。当运行语句 1 时，JVM 实际调用 Cuboid 类的 getCapacity()方法；当运行语句 2 时，实际调用 Cylinder 类的 getCapacity()方法，这样就实现了多态。

6.3.4 向上转型

把子类对象直接赋给父类引用叫向上转型，其不用强制转型。下面的案例展示了什么是向上转型。在交通工具 Vehicle 案例中再添加一个驾驶员类 Driver，代码如下。

```
public class Driver {
    String name;
    public Driver(String name) {
        this.name = name;
    }
    public void drive(Car car) {
        System.out.println(name+"在开");
        car.transport();
    }
    public void drive(Truck truck) {
        System.out.println(name+"在开");
        truck.transport();
    }
}
```

这个类主要考虑到驾驶员要驾驶各种交通工具，如小轿车、卡车、摩托车等，所以定义了多个重载的方法，如 drive(Car car)表示驾驶小轿车，drive(Truck truck)代表驾驶卡车，建一个测试类测试。代码如下。

```
public class TestVehicle {
    public static void main(String[] args) {
        Driver driver=new Driver("张三");
        Car car=new Car();
        driver.drive(car);
        System.out.println("----------");
```

```
            Truck truck=new Truck();
            driver.drive(truck);
    }
}
```

运行结果：
张三在开
小轿车载人前进

张三在开
卡车载货前进

驾驶员 Driver 类中的各个重载的 drive()方法代码几乎相同，只是参数类型不同。假如这个驾驶员还有更多交通工具要驾驶，如自行车、摩托车、摩托艇、汽车……是不是需要定义更多的方法满足业务需要？这样代码的重复部分会非常多，有没有办法将这么多相似的方法综合成一个呢？先找一下规律，发现这些重载方法尽管参数类型不同，但这些参数都同属一个父类 Vehicle。找到了它们的共同点，就可将这些重载方法综合成一个以它们共同的父类为参数的方法，即 drive(Vehicle vehicle)，而不用再分开一个个定义，这样可以大大减少代码冗余。Driver 类修改如下：

```
public class Driver {
    String name;
    public Driver(String name) {
        this.name = name;
    }
    public void drive(Vehicle vehicle) {
        System.out.println(name+"在开");
        vehicle.transport();
    }
}
```

只保留了一个 drive()方法，可以发现 drive()方法里面的 vehicle.transport();语句正是之前的多态的应用。还需进一步测试是否可行，修改测试类，代码如下。

```
public class TestVehicle {
    public static void main(String[] args) {
        Driver driver=new Driver("张三");
        Vehicle vehicle;
        vehicle=new Car();
        driver.drive(vehicle);    //语句1
        System.out.println("----------");
        vehicle=new Truck();
        driver.drive(vehicle);    //语句2
    }
}
```

运行结果：
张三在开
小轿车载人前进

张三在开
卡车载货前进

运行结果证明了这个办法可行，这样大大减少了代码的冗余。

测试类中语句 1 和语句 2 也是完全相同的语句，调用了相同的方法，结果却不同，同样体现了多态。

测试类中原本的 Car car=new Car();语句改成 Vehicle vehicle=new Car();是为了能适应 drive(Vehicle vehicle)方法。因为这个方法要求传入的是 Vehicle 类型的参数，而不是 Car 类型或 Truck 类型的参数，Vehicle vehicle=new Car();这条语句相当于把子类对象赋给父类类型，从"子"到"父"谓之"向上"，称为向上转型，其实质是父类变量引用子类对象。同样 Vehicle vehicle=new Truck();也是向上转型。向上转型直接赋值即可，类似前面介绍过的取值范围较小的数据类型的值赋给取值范围较大的数据类型的变量会发生自动转换。

本例其实无须向上转型（测试类不进行任何修改）也可以运行成功，但这是另外一个原理，即"里氏替换原则"，意思是子类对象可以出现在所有以父类类型定义的参数中。

6.3.5 向下转型

将父类对象赋给子类变量，从"父"到"子"谓之"向下"，即向下转型，其实质是用子类对象变量引用父类或祖先类实例。向下转型在赋值时必须显式声明，其做法类似前面介绍过的强制数据类型转换。

【示例】先向上转型。代码如下。

```
Vehicle vehicle=new Car();
```

再向下转型。代码如下。

```
Car car=(Car)vehicle;
```

下面通过一个案例来认识向下转型。

【示例】在交通工具 Vehicle 案例中，给 Car 类添加一个 run()方法，主要内容是输出"汽车在马路上跑"。修改后的 Car 类代码如下。

```java
public class Car extends Vehicle{
    public void run() {
        System.out.println("小轿车在马路上跑");
    }
    @Override
    public void transport() {
        System.out.println("小轿车载人前进");
    }
}
```

再创建一个船类 Boat，继承 Vehicle 后重写 transport()方法并添加一个 swim()方法，主要内容是输出"小船在水里游弋"，代码如下。

```java
public class Boat extends Vehicle{
    public void swim() {
        System.out.println("小船在水里游弋");
    }
    @Override
    public void transport() {
        System.out.println("小船载人前进");
    }
}
```

再创建一个飞机类 Plane，继承 Vehicle 后重写 transport()方法并添加一个方法 fly()，主要内容是输出"飞机在天上飞"，代码如下。

```java
public class Plane extends Vehicle{
    public void fly() {
        System.out.println("飞机在天上飞");
    }
    @Override
```

```java
    public void transport() {
        System.out.println("飞机载人前进");
    }
}
```

修改 Driver 类的方法，添加重载的 action()方法，表示各个交通工具的运行方式。根据参数的不同，分别调用 Car 类的 run()方法、Boat 类的 swim()方法、Plane 类的 fly()方法。关键代码如下。

```java
public void action(Car car) {  //表示各个交通工具的运行方式
    car.run();
}
public void action(Boat boat) {
    boat.swim();
}
public void action(Plane plane) {
    plane.fly();
}
```

这里问题就来了，如果有更多的交通工具，那么就需要更多的重载的 action()方法，代码将非常冗余。有没有办法只用一个 action()方法来解决问题呢？答案是有。正如上一个案例一样，只需把参数改为它们共同的父类 Vehicle 就行了。但接下来新问题又产生了，因为不同于上一个案例，各个子类调用的是共同拥有的重写的父类方法，这里调用的是各个子类独有的方法，无法统一。解决办法是将 Vehicle 对象向下转换为对应的子类对象后再去调用不同子类对象的独有方法，但 Vehicle 对象实际引用的子类对象类型有可能是 Car、Boat、Plane 之一，需要识别出来才能转换，否则转换会失败。下面举例说明向下转换失败的情况。

先向上转型：

```java
Vehicle vehicle=new Car();
```

再向下转型：

```java
Car car=(Boat)vehicle;
```

这里转换会失败，因为 vehicle 引用的是 Car 类型的对象，但强制转换为了 Boat 类型，显然"错乱"了。

为了能够识别一个父类类型的变量实际引用的子类对象的类型，这里要介绍一个新的语法 instanceof。该语法用来判断一个对象是否为某个类或其子类或接口的实例，返回布尔值，格式如下：

```
对象（包括引用对象的变量） instanceof 类（或者接口）
```

【示例】instanceof 的应用，代码如下。

```java
Vehicle vehicle=new Car();
System.out.println(vehicle instanceof Car);  //返回 true
System.out.println(vehicle instanceof Boat);  //返回 false
```

这样一个父类类型的变量就可以用 instanceof 来判断是否为某个子类类型的对象，再准确地向下转型为该类型的对象，然后就可调用其特有的方法了。修改 action()方法，代码如下。

```java
public void action(Vehicle vehicle) { //运行方式
    if(vehicle instanceof Car) {
        Car car=(Car)vehicle;
        car.run();
    }else if(vehicle instanceof Boat) {
        Boat boat=(Boat)vehicle;
        boat.swim();
    }else {
        Plane plane=(Plane)vehicle;
        plane.fly();
    }
}
```

测试类代码如下。

```java
public class TestVehicle {
    public static void main(String[] args) {
        Driver driver=new Driver("张三");
        Vehicle vehicle;
        vehicle=new Car();
        driver.action(vehicle);  //语句1
        vehicle=new Boat();
        driver.action(vehicle);  //语句2
        vehicle=new Plane();
        driver.action(vehicle);  //语句3
    }
}
```

语句1、2、3调用相同的方法，结果却不同，同样体现了多态。

6.4 权限修饰符

权限修饰符有 private、default、protected、public，这些权限修饰符控制着类和类中的成员的访问权限，即在哪里可以访问这些类和成员。这4个权限修饰符的访问权限的范围从小到大依次是 private<default<protected<public。权限修饰符规定的访问权限如表6.1所示。

表 6.1 权限修饰符规定的访问权限

访问范围	public	protected	default	private
同一个类	✓	✓	✓	✓
同一个包	✓	✓	✓	
派生类	✓	✓		
同一个项目	✓			

1. private

private 修饰的成员被称为私有成员。此成员只能在本类中被访问，除此之外不能在其他任何地方被访问，子类也不行。使用 private 可以很好地保护类中的成员不被随意修改，体现了类的封装性。代码如下。

```java
public class Father {
    private String name;
}
public class Son extends Father{
    String getName() {
        return name;                        //非法
    }
}
```

2. default

default 顾名思义就是默认的关键字，当没有指定用 private、protected 或 public 修饰时，一个类或者类中的成员默认用 default 修饰。被 default 修饰的成员可以被同一个包中的类访问。

3. protected

protected 修饰的成员被称为保护成员。此成员可以被同一个包中的其他类和这个类的派生类访问。注意：被 protected 修饰的属性和方法可以被该类的子类访问的意思是指可以在该类的子类内部访问它们，而不是新建一个父类对象，再用父类对象来访问它们。代码如下。

```
package com.test1.E24;
public class Father {
    protected String name;
}
package com.test1.E23;
import com.test1.E24.Father;
public class Son extends Father{
    void fun() {
        name="";
    }
    public static void main(String[] arg) {
        Father f = new Father();
        f.name="";                    //非法
    }
}
```

4. public

public 修饰的成员（类）被称为公有成员（类），公有类可以被这个项目中所有的类访问。公有类中的公有成员可以被所有类访问，而 default 修饰的类中的公有成员只能被同一个包中的类访问，原因是 default 修饰的类不能被不同的包里的类访问，因此其成员也不能被访问。

6.5 上机实验

任务：模拟主人养宠物

宠物类 Pet 是父类，有一个 eat()方法表示宠物会吃东西，但不同的宠物吃东西的情况不一样，所以将其定义成抽象方法，将由子类进行重写来具体实现。

定义小狗类 Dog 继承 Pet 类，除了重写方法外还要添加一个特有的 guard()方法，输出内容为"小狗会看家护院"。

定义小猫类 Cat 继承 Pet 类，除了重写方法外还要添加一个特有的 catchMouse()方法，输出内容为"小猫会抓老鼠"。

新建主人类 Person，添加 feed(Pet pet)方法表示主人喂宠物，use(Pet pet)方法表示让宠物发挥其作用，让小狗看家护院，让小猫抓老鼠。

创建测试类，让主人喂宠物并发挥其作用。

思考题

1. Java 语言中类之间的继承关系是（　　）。
   A．单继承　　　　B．多层继承　　　　C．不能继承　　　　D．不一定
2. 子类对父类方法的继承有几种形式？各有什么用途？
3. super 关键字的两个作用分别是什么？
4. 被 final 关键字修饰的类、变量、方法各有什么特点？
5. 下面关于接口的说法不正确的是（　　）。
   A．接口中所有的方法都是抽象的
   B．接口中所有的方法都是公开访问权限

C. 子接口继承父接口所用的关键字是 implements
D. 接口是 Java 中的特殊类，包含常量和抽象方法
6. 一个类实现接口的情况是（　　）。
   A. 一次可以实现多个接口　　　B. 一次只能实现一个接口
   C. 不能实现接口　　　　　　　D. 不一定
7. 什么叫抽象类？抽象类有什么设计要求？
8. 下面程序的哪条语句会在运行时发生错误？

```java
public class Animal {
}
public class Bird extends Animal{
}
public class Test {
    public static void main(String[] args) {
        Animal animal = new Animal();
        Bird b = (Bird)animal;
        Bird bird = new Bird();
        animal = bird;
        bird = (Bird)animal;
    }
}
```

9. 什么是多态？
10. 简述接口和抽象类的相同点和不同点。

程序设计题

1. 创建一个抽象类 Car，它有 wheelNum 和 seatNum 两个成员变量以及抽象方法 display()。类 bus 和类 motorcycle 继承自类 Car，实现输出成员变量的 display()方法。在主方法中用向上转型对象调用 display()方法。

2. 创建一个接口 Shape，它有抽象方法 getLength()。类 Rectangle 和 Circle 实现这个接口，实现 getLength ()，返回各种图形的周长。

3. 设计一个点类，它仅包含两个属性：横坐标和纵坐标。通过继承点类再设计一个圆类，它除了有一个圆心，还有半径，还应该能够计算圆的周长和面积等。编写一个测试程序来测试所设计的类能否实现预期的功能。

4. 设计一个动物声音抽象类，实现模拟许多动物的声音的功能。

5. 设计并使用接口实现模拟许多动物的声音的功能。

6. 设计一个动物类，它包含一些动物的属性，例如名称、大小、质量等，动物可以跑或走。然后设计一个鸟类，除了动物的基本属性外，它还有自己的羽毛、翅膀等属性，鸟除了可以跑或走外，它还可以飞翔。为了拥有动物类的特性，鸟类应该继承动物类。编写一个测试程序来测试所设计的鸟类能否实现预期的功能。

7. 先设计一个长方形类，再通过继承长方形类设计一个正方形类，在正方形类中通过重写父类的方法得到一些新的功能。

8. 先设计一个基本账户类，再通过继承基本账户类设计一个储蓄账户类，在储蓄账户类中增加一个静态成员变量（年利率），并增加如下方法。
（1）计算月利息——存款金额×年利率/12。
（2）更改利率（静态方法）——重新设置年利率。

最后，编写一个测试程序来测试所设计的储蓄账户类能否实现预期的功能。

9. 先设计一个基本账户类，再通过继承基本账户类设计一个储蓄账户类，在储蓄账户类中增加密码、地址、最小余额和利率等成员变量，并增加一些银行账户经常用到的方法，要求如下。

（1）类中的方法具有输入、输出上述信息的功能。

（2）将账号设计成不可更改，修改密码时要提供原密码。

10. 下面的类中，哪些方法是重写的？

```
Class Car
{
    public Car() {}
    public CarM(int c) {}
}
Class SportsCar extends Car
{
    public SportsCar() {}
    public SportsCar(int s) {}
    public CarM(int c) {}
}
```

第 7 章 常用类

Java 提供了很多已经封装好的类供开发者使用，掌握一些常用类可以大大提高开发效率。Object 类被称为超类、根类、顶级父类等。因为 Object 类是所有类的父类，所以除 Object 类本身外，所有 Java 类都必须直接或间接地继承 Object 类。

本章介绍 Object 类的各种方法、String 与 StringBuffer 类的各种方法、正则表达式的使用、包装类与内部类、Math 与 Random 类、日期与时间类等。这些都是编程中经常用到的类，需要熟练掌握。

7.1 Object 类

在 Java 中，Object 类是所有类的父类，所有的类都默认继承自 Object 类。在 API 文档中，对于 Object 类的介绍是这样的：Class Object is the root of the class hierarchy. Every class has Object as a superclass. All objects, including arrays, implement the methods of this class（Object 类是类层次结构的根，每个类都将 Object 作为父类，包括数组在内的所有对象都实现了这个类的方法）。下面介绍 Object 类的常用方法。

7.1.1 hashCode()方法

hashCode()方法的语法：
```
public int hashCode()
```
hashCode()方法的作用：返回该对象的 int 型 hashCode 值。默认情况下，该方法会根据对象的地址进行计算。不同对象的地址不同，hashCode()的返回值也不同。同一个对象的 hashCode 值相同。

【示例】多个 Student 对象的 hashCode 值比较。

创建学生类 Student，关键代码如下。

```java
public class Student{
    int studentno;//学生编号
    String studentname; //学生姓名
    public Student() {
    }
    public Student(int studentno, String studentname) {
        super();
        this.studentno = studentno;
        this.studentname = studentname;
```

```
        }
        //省略getter()/setter()方法
}
```

创建测试类 TestHashCode，关键代码如下。

```
public static void main(String[] args) {
    Student s1 = new Student();          //实例化第一个学生对象
    System.out.println(s1.hashCode());   //输出第一个学生对象的hashCode值
    Student s2 = new Student();          //实例化第二个学生对象
    System.out.println(s2.hashCode());   //输出第二个学生对象的hashCode值
    Student s3 = s1;                     //创建第三个学生对象,地址值与第一个相同
    System.out.println(s3.hashCode());   //输出第三个学生对象的hashCode值
}
```

运行结果：
2018699554
1311053135
2018699554

从结果发现，第 1 个学生对象与第 2 个学生对象的 hashCode 值不相同，第 3 个学生对象的 hashCode 值与第 1 个学生对象的 hashCode 值相同。

结论：不同地址的对象的 hashCode 值不同，相同地址的对象的 hashCode 值相同。

7.1.2 getClass()方法

getClass()方法的语法：
```
public final Class getClass()
```
getClass()方法的作用：返回对象运行时的 Class 实例。可以再通过 Class 类中的 getName()方法获取对象所属类的名称字符串。

getName()方法的语法：
```
public String getName()
```
【示例】获取一个运行中的 Student 对象的所属类的全名称。代码如下。

```
public static void main(String[] args) {
    Student stu = new Student();
    //获取对象 stu 的所属类型名称
    String classname = stu.getClass().getName();
    System.out.println(classname);
}
```

测试运行，结果返回包名.Student，表明获取了类的全名称。

7.1.3 toString()方法

toString()方法的语法：
```
public String toString()
```
toString()方法的作用：返回该对象的字符串形式。默认情况下，它的返回值是：
```
getClass().getName() + "@" + Integer.toHexString(hashCode())
```
由于默认情况下的返回值没什么意义，因此一般需要重写该方法。

【示例】输出 Student 对象的字符串形式，揭示 hashCode、getClass 与 toString 的关系。
创建测试类 TestToString，关键代码如下。

```
public static void main(String[] args) {
    Student stu1=new Student();
```

```
        System.out.println("---------对象的字符串形式。--------------");
        System.out.println(stu1.toString());//输出对象的字符串形式(描述对象信息)
        System.out.println(stu1);            //默认调用了 Object 类的 toString()方法
        System.out.println("\n------hashCode、getClass 与 toString 的关系------------------");
        System.out.println("stu1 的 hashCode 值: "+stu1.hashCode());
        System.out.println("stu1 的 hashCode 值(十六进制): "+
            Integer.toHexString(stu1.hashCode()));
        System.out.println("拼接:"+stu1.getClass().getName()+"@"+
            Integer.toHexString(stu1.hashCode()));
        System.out.println("stu1 的 toString 值: "+stu1.toString());
    }
```

运行结果:

```
---------对象的字符串形式。--------------
Object 类.Student@7852e922
Object 类.Student@7852e922
------hashCode、getClass 与 toString 的关系------------------
stu1 的 hashCode 值: 2018699554
stu1 的 hashCode 值(十六进制): 7852e922
拼接:Object 类.Student@7852e922
stu1 的 toString 值: Object 类.Student@7852e922
```

可以发现,如果直接输出一个对象,会默认调用 toString()方法,输出该对象的字符串形式。另外,此代码中还揭示了 hashCode、getClass 与 toString 的关系。

由于默认的字符串形式意义不大,因此接下来重写 toString()方法。最简单的重写是输出对象中各个属性的值。这个可以用快捷方式实现,只需在实体类空白处单击鼠标右键,选择 Source→Generate toString(),然后选择所有字段即可,自动生成的代码如下。

```
@Override
public String toString() {
    return "Student [studentno=" + studentno + ", studentname=" + studentname + "]";
}
```

新建测试类 TestToString2,测试重写后的 toString()方法,关键代码如下。

```
public static void main(String[] args) {
    Student stu1=new Student(1,"张三");
    System.out.println("---------对象的字符串形式--------------");
    System.out.println(stu1);            //默认调用了 Object 类的 toString()方法
    System.out.println(stu1.toString());//输出对象的字符串形式(描述对象信息)
}
```

运行结果:

```
---------对象的字符串形式--------------
Student [studentno=1, studentname=张三]
Student [studentno=1, studentname=张三]
```

7.1.4 equals()方法

equals()方法的语法:

对象 1.equals(对象 2)

equals()方法的作用:判断对象 1 与对象 2 是否"相等",然后返回 true 或 false。默认情况下比较的是对象的地址是否相等,但 String 类本身重写了 equals()方法,所以比较的是内容是否相等。自定义类若有需要也可重写该方法。

【示例】使用 equals 比较两个 Student 对象。

创建测试类 TestEquals，关键代码如下。

```java
public static void main(String[] args) {
    Student s1 = new Student(1,"张旺财");
    Student s2 = new Student(1,"张旺财");
    Student s3 = s1;
    System.out.println(s1.equals(s2));
    System.out.println(s1.equals(s3));
}
```

运行结果：

```
false
true
true
```

地址相同，则 equals() 返回 true，否则返回 false。注意，尽管 s1 与 s2 的属性值相同，但它们是两个不同的对象，地址不同。

7.1.5　equals()方法与==的区别

Object 类的 equals() 方法和==操作符都可以用来比较两个引用类型（如对象）是否"相等"，默认情况下比较的都是引用类型的地址是否相等。那么它们有什么不同呢？

（1）在没有重写 equals() 方法的类中，equals() 方法与==是等价的，都通过地址来判断两个对象是否相等。

（2）有些类重写了 equals() 方法，使 equals() 方法判断两个类的内容是否一致，如 String 类。

（3）操作符==还可用于比较基本数据类型，比较的是它们的值，如比较两个整数是否相等。

【示例】equals()与==的比较。

创建测试类 TestEquals2，关键代码如下。

```java
public static void main(String[] args) {
    Student s1 = new Student(1,"张旺财");
    Student s2 = new Student(1,"张旺财");
    Student s3 = s1;
    System.out.println("---使用equals()来比较对象---");
    System.out.println(s1.equals(s2));
    System.out.println(s1.equals(s3));
    System.out.println("---使用==来比较对象---");
    System.out.println(s1 == s2);
    System.out.println(s1 == s3);
    System.out.println("---使用==比较基本数据类型---");
    int num1=100,num2=100;
    System.out.println(num1==num2);
    System.out.println("---使用equals()比较字符串---");
    String str1=new String("砺锋科技");
    String str2=new String("砺锋科技");
    System.out.println(str1==str2);//比较的是地址
    System.out.println(str1.equals(str2));//比较的是内容
}
```

运行结果：

```
---使用equals()来比较对象---
```

```
false
true
---使用==来比较对象---
false
true
---使用==比较基本数据类型---
true
---使用equals()比较字符串---
false
true
```

7.1.6　hashCode()与equals()方法的重写

上面示例中，Student s1 = new　Student(1,"张旺财");与 Student s2 = new　Student(1,"张旺财");是两个不同的对象，地址不同，hashCode 值也不同，所以无论用 equals()还是==进行比较，返回的结果都是 false；但在业务上，这两个对象的属性全部相同。有时在业务规则上"希望"把它们当作相同的对象，让它们的 hashCode 值相同，这时就需要重写 equals()和 hashCode()方法。重写的原理是让这两个方法的返回值与属性值直接相关。只要属性值相同，那么它们的 hashCode()方法的返回结果就相同，且 equals()比较的结果就为 true。重写 equals()和 hashCode()通常通过 Eclipse 快捷方式实现，办法是在实体类中空白处单击鼠标右键，选择 Source→Generate hashCode() and equals()，然后选择属性即可。下面是按照这个办法在 Student 中重写的 hashCode()和 equals()方法。代码如下。

```java
@Override
public int hashCode() {
    final int prime = 31;
    int result = 1;
    result = prime * result + ((studentname == null) ? 0 : studentname.hashCode());
    result = prime * result + studentno;
    return result;
}

@Override
public boolean equals(Object obj) {
    if (this == obj)
        return true;
    if (obj == null)
        return false;
    if (getClass() != obj.getClass())
        return false;
    Student other = (Student) obj;
    if (studentname == null) {
        if (other.studentname != null)
            return false;
    } else if (!studentname.equals(other.studentname))
        return false;
    if (studentno != other.studentno)
        return false;
    return true;
}
```

这里使用了两个属性（studentno 和 studentname），则这两个方法的返回结果将与属性 studentno、studentname 直接相关。只要这些属性相同，那么它们的 hashCode 值就相同，并且 equals()比较的结果为 true。下面创建测试类 TestEquals3，关键代码如下。

```java
public static void main(String[] args) {
```

```
        Student s1 = new Student(1,"张旺财");
        Student s2 = new Student(1,"张旺财");
        System.out.println("---输出两个对象的hashCode值---");
        System.out.println("s1的hashCode值: "+s1.hashCode());
        System.out.println("s2的hashCode值: "+s2.hashCode());
        System.out.println("---使用equals()来比较对象---");
        System.out.println(s1.equals(s2));  //结果为true,证明"当作"同一个对象了
        System.out.println("---使用==来比较对象---");
        System.out.println(s1 == s2);       //这个不受影响,仍然根据地址来判断,所以结果是false
    }
```

运行结果：
```
---输出两个对象的hashCode值---
2018699554
2018699554
---使用equals()来比较对象---
true
---使用==来比较对象---
false
```

可见，这两个属性相同的对象的 hashCode 值相同了，equals()的比较结果也为 true 了，在业务规则上可以把它们当作同一个对象进行处理了。不过用==进行比较的结果仍然"暴露"了它们是不同地址的对象。

7.2 String 与 StringBuffer 类

7.2.1 String 类

String 类是 Java 提供的用于对字符串进行处理的类，它位于 Java.lang 包中。该包作为 Java 语言的核心，这个包内的类是不用导入的，因此可以直接使用 String 类。下面介绍 String 类的各种方法。

1. 构造方法

String 类有无参的构造方法（空构造）和带参的构造方法，带参的构造方法还有多种重载。String 类的构造方法如表 7.1 所示。

表 7.1 String 类的构造方法

构造方法	说明
public String()	空构造
public String(String string)	将字符串常量值转换为字符串
public String(byte[] bytes)	将字节数组转换成字符串
public String(byte[] bytes,int offset,int length)	将部分字节数组转换成字符串
public String(char[] value)	将字符数组转换成字符串
public String(char[] value,int offset,int count)	将部分字符数组转换成字符串

【示例】String 类的构造方法的应用，代码如下。
```
public static void main(String[] args) {
    System.out.println("-----------------空字符串-------------------");
    String s1 = new String();
    System.out.println("s1:"+s1);
    System.out.println("------------把字符串的常量值转换成字符串--------------");
```

```java
        String s2 = new String("广东南华工商职业学院");
        System.out.println(s2);
        System.out.println("-----------把字节数组转换成字符串-------------");
        byte [] bys = {97,98,99,100,101};
        String s3 = new String(bys);
        System.out.println(s3);
        System.out.println("-----------把字节数组的一部分转换成字符串-------------");
        String s4 = new String(bys, 0, 3);
        System.out.println(s4);
        System.out.println("------------把字符数组转换成字符串-------------");
        char [] chs = {'华','南','农','业','大','学'};
        String s5 = new String(chs);
        System.out.println(s5);
        System.out.println("------------把字符数组的一部分转换成字符串-------------");
        String s6 = new String(chs,0,2);
        System.out.println(s6);
    }
```

运行结果：

```
-----------------空字符串------------------
s1:
------------把字符串的常量值转换成字符串--------------
广东南华工商职业学院
-----------把字节数组转换成字符串--------------
abcde
-----------把字节数组的一部分转换成字符串--------------
abc
------------把字符数组转换成字符串--------------
华南农业大学
------------把字符数组的一部分转换成字符串-------------
砺锋
```

2. length()方法

length()方法的语法：

```
int length()
```

说明：返回 String 字符串的长度。

【示例】length()方法的应用，代码如下。

```java
public static void main(String[] args) {
    String s1="Hello";
    String s2="砺锋科技";
    System.out.println(s1.length());
    System.out.println(s2.length());
}
```

运行结果：

```
5
4
```

3. charAt()方法

charAt()方法的语法：

```
char charAt(int i)
```

说明：该方法返回字符串中索引为 i 的字符，返回值的类型为 char 型。例如 str = "abcde"，该方法在调用 charAt(2)后，会返回字符'c'。注意，字符串中第一个字符的索引为 0。

【示例】输出一个字符串中指定索引处的字符。代码如下。

```
String s = "abcde";
System.out.println(s.charAt(2));
```

运行结果：

```
c
```

【示例】统计一个字符串中数字的个数。

分析：用 chatAt()遍历该字符串，判断是否为数字，若是就累加数字的个数。代码如下。

```
public static void main(String[] args) {
    String str="砺锋1234科技5678";
    int count=0;
    for(int i=0;i<str.length();i++) {
        char c=str.charAt(i);
        if(c>='0' && c<='9') {
            count++;
        }
    }
    System.out.println("字符串中数字的个数是:"+count);
}
```

运行结果：

```
字符串中数字的个数是:8
```

4. toCharArray()方法

toCharArray()方法的语法：

```
char[] toCharArray()
```

说明：字符串调用该方法后，会创建一个 char 型数组，数组元素就是字符串中的所有字符。

【示例】将一个字符串转换为字符数组。代码如下。

```
public static void main(String[] args) {
    String str="砺锋科技";
    char[] chs=str.toCharArray();
    System.out.print(chs[0]); //输出第一个数组元素
    System.out.print(chs[1]); //输出第二个数组元素
}
```

运行结果：

```
砺锋
```

5. indexOf()与 lastIndexOf()方法

indexOf()方法的语法：

```
int indexOf(char c)
```

或

```
int indexOf(String c)
```

说明：该方法会根据参数 c 在字符串中找到 c 第一次出现的索引（位置），并返回 int 型索引值，如果找不到则返回-1。重载方法 int indexOf(char c, int start)或 int indexOf(String c,int start)表示从指定的索引处开始查找指定的字符或字符串。

lastIndexOf()方法的语法：

```
int lastIndexOf(char c)
```

或

```
int lastIndexOf(String c)
```

说明：该方法会根据参数 c 在字符串中找到 c 最后一次出现的索引（位置），并返回 int 型索引值，如果找不到则返回-1。

【示例】
```
public static void main(String[] args) {
    String str="HelloWorld";
    System.out.println(str.indexOf('o'));
    System.out.println(str.lastIndexOf('o'));
    System.out.println(str.indexOf("hello"));
    System.out.println(str.lastIndexOf("World"));
}
```
运行结果：
```
4
6
-1
5
```

6. split()方法

split()方法的语法：
```
String[] split(String s)
```
说明：该方法通过分隔符 s 来拆分字符串，并将拆分出来的字符串放入 String 数组，然后返回这个数组的引用。

【示例】根据符号，拆分一首诗词为字符串数组。代码如下。
```
public static void main(String[] args) {
    String poem="长亭外,古道边,芳草碧连天,晚风拂柳笛声残,夕阳山外山";
    String[] sentences=poem.split(","); //使用,来拆分字符串
    for(int i=0;i<sentences.length;i++) {//遍历数组
        System.out.println(sentences[i]);
    }
}
```
运行结果：
```
长亭外
古道边
芳草碧连天
晚风拂柳笛声残
夕阳山外山
```

7. String 类的判断与比较方法

String 类的判断与比较方法如表 7.2 所示。

表 7.2 String 类的判断与比较方法

方法	说明
boolean equals(Object obj)	判断字符串值是否相等，考虑大小写
boolean equalsIgnoreCase(String str)	判断字符串值是否相等，忽略大小写
int compareTo(String str)	按字典顺序（ASCII 表）比较两个字符串，若大于返回正数，若相等返回 0，若小于返回负数。如果第一个字符相同，则比较第二个，依此类推
int compareToIgnoreCase(String str)	功能与上面相同，但忽略大小写
boolean contains(String str)	判断字符串中是否包含某个子字符串
boolean startsWith(String str)	判断字符串是否以指定的子字符串开头
boolean endsWith(String str)	判断字符串是否以指定的子字符串结尾
boolean isEmpty()	判断字符串是否为空，其实就是判断 length 是否为 0，是就返回 true，否则返回 false

【示例】String 类的判断与比较，代码如下。

```java
public static void main(String[] args) {
    String s1 = "helloworld";
    String s2 = "Helloworld";
    String s3 = "HelloWorld";
    System.out.println("-------------判断两个字符串是否相等,考虑大小写--------------");
    System.out.println(s1.equals(s2));
    System.out.println(s2.equals(s3));
    System.out.println("-------------判断两个字符串是否相等,忽略大小写--------------");
    System.out.println(s1.equalsIgnoreCase(s2));
    System.out.println(s2.equalsIgnoreCase(s3));
    System.out.println("-------------判断字符串是否包含指定的子字符串--------------");
    System.out.println(s1.contains("hello"));
    System.out.println(s2.contains("world"));
    System.out.println(s3.contains("hello"));
    System.out.println("-------------判断字符串是否以指定的子字符串开头--------------");
    System.out.println(s1.startsWith("h"));
    System.out.println(s1.startsWith("he"));
    System.out.println(s1.startsWith("hello"));
    System.out.println(s3.startsWith("hello"));
    System.out.println("-------------判断字符串是否以指定的子字符串结尾--------------");
    System.out.println(s1.endsWith("d"));
    System.out.println(s1.endsWith("ld"));
    System.out.println(s1.endsWith("world"));
    System.out.println(s3.endsWith("world"));
    System.out.println("-----------------判断字符串是否为空----------------");
    String s4 = "";
    String s5 = " ";
    System.out.println(s4.isEmpty());
    System.out.println(s5.isEmpty());
    System.out.println("---------比较字符串------------");
    String s6="abc";
    String s7="cbc";
    System.out.println(s6.compareTo(s7));
    System.out.println(s7.compareTo(s6));
}
```

运行结果：

```
-------------判断两个字符串是否相等,考虑大小写--------------
false
false
-------------判断两个字符串是否相等,不考虑大小写--------------
true
true
-------------判断字符串是否包含指定的子字符串--------------
true
true
false
-------------判断字符串是否以指定的子字符串开头--------------
true
true
true
false
-------------判断字符串是否以指定的子字符串结尾--------------
```

```
true
true
true
false
-----------------判断字符串是否为空-----------------
true
false
----------比较字符串------------
-2
2
```

8. 字符串截取方法

截取字符串的方法如表 7.3 所示。

表 7.3　截取字符串的方法

方法	说明
String substring(int start)	从指定位置开始截取字符串，默认到结尾结果
String substring(int start,int end)	从指定位置（包括）开始截取字符串，到指定位置（不包括）结束

【示例】从字符串"HelloWorld"中截取子字符串。代码如下。

```java
public static void main(String[] args) {
    String str = "HelloWorld";
    String s1=str.substring(5);
    System.out.println(s1);
    String s2=str.substring(0,5);
    System.out.println(s2);
}
```

运行结果：

```
World
Hello
```

9. String 类的替换方法

String 类的替换方法如表 7.4 所示。

表 7.4　String 类的替换方法

方法	说明
String replace(char old,char new)	用新的字符 new 替换字符串中所有旧的字符 old，返回替换后的字符串副本
String replace(String old,String new)	用新的字符串 new 替换字符串中所有旧的字符串 old，返回替换后的字符串副本
String trim()	去除字符串两端的空格

此外还有一些方法与 String 类相同，不再列出。

【示例】String 类的替换，代码如下。

```java
public static void main(String[] args) {
    String s1="good morning";
    String s2=s1.replace('g', 'G');
    System.out.println(s2);
    String s3=s1.replace("morning", "afternoon");
    System.out.println(s3);
    String s4="   helloworld   ";
    System.out.println("%"+s4+"%");//%是参照物
    String s5=s4.trim();
    System.out.println("%"+s5+"%");
}
```

运行结果：
```
Good morninG
good afternoon
%   helloworld   %
%helloworld%
```

10. String 类的其他常用方法

String 类的其他常用方法如表 7.5 所示。

表 7.5　String 类的其他常用方法

方法	说明
static String valueOf(datatype x)	将其他类型的数值 x 转换为 String 型
byte[] getBytes()	用默认字符集将字符串编码为 byte 序列，并将结果存储到一个新的 byte 数组中
byte[] getBytes(String charsetName)	用指定的字符集将字符串编码为 byte 序列，并将结果存储到一个新的 byte 数组中

【示例】String 类的其他方法应用，代码如下。

```java
public static void main(String[] args) throws UnsupportedEncodingException {
    String s1="hello";
    byte[] b1=s1.getBytes();
    System.out.println(Arrays.toString(b1));
    System.out.println((char)b1[0]);
    System.out.println(new String(b1));
    String s2="砺锋科技";
    byte[] b2=s2.getBytes();//使用默认字符集编码
    System.out.println(Arrays.toString(b2));
    byte[] b3=s2.getBytes("utf-8");//使用指定字符集编码
    System.out.println(Arrays.toString(b3));
    String s3=String.valueOf(100);//将 int 型转换为字符串类型
    System.out.println("s3:"+s3);
}
```

运行结果：
```
104
h
-19
-25
s3:100
```

从第 3、4 行结果可以看出，使用不同字符集编码的结果不一样。

7.2.2　StringBuffer 类

前面案例中，在对字符串进行截取、替换等修改操作的过程中，会产生字符串副本，而原始的字符串并未发生改变。如果需要对字符串进行频繁的修改操作，不断产生的副本会让人觉得不方便，能否直接修改字符串而不产生副本呢？StringBuffer 类提供了可能。StringBuffer 意为字符串缓冲区，所有对该对象的操作会直接修改到它本身，而不产生副本。

StringBuffer 类对字符串的操作是通过其各种方法来实现的，表 7.6 所示为 StringBuffer 类的常用方法。

表 7.6　StringBuffer 类的常用方法

方法	说明
StringBuffer()	构造方法：构造一个不带字符的字符串缓冲区，其初始容量为 16 个字符
StringBuffer(int capacity)	构造方法：构造一个不带字符，但具有指定初始容量的字符串缓冲区

续表

方法	说明
StringBuffer(String s)	构造方法：构造一个字符串缓冲区，并将其内容初始化为指定的字符串内容
public StringBuffer append(String s)	追加：将指定字符串添加到字符串缓冲区，并返回缓冲区本身
public StringBuffer insert(int offset,String s)	插入：将指定字符串插入索引 offset 处
replace(int start, int end, String s)	替换：将索引 start 到索引 end 处之间的子字符串替换为指定的字符串，包含 start 处的字符，不包含 end 处的字符
public delete(int start, int end)	删除：将索引 start 到索引 end 处之间的子字符串删除，包含 start 处的字符，不包含 end 处的字符
public StringBuffer reverse()	反转：将字符串反转（逆序）
public String toString()	返回字符串缓冲区里面的字符串

【示例】StringBuffer 类的应用，代码如下。

```java
public static void main(String[] args) {
    System.out.println("---------无参构造方法---------");
    StringBuffer sb = new StringBuffer();
    System.out.println(sb.capacity());
    System.out.println(sb.length());
    System.out.println("----------带 int 型参数构造方法--------");
    StringBuffer sb2 = new StringBuffer(50);
    System.out.println(sb2.capacity());
    System.out.println(sb2.length());
    System.out.println("---------带 String 型参数构造方法----------");
    StringBuffer sb3 = new StringBuffer("hello");
    System.out.println(sb3.capacity());
    System.out.println(sb3.length());
    System.out.println();
    System.out.println("-------------append()方法-------------");
    StringBuffer sb4 = new StringBuffer();
    // 一步一步添加数据
    sb4.append("中国");
    System.out.println(sb4);
    sb4.append("广州市");
    System.out.println(sb4);
    sb4.append("天河区");
    System.out.println(sb4);
    // 也可以一步写完，称为链式编程
    //sb.append("中国!").append("广州市").append("天河区");
    System.out.println("-------------insert()方法-------------");
    sb4.insert(2,"广东省");//在索引 2 处插入字符串
    System.out.println(sb4);
    System.out.println("-------------reverse()方法------------");
    StringBuffer sb5 = new StringBuffer();
    sb5.append("avaj");
    System.out.println(sb5);
    sb5.reverse();//反转
    System.out.println(sb5);
    System.out.println("-------------replace()方法------------");
    sb5.append(",python");
    System.out.println(sb5);
```

```
        sb5.replace(5, 11, "spring");//替换
        System.out.println(sb5);
        System.out.println("-------------delete()方法------------");
        sb5.delete(0, 5);//删除
        System.out.println(sb5);
        System.out.println("-------------toString()方法------------");
        String s6=sb5.toString();            //转换为String型
        System.out.println(s6);
    }
```

运行结果：

```
---------无参构造方法--------------
16
0
----------带int型参数构造方法--------
50
0
----------带String型参数构造方法-------
21
5
--------------append()方法------------
中国
中国广州市
中国广州市天河区
--------------insert()方法------------
中国广东省广州市天河区
--------------reverse()方法------------
avaj
java
--------------replace()方法------------
java,python
java,spring
--------------delete()方法------------
spring
--------------toString()方法------------
spring
```

7.3 正则表达式

7.3.1 正则表达式简介

正则表达式是一种特殊的字符串。正则表达式中含有一些特殊的字符，可以用于搜索、编辑、匹配和处理文本。正则表达式通过特定的字符组成一个"规则字符串"，开发人员可以用这个字符串来对目标字符串进行过滤。这种特定的字符称为"元字符"，在 Java 的正则表达式中的元字符前面需要加上\，例如元字符\d 写进正则表达式是\\d，表示匹配 0～9 的任何一个数字。可以通过字符串对象调用 matches()方法来对正则表达式进行匹配，将正则表达式传入 matches()方法中作为参数，如果该方法返回 true 则与正则表达式匹配，如果返回 false 则不匹配。代码如下。

```
String s = "3";
String regex = "\\d";
```

```
System.out.println(s.matches(regex));
```
该例子中\\d 和 3 匹配，因此输出 true。

7.3.2 正则表达式语法

正则表达式可以包含由[]括起来的字符，例如[abc]表示匹配 a～c 的任意一个字符。可以在字符前面加^来表示除了这些字符以外的任意字符，例如[^a]就代表了除了 a 以外的任意字符。也可以通过-来选择范围，例如[a-z]代表 a～z 的字符。可以使用[a-zA-Z]表示匹配任意一个英文字母。[0-9]表示匹配一个数字。如果只匹配一个字符，则加不加[]都可以。

正则表达式也可以由元字符组成，如表 7.7 所示。

表 7.7 元字符

元字符	匹配字符
.	匹配任意一个字符，如果要匹配.本身，须书写成\.
\d	匹配数字字符，等效于[0-9]
\D	匹配非数字字符，等效于[^0-9]
\f	匹配换页符
\n	匹配换行符
\r	匹配回车符
\s	匹配任何空白字符，包括空格、制表符、换页符等
\S	匹配任何非空白字符
\t	匹配制表符
\v	匹配垂直制表符
\w	匹配任何单词字符，包括下画线，与[A-Za-z0-9_]等效
\W	与任何非单词字符匹配，与[^A-Za-z0-9_]等效

元字符默认为匹配一次（一个字符），若要匹配其他次数，需要用到表 7.8 所示的符号。

表 7.8 正则表达式匹配次数

符号	匹配次数	示例
{n,m}	m 和 n 是非负整数，其中 n≤m。匹配至少 n 次，至多 m 次	\\d{2,4}：表示最少有两个数字，最多有 4 个数字
{n,}	n 是非负整数，至少匹配 n 次	[a-z]{2,}：表示最少有两个小写字母（最多不限）
{n}	n 是非负整数，正好匹配 n 次	\\d{2}：表示有两位数字
*	0 次或多次匹配前面的字符或子表达式	[a-z]*：表示有任意多个小写字母
+	1 次或多次匹配前面的字符或子表达式	[a-z]+：表示最少有 1 个小写字母
?	0 次或 1 次匹配前面的字符或子表达式	[a-z]?：表示有 0 个或 1 个小写字母

7.3.3 正则表达式的验证功能

正则表达式设计好后，对于需要验证的字符串，可以通过字符串的 matches()方法进行匹配验证。该方法是布尔类型的，如果匹配就返回 true，否则返回 false。语法如下：

```
字符串.matches(正则表达式);
```

【示例】验证邮政编码、手机号码、域名、邮箱，代码如下：

```java
public static void main(String[] args) {
    // 验证邮政编码 6 位数字
    String str1 = "010060";
```

```
        String regex1 = "[1-9]\\d{5}";
        System.out.println("验证邮政编码:"+str1.matches(regex1));
        // 验证手机号码
        String str2 = "13812345678";
        // String regex="1[34578][0-9]{9}";
        String regex2 = "1[3578]\\d{9}";
        System.out.println("验证手机号码:"+str2.matches(regex2));
        // 验证域名,只能是 www.任意 6 个单词字符(可以是数字、字母、下画线).com
        String str3 = "www.seehope.com";
        String regex3 = "www\\.\\w{6}\\.com";
        System.out.println("验证域名:"+str3.matches(regex3));
        // 验证邮箱
        String str4 = "chen_liweiA168@qq.com.cn";
        String regex4 = "\\w+@\\w+(\\.[a-z]{2,3}){1,2}";// ()号表示分组
        System.out.println("验证邮箱:"+str4.matches(regex4));
}
```

运行结果:

验证邮政编码:false
验证手机号码:true
验证域名:false
验证邮箱:true

7.3.4 正则表达式的分割功能

Java 的 String 类提供了 split()方法用于实现分割字符串的功能。语法如下:

```
public String[] split(String regex)
```

该方法的参数是一个正则表达式,表示使用字符串中匹配正则表达式的子字符串进行分割,返回分割后的 String 型数组。

【示例】通过正则表达式分割字符串。代码如下:

```
String s = "长亭外 8 古道边 77 芳草碧连天 23456788765456 晚风拂柳笛声残 g 夕阳山外山 tjhgv 天之涯 AFDU 地之角_知交半零落";
String[] arr = s.split("\\w+"); // 通过正则表达式分割字符串
for (int i = 0; i < arr.length; i++) {
    System.out.println(arr[i]);
}
```

运行结果:

长亭外
古道边
芳草碧连天
晚风拂柳笛声残
夕阳山外山
天之涯
地之角
知交半零落

7.3.5 正则表达式的替换功能

Java 的 String 类提供了 replaceAll()方法用于进行字符串替换。语法如下:

```
public String replaceAll(String regex, String replacement)
```

使用该方法需要传入两个参数,第一个参数 regex 是原字符串中需要被替换的部分,即所有匹配正则表达式 regex 的子字符串;第二个参数会将字符串中所含有第一个参数的地方替换掉,并返回一个新字符串,原有的字符串不修改。代码如下。

```
String s = "today168we are65going to outside";
String regex = "[0-9]+";
String new_str = s.replaceAll(regex, " ");//将数字替换为空格
System.out.println(new_str);
```

运行结果:

```
today we are going to outside
```

在该例子中,英文句子中有一些数字,通过[0-9]+来匹配字符串中的数字,并用空格进行替换。

7.3.6 正则表达式的分组功能

在正则表达式中可以使用括号来对字符串进行分组,例如(\\d+)(abc)就是将字符串分成两组。在进行了分组之后,若还需要用到前面的分组,可以使用\\1 和\\2 分别表示第一组和第二组。代码如下。

```
String s = "123abc123";
String regex2 ="(\\d+)(abc)\\1";
System.out.println(s.matches(regex2));
```

运行结果:

```
true
```

在该例子中,(\d+)为第一组匹配了字符串中的第一个 123,(abc)为第二组匹配了 abc,而\\1 表示的是第一组,也就是(\d+),因此正则表达式相当于(\\d+)(abc) (\\d+),匹配了字符串 123abc123,输出了 true。

分组中,还可用符号|表示逻辑或。

【示例】匹配月份,1~9、01~09 或 10~12 均可。代码如下。

```
//匹配月份
String month = "13";
String regex2 = "(0?[1-9]|[1][0-2])";
System.out.println(month.matches(regex2));
```

运行结果:

```
false
```

【示例】匹配出生年份为 1990~2021 年的人,假设年月格式为 yyyy-MM。代码如下。

```
public static void CheckBirthday() {
    String str1 = "2008-01";
    String regex = "(199\\d|20[01]\\d|202[01])-([0]?[1-9]|1[0-2])";
    System.out.println(str1.matches(regex));
}
```

利用分组功能还可实现去除重复元素的功能。

【示例】去除句子中的重复字。代码如下。

```
String s2 = "我我我爱爱爱爱你你你你你故故故乡乡乡乡乡乡";
String s3 = s2.replaceAll("(.)\\1+", "$1");   //\\1 代表第一组又出现一次,\\1+代表第一组又出现一次或多次,$1 代表第一组中的内容,(.)\\1+表示任意字符重复一次或以上
System.out.println(s3);
```

运行结果:

```
我爱你故乡
```

【示例】替换并去除重复元素。代码如下。

```java
public static void demo15() {
    String str2 = "我我我 98765987 爱爱爱爱 kujyjjhkh 故故故故故 HGHV H 乡乡乡 89709";
    String str3 = str2.replaceAll("\\w+|\\s", "");//将数字、字母和空格都替换掉
    System.out.println("替换后: "+str3);
    String s4 = str3.replaceAll("(.)\\1+", "$1"); // $1 代表第一组中的内容
    System.out.println("去除重复元素: "+s4);
}
```

运行结果：

替换后：我我我爱爱爱爱故故故故故乡乡乡
去除重复元素：我爱故乡

还可以利用分组功能实现判断叠词的功能。

【示例】判断词语的叠词。代码如下。

```java
public static void demo14() {
    // 叠词：快快乐乐,红红火火
    String regex = "(.)\\1(.)\\2"; //\\1 代表第一组又出现一次 \\2 代表第二组又出现一次
    System.out.println("开开心心".matches(regex));
    System.out.println("开开心心心".matches(regex));
    System.out.println("红红火火".matches(regex));
    System.out.println("恭喜恭喜".matches(regex));
    System.out.println("-----------------------------------------");
    // 叠词：恭喜恭喜,欢欢喜喜
    String regex2 = "(..)\\1"; //表示两个字符为一组又出现一次
    System.out.println("恭喜恭喜".matches(regex2));
    System.out.println("恭喜你恭喜你".matches(regex2));
    System.out.println("欢欢喜喜".matches(regex2));
    System.out.println("-----------------------------------------");
    String str = "开开开心心年年开心开心开心";
    String regex3 = "(.)\\1+(.)\\2(.)\\3(..)\\4+";
    System.out.println(str.matches(regex3));
}
```

运行结果：

```
true
false
true
false
-----------------------------------------
true
false
false
-----------------------------------------
true
```

7.3.7 正则表达式的获取功能

正则表达式可以用于获取字符串中的部分字符，可以通过 Pattern 类获取正则表达式，并通过 matcher()方法获取匹配器。

【示例】提取文本中的学号。代码如下。

String s="获得一等奖的学生的学号是 201725010301,获得二等奖的学生的学号是 201725010504,获得三等奖

的学生的学号是201725010108";
    String regex="20[0-9]+\\d{8}";   //学号的正则表达式
    Pattern p = Pattern.compile(regex);//获取到正则表达式
    Matcher m = p.matcher(s);   //获取匹配器
    while(m.find()) {   //遍历 Matcher 对象
        System.out.println(m.group());
    }

运行结果：
201725010301
201725010504
201725010108

可以看到，通过正则表达式，20[0-9]+匹配了学号前 4 位的年份，后面 8 位则是专业、班级、学号。这样就获取了文本中的学号字符串。

【示例】提取短信中的电话号码。代码如下。

```
public static void demo12() {
    String s = "我的电话号码是18988888888,我曾 3456 用过 18987654321,还用过 15912345678";
    String regex = "1[34578]\\d{9}";
    Pattern p = Pattern.compile(regex);//编译正则表达式为 Pattern 对象
    Matcher m = p.matcher(s); //把 s 中符合正则表达式的内容都取出来,放在 Matcher 对象里面
    while (m.find())          // 遍历,逐个读取 Matcher 里面的内容
        System.out.println(m.group());
}
```

运行结果：
18988888888
18987654321
15912345678

7.4 包装类

在 Java 编程中，基本数据类型是经常使用的，但 Java 是面向对象的编程，基本数据类型无法用面向对象进行编程。于是 Java 提供了包装类，可以将基本数据类型的数据"包装"成对象，这样就可以进行面向对象编程，从而可以调用 Object 类的所有方法。Java 中共有 8 种包装类，与基本数据类型的对照如表 7.9 所示。

表 7.9 包装类与基本数据类型的对照

基本数据类型	包装类
int	Integer
long	Long
byte	Byte
short	Short
float	Float
double	Double
boolean	Boolean
char	Character

这里只对包装类 Integer 进行重点介绍，其他包装类类似。

基本数据类型 int 型的包装类 Integer 的常用方法如表 7.10 所示。

表 7.10 包装类 Integer 的常用方法

方法	说明
Integer(int num)	构造方法：将基本数据类型 num 转换为包装类 Integer
Integer(String num)	构造方法：将字符串（必须是数字格式）转换为包装类 Integer
valueOf(int num)	将基本数据类型 num 转换为包装类
intValue()	将包装类转换为基本数据类型
parseInt(String s)	将字符串转换为 int 型
toString()	将包装类 Integer 转换为字符串

使用表中的有关方法可以将基本数据类型转换为包装类，称为"装箱"；将包装类转换为基本类型，称为"拆箱"。代码如下：

```
Integer num1 = new Integer (5);      //装箱
Integer num2 = Integer.valueOf(6);   //装箱
int num3= num1.intValue();           //拆箱
```

此外 Java 提供了自动装箱机制。自动装箱机制能自动将基本数据类型转换成包装类，例如：

```
Integer I = 3;
```

这句代码将基本数据类型 3 "包装"进了 Integer 类。其实 Java 在这里将代码简化了，在编译过程中，编译器调用了 valueOf() 方法。也就是说，这条代码等同于：

```
Integer I = Integer.valueOf(3);
```

介绍了自动装箱，还有自动拆箱。自动拆箱过程和自动装箱相反，例如：

```
int i = I;
```

这样就将一个 Integer 类自动拆箱为 int 型基本数据了。

【示例】装箱与拆箱。代码如下。

```
public static void main(String[] args) {
    System.out.println("--------手动装箱 int-->Integer---------");
    //方式 1
    Integer i1=new Integer(100);
    //方式 2
    System.out.println("i1: "+i1);
    Integer i2=Integer.valueOf(200);
    System.out.println("i2: "+i2);
    System.out.println("--------手动拆箱 Integer-->int---------");
    int num=i1.intValue();
    System.out.println("num: "+num);
    System.out.println("--------自动装箱---------");
    Integer i3 = 100;//直接把 int 赋给 Integer
    System.out.println("i3: " + i3);
    System.out.println("--------自动拆箱---------");
    int num3=i3;        //直接把 Integer 赋给 int 型或参与运算
    //int num3=i3+200;
    System.out.println("num3: " + num3);
}
```

运行结果：

```
--------手动装箱 int-->Integer---------
i1:100
```

```
i2:200
--------手动拆箱 Integer--→int---------
num:100
--------自动装箱---------
i3:100
--------自动拆箱---------
num3:100
```

使用表 7.10 中的有关方法，还可实现 int 型与 String 型的互相转换。代码如下。

```java
public static void main(String[] args) {
    System.out.println("------------int → String------------ ");
    System.out.println("---------方式 1--------- ");
    int number = 100;
    String s1 = "" + number; //拼接一个空字符串
    System.out.println("s1: " + s1);
    System.out.println("---------方式 2--------- ");
    String s2 = String.valueOf(number);
    System.out.println("s2: " + s2);
    System.out.println("---------方式 3--------- ");
    // int →Integer → String
    Integer I = new Integer(number);
    String s3 = i.toString();
    System.out.println("s3: " + s3);
    System.out.println("---------方式 4--------- ");
    String s4 = Integer.toString(number);
    System.out.println(s4);
    System.out.println("------------String → int------------ ");
    System.out.println("---------方式 1--------- ");
    String s = "100 ";
    int y = Integer.parseInt(s);
    System.out.println(y);
    System.out.println("---------方式 2--------- ");
    // String → Integer → int
    Integer i1 = new Integer(s);
    System.out.println(i1.intValue());
}
```

运行结果：

```
------------int → String------------
---------方式 1---------
s1: 100
---------方式 2---------
s2: 100
---------方式 3---------
s3:100
---------方式 4---------
100
------------String → int------------
---------方式 1---------
100
---------方式 2---------
100
```

7.5 内部类

在类中定义的类就是内部类，也可理解为类的嵌套。内部类通常仅供其外部定义它的类调用。根据内部类出现在类中的位置和修饰符不同，可以分为 4 种内部类：成员内部类、静态内部类、局部内部类、匿名内部类。

1. 成员内部类

在类中方法外定义的内部类，与类的成员变量、成员方法级别相同，相当于类的一个成员，称为成员内部类。

成员内部类的特征如下。

（1）成员内部类可以无条件访问外部类的成员变量和方法，包括私有成员变量和方法。

（2）外部类想要去访问内部类的属性或方法进行操作时，必须先创建一个内部类对象，然后通过该对象访问内部类的属性或方法。也能访问私有成员变量或方法。

（3）其他类要访问内部类时可以使用"外部类名.内部类名 对象名 = 外部类对象.内部类对象"创建对象，然后通过该对象访问内部类的属性或方法。

【示例】测试访问成员内部类。代码如下。

```java
public class 成员内部类 {
    public static void main(String[] args) {
        System.out.println("-----------测试外部类访问内部类-----------");
        Outer outer=new Outer();
        outer.method();
        System.out.println("-----------测试其他类访问内部类-----------");
        Outer.Inner inner=new Outer().new Inner();
        System.out.println("其他类访问内部类的成员变量num:"+inner.num);
        System.out.println("------");
        System.out.println("其他类访问内部类的成员方法:");
        System.out.println("------");
        inner.method();
    }
}
class Outer{
    private int num=10;
    public void method() {
        System.out.println("这是外部类的method()方法");
        System.out.println("------");
        Inner inner=new Inner();
        System.out.println("外部类访问内部类的成员变量(公有):"+inner.num);
        System.out.println("外部类访问内部类的成员变量(私有):"+inner.num2);
        System.out.println("------");
        System.out.println("外部类访问内部类的成员方法:");
        inner.method2();
    }
    class Inner{
        int num=20;
        private int num2=40;
        public void method() {
            int num=30;
            System.out.println("这是内部类的method()方法");
            System.out.println("局部变量num:"+num);
```

```java
            System.out.println("内部类的成员变量num(公有私有均可):"+this.num);
            System.out.println("内部类访问外部类的成员变量num:"+Outer.this.num);
        }
        public void method2() {
            System.out.println("这是内部类的method2()方法");
        }
    }
}
```

这里 Outer 是外部类，Inner 是成员内部类，main()方法所在的测试类是其他类。

运行结果：

-----------测试外部类访问内部类-----------
这是外部类的method()方法

外部类访问内部类的成员变量(公有):20
外部类访问内部类的成员变量(私有):40

外部类访问内部类的成员方法:
这是内部类的method2()方法
-----------测试其他类访问内部类-----------
其他类访问内部类的成员变量num:20

其他类访问内部类的成员方法:

这是内部类的method()方法
局部变量num:30
内部类的成员变量num(公有私有均可):20
内部类访问外部类的成员变量num:10

2. 静态内部类

在成员内部类的基础上，内部类添加 static 修饰符就成了静态内部类。特征为静态内部类只能访问外部类的静态成员。其他类访问内部类的基本语法：

外部类名.内部类名 对象名 = new 外部类名.内部类名();

若是访问静态方法，语法如下：

外部类.内部类.静态方法

【示例】测试访问静态内部类。代码如下。

```java
public class 静态内部类 {
    public static void main(String[] args) {
        System.out.println("-----------测试外部类访问内部类-----------");
        Outer2 outer2=new Outer2();
        outer2.show();
        System.out.println("-----------测试其他类访问内部类-----------");
        //外部类名.内部类名 对象名 = new 外部类名.内部类名();
        Outer2.Inner1 inner1 = new Outer2.Inner1();
        System.out.println("------访问普通方法------");
        inner1.method();
        System.out.println("------访问静态方法------");
        Outer2.Inner1.print();
    }
}
```

```java
class Outer2 {
    int num=10;
    static int num2=20;
    public void show() {
        System.out.println("这是外部类的show()方法");
        Inner1 inner1=new Inner1();
        System.out.println("外部类访问内部类的成员变量:");
        System.out.println(inner1.num3);
        System.out.println(inner1.num4);
        System.out.println("外部类访问内部类的成员方法:");
        inner1.print();
    }
    public static void show2() {
        System.out.println("这是外部类的静态show2()方法");
    }
    static class Inner1 {
        int num3=40;
        private static int num4=80;
        public void method() {
            System.out.println("这是内部类的普通方法method()");
            // System.out.println(num); //访问失败
            // show();
            show2();                          //静态内部类只能访问外部类的静态成员
            System.out.println(num2);
        }
        public static void print() {      //静态方法
            System.out.println("这是内部类的静态方法print()");
        }
    }
}
```

运行结果:
-----------测试外部类访问内部类-----------
这是外部类的show()方法
外部类访问内部类的成员变量:
40
80
外部类访问内部类的成员方法:
这是内部类的静态方法print()
-----------测试其他类访问内部类-----------
------访问普通方法------
这是内部类的普通方法method()
这是外部类的静态show2()方法
20
------访问静态方法------
这是内部类的静态方法print()

3. 局部内部类

局部内部类又叫方法内部类,是在类中方法内定义的类,相当于局部变量,只能在定义它的方法中访问。

【示例】测试访问局部内部类。代码如下。
```java
public class 局部内部类 {
    public static void main(String[] args) {
        Outer3 o = new Outer3();
        o.method();
    }
}
class Outer3 {
    public void method() {
        int num = 10;
        class Inner {
            public void print() {
                System.out.println("内部类的print()方法访问外部的局部变量: "+num);
            }
        }
        Inner i = new Inner();     //局部内部类,只能在其所在的方法中访问
        i.print();
    }
    public void run() {
        // Inner i = new Inner();  //这里报错,局部内部类只能在其所在的方法中访问
        // i.print();
    }
}
```
运行结果:
内部类的print()方法访问外部的局部变量: 10

4. 匿名内部类

匿名内部类本质是一个继承了该类或者实现了该接口的子类匿名对象。使用匿名内部类的前提是存在一个抽象类或接口,匿名内部类只在重写一个方法时候使用。语法:
```
new 类名或者接口名(){
    重写方法;
}
```
若需要调用的方法只用一次,则用匿名内部类比较方便,就在上面语法的代码基础上再继续加符号"."来访问内部类的方法。若要调用多次就赋值给一个有名的对象再多次调用即可。

【示例】匿名内部类的应用。代码如下。
```java
public class 匿名内部类 {
    public static void main(String[] args) {
        Outer4 o = new Outer4();
        o.method();
    }
}
abstract class innerInterface{
    public abstract void print1();
    public abstract void print2();
}
class Outer4{
    String name;
    int age;
    public void method() {
        new innerInterface() {
            @Override
            public void print1() {
```

```java
                System.out.println("这是print1()方法");
            }
            @Override
            public void print2() {
                System.out.println("这是print2()方法");
            }
        }.print1();
        new innerInterface() {
            @Override
            public void print1() {
                System.out.println("这是print1()方法");
            }
            @Override
            public void print2() {
                System.out.println("这是print2()方法");
            }
        }.print2();
        System.out.println("------------如果接口有多个抽象方法就用有名的内部类--------------");
        innerInterface i= new innerInterface() {
            @Override
            public void print1() {
                System.out.println("这是print1()方法");
            }
            @Override
            public void print2() {
                System.out.println("这是print2()方法");
            }
        };
        i.print1();
        i.print2();
    }
}
```

运行结果：

这是print1()方法
这是print2()方法
------------如果接口有多个抽象方法就用有名的内部类-------------------
这是print1()方法
这是print2()方法

本节介绍了 4 种内部类，实际应用中，匿名内部类用得多一些，在后面介绍图形界面的事件监听器时会常用，另外在 Android 开发中也常用。

7.6 Math 类

在编程开发中，往往需要进行很多的数学计算。但是如果使用代码实现则会增加代码的复杂程度，降低可读性和可维护性，因此，Java 提供了 Math 类来更简单地实现数学操作。该类中提供了许多用于计算的方法，而且这些方法可以通过类名直接调用。为了更方便地进行运算，Math 类中还提供了两个常量 E 和 PI，用法为 Math.E、Math.PI。它们就是数学中的 e 和 π，值分别为 2.71828…和 3.14159…Math 类重点掌握表 7.11 所示的方法。

表 7.11 Math 类常用的方法

方法	说明	示例
public static double max(double x,double y)	返回 x 和 y 中的最大值	double i = Math.max(1,2); //结果是 2.0
public static double min(double x,double y)	返回 x 和 y 中的最小值	double i = Math.min(1,2); //结果是 1.0
public static double abs(double x)	返回 x 的绝对值	double i = Math.abs(-3); //结果是 3.0
public static double pow(double x,double y)	返回 x 的 y 次幂	double i = Math.pow(2,3); //结果是 8.0
public static double sqrt(double x)	返回 x 的平方根	double i = Math.sqrt(16); //结果是 4.0
public static double ceil(double x)	向上取整	System.out.print(Math.ceil(12.1)); //结果是 13.0
public static double floor(double x)	向下取整	System.out.print(Math.ceil(12.99)); //结果是 12.0
public static int round(float a)	四舍五入	System.out.print(Math. round (12.4)); //结果是 12
public static double random()	生成 0.0 到 1.0 之间的小数，包括 0.0，不包括 1.0	System.out.print(Math.random()); //随机输出：0.5989225763936441

7.7 Random 类

在进行数学操作的时候难免使用到随机数，而 Random 类能产生随机数，它比 Math 类中的 random()方法更加实用。

1．Random 类的构造方法

（1）无参的构造方法：public Random()。

（2）带参的构造方法：public Random(long seed)，其中 seed 是种子的意思。如果有两个 Random 对象的种子相同，那么它们将生成相同的随机数序列。无参的构造方法相当于每次使用的种子都是随机的，所以每次产生的随机数都不同。

2．Random 类的常用方法

（1）nextInt()方法：生成一个最大值为 2^{32} 的随机整数，可能是正数，也可能是负数。

（2）nextInt(int bound)方法：生成 0 到 bound 之间的随机整数，包含 0 但不包含 bound。

【示例】Random 类的应用。代码如下。

```java
public static void main(String[] args) {
    System.out.println("---------无参的构造方法---------------");
    Random r = new Random();
    int a = r.nextInt();
    System.out.println(a);
    System.out.println("---------nextInt(int)-------");
    System.out.println(r.nextInt(5));   //0~5,包含 0,不包含 5
    for(int i = 0; i < 3; i++) {
        System.out.println(r.nextInt(100));         //生成 0~n 的随机数,包含 0,不包含 n
    }
    System.out.println("----------带参数构造方法,种子---------------");
    System.out.println("第 1 个随机数序列:");
    Random r2=new Random(100);
    for(int i = 0; i < 2; i++) {
        System.out.println(r2.nextInt(100));
    }
    System.out.println("第 2 个随机数序列:");
```

```
        Random r3=new Random(100);
        for(int i = 0; i < 2; i++) {
            System.out.println(r3.nextInt(100));
        }
    }
}
```

运行结果：

```
----------无参的构造方法----------------
-1681161855
----------nextInt(int)--------
0
9
27
60
----------带参数构造方法,种子----------------
第 1 个随机数序列：
15
50
第 2 个随机数序列：
15
50
```

可见构造方法中种子相同的对象，生成的随机数序列是相同的。

除此之外，Random 类还有 nextDouble()、nextFloat()等方法，用法与 nextInt()类似。

7.8 日期与时间类

在进行程序开发的时候，常常需要用到时间和日期来进行显示或者计算判断等，Java 提供了 Date 类等来对日期和时间进行操作。

7.8.1 Date 类

Java.util 里提供了 Date 类，在构建该类的对象的时候，系统会分配系统的时间给它。可以通过直接输出该类的 toString()方法来输出时间。

1. Date 类的构造方法

（1）无参的构造方法 public Date()：获得系统的当前时间。

（2）带参的构造方法 public Date(long milliseconds)：参数 milliseconds 表示从 1970 年 1 月 1 日 0 点 0 分 0 秒开始算起的毫秒数，构造一个使用该毫秒数表示的时间。

2. Date 类的成员方法

（1）getTime()方法：获得 Date 对象所代表的时间距离 1970 年 1 月 1 日 0 点 0 分 0 秒的毫秒数，与 System 类的 currentTimeMillis()方法相同。

（2）setTime(long milliseconds)方法：重新设置该 Date 对象距离 1970 年 1 月 1 日 0 点 0 分 0 秒的毫秒数。

（3）toString()与 toLocaleString()方法：第一个方法将 Date 对象转换为字符串，但格式不符合中国人的习惯，不直观；第二个方法将 Date 对象转换为本地格式的字符串，看起来很直观。

（4）获取年、月、日、时、分、秒的方法如下。

- int getYear()方法：获取 1900 年到今年的年数。
- int getMonth()方法：获取月份，范围为 0~11。

- Date getDate()方法：获取日期。
- int getHours()方法：获取小时。
- int getMinutes()方法：获取分钟。
- int getSecond()方法：获取秒。

【示例】用 Date 类输出时间。代码如下：

```
Date d1 = new Date();
System.out.println("今天: "+d1.toString());
System.out.println("今天: "+d1.toLocaleString());
System.out.println("毫秒数1: "+d1.getTime());// 返回 1970 年 GMT 到现在时刻的毫秒数
// 返回 1970 年 GMT 到现在时刻的毫秒数
System.out.println("毫秒数2: "+System.currentTimeMillis());
System.out.println(d1.getYear() + 1900+ "年");// 返回从 1900 年到现在的年数
System.out.println(d1.getMonth() + 1+ "月");
System.out.println(d1.getDate()+"日");
System.out.println(d1.getHours()+":"+d1.getMinutes()+":"+d1.getSeconds());
long num = System.currentTimeMillis();// 1970 年到现在的毫秒数
// 计算明天同一时刻的毫秒数
long num2 = num + 1 * 24 * 60 * 60 * 1000;
//获取到明天的 date 类型
Date d2=new Date(num2);
System.out.println("明天（使用构造方法）: " + d2.toLocaleString());
Date d3 = new Date();
d3.setTime(num2);
System.out.println("明天（使用setTime()方法）: " + d3.toLocaleString());
// 获取到昨天的 date 类型
Date d4 = new Date(num - 1 * 24 * 60 * 60 * 1000);
System.out.println("昨天: " + d4.toLocaleString());
```

运行结果：

```
今天: Sat Deb 07 16:21:38 CST 2021
今天: 2021-2-7 16:21:38
毫秒数1: 1575706898747
毫秒数2: 1575706898951
2021年
2月
7日
16:21:38
明天（使用构造方法）:2021-2-8 16:21:38
明天（使用setTime()方法）:2021-2-8 16:21:38
昨天:2021-2-6 16:21:38
```

7.8.2 DateFormat 类

从上面的示例中可以看到 Date 的日期时间格式可能不是我们需要的，实际开发需要更多的日期时间格式，java.text 中提供了 DateFormat 类来格式化日期/时间对象。

DateFormat 类是抽象类，不能直接实例化。DateFormat 类提供了静态方法 getDateTimeInstance() 来获得 DateFormat 的实例对象，并将日期格式变为 yyyy-MM-dd hh:mm:ss，再通过 DateFormat 类提供的 format()方法传入 Date 对象作为参数就可以得到该格式的日期字符串了，用法为 DateFormat 实例对象.format(Date 对象)。DateFormat 还提供了 Parse()方法将字符串转换为 Date 类型，用法为 DateFormat 实例对象.parse(表示日期的字符串)。

getDateTimeInstance()还有重载静态方法 getDateTimeInstance(int dateStyle, int timeStyle)，其中的两个参数通常取以下常量值之一：DateFormat.FULL 表示完整格式，DateFormat.LONG 表示长格式，DateFormat.MEDIUM 表示中等格式，DateFormat.SHORT 表示短格式。

【示例】用 DateFormat 类输出时间。代码如下。

```java
public static void main(String[] args) {
    Date date = new Date();
    DateFormat dateformat1 = DateFormat.getDateTimeInstance();
    System.out.println(dateformat1.format(date));
    DateFormat dateformat2 = DateFormat.getDateTimeInstance(DateFormat.FULL,
        DateFormat.FULL);
    System.out.println(dateformat2.format(date));
    DateFormat dateformat3 = DateFormat.getDateTimeInstance(DateFormat.LONG,
        DateFormat.LONG);
    System.out.println(dateformat3.format(date));
    DateFormat dateformat4 = DateFormat.getDateTimeInstance(DateFormat.MEDIUM,
        DateFormat.MEDIUM);
    System.out.println(dateformat4.format(date));
    DateFormat dateformat5 = DateFormat.getDateTimeInstance(DateFormat.SHORT,
        DateFormat.SHORT);
    System.out.println(dateformat5.format(date));
    Date date2=dateformat4.parse("2021-03-03 11:08:18");
    System.out.println(date2.toString());
}
```

运行结果：
```
2021-2-7 17:07:12
2021年2月7日 星期日 下午17时07分12秒 CST
2021年2月7日 下午17时07分12秒
2021-2-7 17:07:12
21-2-7 下午17:07
Wed Mar 03 11:08:18 CST 2021
```

7.8.3 SimpleDateFormat 类

SimpleDateFormat 类是一个功能强大的类，可以更加灵活地指定日期的格式。在 SimpleDateFormat 类的构造方法中传入一个表示日期格式信息的字符串。在这个字符串中，yyyy 会被替换成年份，MM 和 dd 分别被替换成月份和日，同理：

HH→小时；

mm→分钟（注意区分大小写）；

ss→秒。

如果需要上一个例子的第一个日期格式的话，该字符串就是 yyyy 年 MM 月 dd 日 HH:mm:ss。

【示例】使用 SimpleDateFormat 类指定日期格式，代码如下。

```java
public static void main(String[] args) throws ParseException{
    Date date = new Date();
    SimpleDateFormat sdf = new SimpleDateFormat("yyyy年MM月dd日 HH:mm:ss");
    System.out.println(sdf.format(date));
}
```

运行结果：
```
2021年2月7日17:37:53
```

【示例】将日期转换成指定格式的字符串。代码如下。

```
Date date = new Date();
System.out.println("默认格式:"+date.toLocaleString());
SimpleDateFormat sdf = new SimpleDateFormat("yyyy/MM/dd");
String date1 = sdf.format(date);
System.out.println("自定义格式1:"+date1);
sdf = new SimpleDateFormat("yyyy年MM月dd日");
String date2 = sdf.format(date);
System.out.println("自定义格式2:"+date2);
```

运行结果：

```
默认格式:2021-2-7 17:42:20
自定义格式1:2021/02/07
自定义格式2:2021年02月07日
```

此外该类的 parse()方法还可将字符串解释为日期类型。

【示例】使用 parse()方法将字符串解释为日期类型，代码如下。

```
Scanner sc = new Scanner(System.in);
System.out.print("请输入一个日期(格式 yyyy/MM/dd):");
String dateStr1 = sc.next();
SimpleDateFormat sdf = new SimpleDateFormat("yyyy/MM/dd");
Date date = sdf.parse(dateStr1);
System.out.println(date.toLocaleString());
```

运行结果：

```
请输入一个日期(格式 yyyy/MM/dd):2021/12/18
2021-12-18 0:00:00
```

7.8.4 Calendar 类

Calendar 类同样实现了对时间进行处理的功能。该类能从系统中得到一个日历，并通过 get()方法返回对应的时间。传入不同的参数可以得到对应的时间，如单独得到年份、月份，可以灵活地选择自己想要的时间进行处理或者输出。Calendar 类是一个抽象类，需要使用 getInstance()方法获得一个 Calendar 日历对象。Calendar 类的常用方法如表 7.12 所示。

表 7.12 Calendar 类的常用方法

方法	描述
int get(int field)	获得 field 参数所代表的值，如年、月、日、时、分、秒
void add(int field,int amount)	在当前 Calendar 对象的基础上增减数量为 amount，单位为参数 field 所代表的值
void set(int field,int value)	为当前 Calendar 对象设置 field 参数所代表的值，如年、月、日、时、分、秒
void set(int year,int month,int date)	为当前 Calendar 对象设置年、月、日
void set(int year,int month,int date,int hourOfDay,int minute,int second)	为当前 Calendar 对象设置年、月、日、时、分、秒

表 7.12 中 field 参数通常取以下常量值。

- Calendar.YEAR：代表年。
- Calendar.MONTH：代表月份，注意 get(Calendar.MONTH)的取值范围为 0～11。
- Calendar. DAY_OF_MONTH：代表日。
- Calendar. HOUR_OF_DAY：代表小时。
- Calendar.MINUTE：代表分钟。

- Calendar.SECOND：代表秒。

【示例】用 Calendar 类输出时间。代码如下。

```java
public static void main(String[] args) {
    Calendar c = Calendar.getInstance();
    System.out.print("现在是" + c.get(Calendar.YEAR)+"年");
    System.out.print( (c.get(Calendar.MONTH) + 1)+"月");
    System.out.print( c.get(Calendar.DAY_OF_MONTH)+"日");
    System.out.print( c.get(Calendar.HOUR_OF_DAY)+"时");
    System.out.print( c.get(Calendar.MINUTE)+"分");
    System.out.println( c.get(Calendar.SECOND)+"秒");
    c.add(Calendar.YEAR,1);
    System.out.print("明年此时：" + c.get(Calendar.YEAR)+"年");
    System.out.print( (c.get(Calendar.MONTH) + 1)+"月");
    System.out.print( c.get(Calendar.DAY_OF_MONTH)+"日");
    System.out.print( c.get(Calendar.HOUR_OF_DAY)+"时");
    System.out.print( c.get(Calendar.MINUTE)+"分");
    System.out.println( c.get(Calendar.SECOND)+"秒");
    c.set(2008,7,8,20,0,0);
    System.out.print("北京奥运时间：" + c.get(Calendar.YEAR)+"年");
    System.out.print( (c.get(Calendar.MONTH) + 1)+"月");
    System.out.print( c.get(Calendar.DAY_OF_MONTH)+"日");
    System.out.print( c.get(Calendar.HOUR_OF_DAY)+"时");
    System.out.print( c.get(Calendar.MINUTE)+"分");
    System.out.println( c.get(Calendar.SECOND)+"秒");
}
```

运行结果：

现在是 2021 年 2 月 9 日 9 时 46 分 36 秒
明年此时：2022 年 2 月 9 日 9 时 46 分 36 秒
北京奥运时间：2008 年 8 月 8 日 20 时 0 分 0 秒

在该例子中，将时间的年、月、日甚至时、分、秒都拆分开来，单独处理其中需要的时间。需要注意的是，月份初始下标为 0，所以在输出的时候要加 1。

此外，Calendar 类的 getTime()方法返回该日历对应的 Date 对象，反之 setTime(Date date)方法可以将一个 Date 对象转换为 Calendar 对象。

【示例】毫秒数与 Date、Date 与 Calendar 的互相转换。代码如下。

```java
public static void main(String[] args) {
    System.out.println("------------毫秒数与Date的互相转换----------------------");
    Date date = new Date();
    System.out.println(date.toLocaleString());
    long num = date.getTime();                          //date 转换为毫秒数
    date.setTime(num + 1 * 24 * 60 * 60 * 1000);        // 毫秒数转换为date
    System.out.println(date.toLocaleString());
    System.out.println("--------------date 转换为calendar----------------");
    Calendar cal = Calendar.getInstance();       // 今天的日历
    cal.setTime(date);                           // date 转换为calendar,相当于给cal 重新赋值
    int year = cal.get(Calendar.YEAR);           // get 获取年份
    int month = cal.get(Calendar.MONTH) + 1;     // get 获取月份
    int dt = cal.get(Calendar.DATE);             // get 获取几号
```

```
            System.out.println(year+"年"+month+"月"+dt+"日");
            System.out.println("--------------calendar 转换为 date ----------------");
            Date date2 = cal.getTime();
            System.out.println(date2.toLocaleString());
    }
```

运行结果：

```
------------毫秒数与 Date 的互相转换---------------------
2021-2-7 17:22:54
2021-2-8 17:22:54
--------------date 转换为 calendar----------------
2021年2月8日
--------------calendar 转换为 date ----------------
2021-2-8 17:22:54
```

7.9 System 与 Runtime 类

Java 提供了 System 类来进行系统操作，并且提供了一些系统属性。该类的构造方法被私有化了，因此不能手动创建对象。想要使用该类的方法，可以直接通过类名调用里面的静态方法。System 类提供了以下内容。

（1）标准输入、标准输出和错误输出流。
（2）对外部定义的属性和环境变量的访问。
（3）加载文件和库的方法。

因为是系统提供的操作，所以可以使用一些比较强大的功能。例如强制停止程序的运行，可以使用 System.exit(0)来实现。也可以使用 System.gc()来对内存进行清理，在这句代码运行时，系统会将内存中的垃圾清除。

系统还提供了 currentTimeMillis()方法，该方法返回 1970 年 1 月 1 日 0 点 0 分 0 秒到现在的毫秒数，可以用来对程序进行计时。在程序的开始时调用该方法得到时间 x，在程序结束后再调用该方法得到时间 y，y-x 就是这个程序运行所花费的时间。

System 类的 arraycopy()方法用来复制数组，将一个数组从指定索引处开始复制一定长度的元素到另一个数组的指定索引处，目标数组原来的元素会被覆盖。

arraycopy()方法的语法：

`arraycopy(Object src,int srcPos,Object dest,int destPos,int length)`

说明：

- src 表示源数组。
- srcPos 表示源数组中复制元素的起始索引。
- dest 表示目标数组，目标数组必须有足够的长度容纳复制进来的元素。
- destPos 表示目标数组中放置复制元素的起始索引。
- length 表示复制元素的数量。

【示例】复制数组。代码如下。

```java
public static void main(String[] args) {
    int[] srcArr= {1,2,3,4,5,6,7};
    int[] destArr= {100,200,300,400,500,600,700};
    System.arraycopy(srcArr, 3, destArr, 2, 4);
    System.out.println(Arrays.toString(destArr));
}
```

运行结果：

[100, 200, 4, 5, 6, 7, 700]

Java 还提供了 Runtime 类来获取系统的相关信息。和 System 类一样，Java 将其构造方法私有化，不能直接通过 new 构造对象。在使用的时候需要用 Runtime 类提供的 getRuntime()方法来得到 Runtime 对象，语法如下：

```
Runtime runtime = Runtime.getRuntime();
```

在得到 Runtime 对象后，可以调用对应的方法来得知系统的部分信息。

【示例】获取计算机系统信息。代码如下。

```
public class example13_Runtime {
    public static void main(String[] args) {
        Runtime runtime = Runtime.getRuntime();
        System.out.println("该计算机的 CPU 内核数为 "+runtime.availableProcessors());
        System.out.println("最大的可用内存空间为"+runtime.maxMemory() +"B");
    }
}
```

运行结果（不同配置的计算机运行结果不同）：

该计算机的 CPU 内核数为 2
最大的可用内存空间为 20027801608

7.10 上机实验

任务一：字符串统计

要求：统计一个字符串中数字字符、小写字母字符、大写字母字符各自出现的次数。

任务二：查找字符串中子字符串的出现次数

要求：查找字符串"asdq56wfhellohelloer8tyhellofbhelloy7jthellofyjunkjkhellort345hello"中 "hello" 的出现次数。

任务三：系统登录

要求：实现系统登录，用户名为 admin，密码为 123，输入的用户名无论是大写还是小写都能成功登录。

任务四：获取文件名与类型

要求：输入任意一个文件的完整路径，如 D:\document\data\hello.jpg，输出（截取）该文件的名称（不含路径），如 hello.jpg，以及文件的类型，如 jpg。

思考题

1. _____ 类是所有类的直接或间接父类，它在 _____ 包中。
2. Object 类的主要用途是什么？
3. 同一个类的两个属性值相同的对象，它们的 hashCode()方法的返回值相同吗？如果不相同，有什么办法让它们相同？

4. Object 类的 equals() 与 == 的联系与区别是什么？
5. String 类和 StringBuffer 类有哪些不同？
6. 简述正则表达式的作用。
7. 已知有定义 String s="I love"，下面表达式正确的是（   ）。
   A. s += "you";   B. char c = s[1];   C. int len = ;   D. String s = ();
8. 简述 System 与 Runtime 类的区别。
9. 有哪些方法可以获得明天此时此刻的日期时间？
10. 如何保证密码必须是字母开头的 6 位字母或数字？

程序设计题

1. 设计一个程序，将文本中的英文提取出来存入数组，并在原文本中用空格替换。
2. 获取下面这段文本中的古诗词，并拆分为一句句输出：
大江东去 6874 浪淘尽 jhbkj 千古风流人物#$-故垒西边 7g$人道是 5 三国周郎赤壁。
3. 使用 Random 类创建一个 4 位数字或字母的验证码。
4. 用 System 类编程获得计算机的当前系统属性。
5. 用 Runtime 类编程获得计算机的当前系统运行状况。
6. 获取计算机的当前时间并输出。
7. 让计算机随机产生 10 个两位正整数，然后按照从小到大的次序输出。
8. 从键盘上输入一个字符串，试分别统计出该字符串中所有数字、大写英文字母、小写英文字母以及其他字符的个数，并分别输出这些字符。
9. 从键盘上输入一个字符串，利用字符串类提供的方法将大写字母转换为小写字母、小写字母转换为大写字母，并输出结果。
10. 输入一个手机号，用正则表达式判断其合法性。

第 8 章 异常

异常是指程序发生的错误。异常将导致程序无法继续编译或在运行时中止。在程序中准确判断及处理异常情况，以使程序能正常运行，叫作异常处理机制。

本章主要介绍异常的概念与分类、异常处理的方法、多种异常的处理、如何手动抛出异常、自定义异常的实现。

8.1 异常处理机制及异常分类

8.1.1 异常处理机制

程序员在编译代码的时候未必能找出全部错误，这些错误会影响程序运行。使用异常处理机制可以帮助程序捕捉到这些错误。当然，仅仅是捕捉到这些错误是不够的，还需要对捕捉到的异常进行处理。而由于异常的处理和程序运行部分代码是分开的，因此代码结构看起来会比较清晰，不会给其他人和自己阅读造成困难。

除此之外，使用异常处理机制可以让代码没有那么复杂，因为如果不使用异常处理机制，那么就需要将考虑到的许多错误在程序中一个个去处理，可能会让代码多出许多的分支。而在异常处理机制中进行处理的话，是在一个地方进行错误处理，因此能节省不少代码。例如，十分常见的空指针 NullPointerException 异常在不使用该异常处理机制的时候，需要为以下情况安排分支代码。

（1）调用 null 对象的实例方法。
（2）访问或修改 null 对象的字段。
（3）当一个数组为 null，试图用属性 length 获得其长度时。
（4）当一个数组为 null，试图访问或修改其中某个元素时。
（5）在需要抛出一个异常对象，而该对象为 null 时。

这样一来便需要以下 5 种不同情况的分支结构去处理这些可能出现的错误：

```
if(错误情况1) {
    对应处理方法
}
if(错误情况2) {
    对应处理方法
}
```

```
if(错误情况 3) {
    对应处理方法
}
if(错误情况 4) {
    对应处理方法
}
if(错误情况 5) {
    对应处理方法
}
```

显而易见，这样大大增加了代码复杂程度，使代码变得难以阅读与维护。

但是如果使用异常处理机制去捕捉，只需要捕捉到 NullPointerException，然后在一个地方集中处理就可以了。这样大大地减少了代码量，并且更方便人们去阅读了。

异常主要分为两类：运行时异常和编译时异常。

8.1.2 运行时异常与编译时异常

在 Java 中，所有的异常都是属于 Throwable 类里面的。Throwable 类中有两个子类：Error 类和 Exception 类。Error 类是指错误类，是指由比较严重的系统错误或资源耗尽而导致的异常，程序本身无法处理，这不属于本书讨论范畴。Exception 类又包含了一个叫 RuntimeException 的子类和其他多种子类，如图 8.1 所示。其中，RuntimeException 类属于运行时异常。运行时异常是指在程序编译时不被发现，在程序运行时才出现的异常。RuntimeException 类下面还有很多子类。Exception 类中除 RuntimeException 以外的其他子类则属于编译时异常（也叫非运行时异常）。编译时异常是必须要处理的，该异常是指在程序语法上有错误的异常。如果不进行处理的话，程序是不能正常编译通过的，如 IOException。运行时异常通常是由程序员在编程时犯的逻辑性错误而导致的，例如，空指针异常 NullPointerException、数组下标越界异常 ArrayIndexOutOfBoundsException、算术异常 ArithmeticException、数组下标负数异常 NegativeArraySizeException 等。这些异常都是 Exception 类的子类，无法确定是哪个异常时，可用 Exception 类来表示。

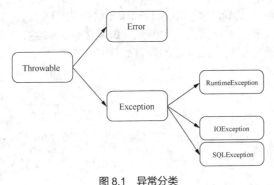

图 8.1 异常分类

【示例】算术异常。代码如下。

```
// 算术异常
public static void demo01() {
    int num = 10 / 0;
    // 后面的代码
    System.out.print("结果是:");
    System.out.println(num);
}
```

运行到语句 int num=10/0;时程序中断，后面两行代码都得不到执行，同时控制台抛出异常信息：

```
ava.lang.ArithmeticException: / by zero
    at com.lifeng.exception.ExceptionDemo.main(ExceptionDemo.java:12)
```

其中，ArithmeticException 指的是算术异常，/by zero 的意思是被 0 除。

【示例】数组越界异常。代码如下。

```java
// 数组越界异常
public static void demo02() {
    int[] nums = new int[] { 1, 2, 3 };
    System.out.println(nums[3]);
    //后面的代码
    System.out.print("测试");
}
```

运行到语句 System.out.println(nums[3]);时程序中断，后面的代码得不到执行，同时控制台抛出异常信息：

```
java.lang.ArrayIndexOutOfBoundsException: 3
    at com.lifeng.exception.ExceptionDemo.main(ExceptionDemo.java:13)
```

其中，ArrayIndexOutOfBoundsException 指的是数组越界异常，3 的意思是索引 3 越界了。

【示例】空指针异常。代码如下。

```java
// 空指针异常
public static void demo03() {
    int[] nums = new int[] { 1, 2, 3 };
    nums = null;
    System.out.println(nums[2]);
    //后面的代码
    System.out.print("测试");
}
```

运行到语句 System.out.println(nums[2]);时程序中断，后面的代码得不到执行，同时控制台抛出异常信息：

```
java.lang.NullPointerException
    at com.lifeng.exception.ExceptionDemo.main(ExceptionDemo.java:14)
```

上面这些程序均发生了异常，导致程序中断无法继续运行，如何能判断出这些异常并进行处理，从而避免程序中断呢？这就要用到下面介绍的异常处理。

8.2 异常处理

在程序运行的时候，需要对可能产生异常的代码区间设置监控区域（guarded region），并在监控区域后面紧跟处理异常的区域。

8.2.1 try…catch 处理异常

try…catch 是用于处理异常的一种逻辑结构。如果一段代码可能产生异常，就可以将这段代码放在 try 块内，try 块就是监控区域；如果出现了异常，那么程序不会立即中断，而是进入 catch 块中对异常进行处理或其他操作，catch 块就是处理区域。

【示例】将上面发生算术异常的程序用 try…catch 改造，将可能发生算术异常的代码放入 try 块内。代码如下。

```java
public static void demo01() {
    int num=0;
```

```java
    try {
        num = 10 / 0;
        System.out.print("结果是:");
        System.out.println(num);
    }catch(ArithmeticException e) {//捕捉算术异常
        System.out.println("不能被0除! ");
        //e.printStackTrace();
    }
}
```

运行结果:

不能被0除!

程序没有中断,而是异常被监控"捕捉"到了,并执行了 catch 块里面的代码。catch 块内通常写一些代码对异常进行"温馨提示",也可使用 e.printStackTrace()输出完整异常信息。e.printStackTrace()是来自 Throwable 类的一个方法;另外一个常用方法是 getMessage()方法,用于获取异常消息字符串。

【示例】将上面发生越界异常的程序用 try…catch 改造。代码如下。

```java
public static void demo02() {
    int[] nums = new int[] { 1, 2, 3 };
    try {
        System.out.println(nums[3]);
        //后面的代码
        System.out.print("测试");
    }catch(ArrayIndexOutOfBoundsException e) {//捕捉越界异常
        System.out.println("数组越界了!");
        //e.printStackTrace();
    }
}
```

运行结果:

数组越界了!

同样程序没有中断,而是异常被"捕捉"到了,并执行了 catch 块里面的代码。

【示例】将上面发生空指针异常的程序用 try…catch 改造。代码如下。

```java
public static void demo03() {
    int[] nums = new int[] { 1, 2, 3 };
    try {
        nums = null;
        System.out.println(nums[2]);
        //后面的代码
        System.out.print("测试");
    }catch (NullPointerException e) {//捕捉空指针异常
        System.out.println("空指针异常了! ");
        //e.printStackTrace();
    }
}
```

运行结果:

空指针异常了!

上面几个示例中,每一个 catch 块都需要自行判断可能的异常种类,如果 catch 块中的异常种类与 try 块中实际发生的异常种类不匹配,则捕捉失败。如果不清楚具体的异常类型怎么办?这时使用 Exception 类即可。因为 Exception 类是所有异常的父类,概括了所有异常。

8.2.2 try…catch…finally 处理异常

在前面的 try…catch 中讨论了异常处理机制的用法，但是有一个明显的问题，就是在使用终止处理机制的时候，如果过早抛出了异常，很可能会使得这一块的代码形同虚设。因为这样早早就终止了 try 块的执行，后面有些可能有用的代码得不到执行。而 finally 块则可以保证在 try 块执行完毕后能够执行必须执行的一部分代码。简单来说，就是无论有没有抛出异常，都会执行 finally 块内部的代码。

【示例】在前面算术异常例子中继续执行异常语句后面的代码。把异常语句后面的两行代码移到 finally 块中，代码如下：

```java
public static void demo01() {
    int num=0;
    try {
        num = 10 / 0;
    }catch(ArithmeticException e) {
        System.out.println("不能被 0 除！");
        //e.printStackTrace();
    }finally {
        System.out.print("结果是:");
        System.out.println(num);
    }
}
```

运行结果：

```
不能被 0 除！
结果是:0
```

这表明了即使发生异常，finally 块中的两行代码也得到了执行。把 10/0 改为 10/2，这种情况将不会发生异常，即 catch 块中的代码将不会执行，那 finally 块还会执行吗？修改后运行程序，结果如下：

```
结果是:5
```

这说明了 finally 块中的代码无论有没有发生异常都会执行。

在 finally 机制中，有以下 3 个需要注意的细节。

（1）在 try 块中如果有 return 语句，那么 finally 块中的代码仍然会执行。代码如下。

```java
public class Test_Exception {
    static int function1(int i) {
        try {
            return i;
        }catch(Exception e) {

        }finally {
            System.out.println("finally");
            i = i+1;
        }
        return 0;
    }
    public static void main(String args[]) {
        System.out.println(function1(1));
    }
}
```

运行可以发现，在 try 块中已经执行了 return 语句，但是结果仍然输出了"finally"。由于 return 语句早在 try 块内已经执行并且返回了 i，因此 finally 块中的 i = i+1 只是一句没有意义的代码，最后输出的结果是 1，而不是 2。

（2）若是在 try、catch、finally 块中都有 return 语句的话，那么最终返回的结果是由 finally 块中的 return 语句决定的。代码如下：

```
public class Test_Exception {
    static int function1(int i) {
        try {
            return 1;
        }catch(Exception e) {
            return 2;
        }finally {
            return 3;
        }
    }
    public static void main(String args[]) {
        System.out.println(function1(1));
    }
}
```

这个程序执行的结果是输出 3。由此可见，在 finally 块中若是有 return 语句的话，那么对系统来说 try 块和 catch 块中的 return 语句都是没有意义的，最终还是执行 finally 块中的 return 语句。

（3）try 块中的程序被强行停止的话，finally 块中的内容是得不到执行的。代码如下：

```
public class Test_Exception {
    static int function1(int i) {
        try {
            System.exit(0);
        }catch(Exception e) {

        }finally {
            System.out.println("finally");
        }
        return 0;
    }
    public static void main(String args[]) {
        System.out.println(function1(1));
    }
}
```

运行程序可以发现，这次 finally 块中的语句没有得到执行。这是因为 try 块中的 System.exit(0); 把程序给停止了，所以 finally 块中的语句就不会被执行了。

8.3 多种异常的处理

catch 块可以有多个，用来对应捕获到的不同异常。在异常被抛出后，catch 块会根据与自己相匹配的异常类型来进行捕获，在捕获到对应异常之后，会进入 catch 块执行里面的代码。哪个异常先发生，程序就先进入匹配的异常类型的 catch 块中，其他的异常代码不再执行。需要注意的是，catch 块和 switch 块不同，不需要在 catch 块后添加 break 块来避免后续 catch 块执行。通常如果要使用多个 catch 块的话，前面的 catch 块使用具体的异常类型(Exception 类的子类)进行捕捉，最后那个 catch 块用 Exception 类来捕捉其他不清楚的异常类型。注意，这种情况下不能将使用的 Exception 类的 catch 块放在其他 catch 块前面。如果想简单处理，对于可能有多种异常的代码，也可只保留最后一个使用 Exception 类的 catch 块进行捕捉，同样可以捕捉到所有的异常。

【示例】多种异常的处理，代码如下：

```
public class Multiple_Exception {
    public static void main(String[] args) {
```

```java
        int x = 6;
        int arr[] = new int[] { 1, 2, 3, 4 };
        try {
            x = x / 0;
            arr[0] = 5;
            arr[4] = 10;
            arr = null;
            System.out.println("arr[0]");
        } catch (NullPointerException e) {
            System.out.println("空指针异常 NullPointerException");
        } catch (ArrayIndexOutOfBoundsException e) {
            System.out.println("数组下标越界异常 ArrayIndexOutOfBoundsException ");
        } catch (ArithmeticException e) {
            System.out.println("算术异常 ArithmeticException");
        } catch (NegativeArraySizeException e) {
            System.out.println("数组下标负数异常 NegativeArraySizeException");
        } catch (Exception e) {
            System.out.println("其他异常!");
        }
        System.out.print(arr[0]);
    }
}
```

运行结果：

```
算术异常 ArithmeticException
1
```

该例子中有多个 catch 块，分别对应了空指针异常、数组下标越界异常、算术异常、数组下标负数异常、其他异常，而 try 块中的 x = x/0 会抛出算术异常，在第二个 catch 块中捕捉到匹配的异常，执行 System.out.println("ArithmeticException");语句。还有一点是，在 try 块中，arr[0]被赋予了 5 的值，但是该代码位于会抛出异常的代码后，因此没能在终止前运行，导致最后一句代码输出 arr[0]的结果为 1，而不是 5。

8.4 手动抛出异常

除了系统检测到异常自动抛出以外，还可以手动抛出自己想抛出的异常。一些业务规则逻辑上的异常无法被系统自行判断并抛出，例如设置一个人的年龄为 300 岁，这种情况可以在程序中进行逻辑判断并当成异常手动抛出。Java 中，异常也是一种类，所以可以通过 new 来构造它。Exception 构造方法可以带 String 型参数作为异常信息，在捕捉到该异常时可以通过 Exception 对象的 getMessage()方法获取到该参数信息，再通过关键字 throw 抛出新建的这个异常。代码如下。

```java
public static void main(String[] args) {
    int age=1000;
    try {
        if(age>120){
            throw new Exception("年龄不合理!");
        }
    }catch(Exception e) {
        System.out.println(e.getMessage());//相当于下面这句话
        //System.out.println("年龄不合理!");
    }
}
```

运行结果如下：

年龄不合理！

该例子中，在 try 块中通过 throw new Exception();语句构建并抛出了一个异常，然后在 catch 块中捕获了这个手动抛出的异常。通常不会无缘无故抛出异常，可以结合 if 语句，当不符合业务规则时就可手动抛出异常。

编译时异常也可选择手动抛出。一个方法内部如果有编译时异常并选择手动抛出，则该方法名称后面会出现 throws 异常类型。如果其他方法调用了该方法，那么要么继续抛出这个类型的异常，要么使用 try...catch 机制进行处理。代码如下。

```java
// 编译时异常的另外一种处理办法：手动抛出异常
public static void demo1() throws ParseException {
    Scanner input = new Scanner(System.in);
    Date birthday = new Date();
    SimpleDateFormat sdf = new SimpleDateFormat("yyyy-MM-dd HH:mm:ss");
    birthday = sdf.parse(dateStr); // 字符串转换为日期
    System.out.println("学生的出生日期是:" + birthday.toLocaleString());
}
public static void demo2() throws ParseException {
    demo1();
}
public static void main(String[] args) {
    try {
        demo2();
    } catch (ParseException e) {
        e.printStackTrace();
    }
}
```

上面 demo1()方法中，birthday = sdf.parse(dateStr);语句是编译时异常，有两种处理办法，一是使用 try...catch 进行处理，二是手动抛出，然后谁调用谁继续处理。这里选择手动抛出，demo1()方法上多了 throws ParseException。然后由于 demo2()方法调用了 demo1()方法，因此同样会提示编译时异常，同样有两种处理办法，这里再次选择手动抛出。最后由于 main()方法又调用了 demo2()方法，因此同样会提示编译时异常，这里使用 try...catch 进行处理。通俗来讲，方法中抛出异常并没有"解决问题"，而是把问题"甩锅"出去，谁调用谁负责处理这个"锅"；当然调用者（方法）可以再次"甩锅"出去，直到最后一个（方法）不能再"甩"了，就要用 try...catch 来"解决问题"。注意，调用者使用 try...catch 处理抛出的异常时，catch 块中的异常类型要与抛出的类型一致，如果不清楚什么类型就用父类 Exception。

throw 和 throws 的区别：throw 是在程序代码中手动抛出异常（代码级别），throws 是针对方法中若存在手动抛出异常或编译时异常则在方法层面抛出异常（方法级别）。

8.5 自定义异常

在实际的编程中总是会出现一些意想不到的情况，毕竟 Java 不可能自己预见可能出现的所有异常，这就会有用户自定义一些异常的需要，Java 也提供了用户自定义异常的功能。使用自定义异常，将使得某些异常更符合业务规则的需要。前文提到异常也是类的一种，所以需要通过继承已知的异常类来创建自定义异常。例如性别只能是男或女，但若输入了除男女以外的其他字符串，则可以当作一种异常，这里自定义为性别异常，示例如下。

（1）首先创建一个类并继承 Exception 类，此类即为自定义的异常类，代码如下。

```java
public class GenderException extends Exception{
  public GenderException(String msg) {
      super(msg); //super("性别只能是男或女!")==>Exception("性别只能是男或女!")
  }
}
```

（2）创建实体类 Student，注意其中性别 gender 属性的 setter()方法，代码如下。

```java
public class Student {
  private String name;
  private int age;
  private String gender;
  public String getGender() {
      return gender;
  }
  public void setGender(String gender) throws GenderException {
      if(gender.equals("男")|gender.equals("女")) {
          this.gender = gender;
      }else {
          throw new GenderException("性别只能是男或女!");//new Exception("性别只能是男或女!")
      }
  }
//省略其他代码
}
```

在 setter()方法中进行判断，只要不是男或女就手动抛出自定义的异常。

（3）新建测试类，代码如下。

```java
public static void main(String[] args) {
    Scanner input=new Scanner(System.in);
    System.out.print("请输入学生性别:");
    Student stu=new Student();
    String gender=input.next();
    try {
         stu.setGender(gender);
    } catch (GenderException e1) {
         System.err.println(e1.getMessage());
    }
}
```

运行结果：

请输入学生性别:a
请输入学生年龄:性别只能是男或女!

这里 stu.setGender(gender);这条语句可能存在异常，所以将其放入 try 块，在 catch 块捕捉异常时就用更加贴切的自定义异常 GenderException 进行匹配。

8.6 上机实验

任务：智能开关灯系统

要求：设计一个智能开关灯系统，厂内工人每天按时开关灯，当开关灯时发现灯坏了的话，就报告给管理处。

分析：灯坏了当作异常来处理。

思考题

1. 什么是异常？举出程序中常见异常的例子。
2. 关于异常的含义，下列描述最准确的是（　　）。
   A. 程序编译错误　　　　　　　　B. 程序语法错误
   C. 程序自定义的异常事件　　　　D. 程序编译或运行时发生的异常事件
3. Java 的异常处理机制有什么优点？
4. 如果在 Java 程序中不对出现的异常进行处理，那么程序运行时若出现异常会发生什么情况？
5. Java 异常类中的 Throwable 类、Error 类和 Exception 类之间的关系如何？
6. 简述 try…catch…finally 语句的执行顺序。
7. 举例说明如何自定义一个新的异常？如何使用这个异常？
8. 下列程序执行的结果是（　　）。

```java
public class Test {
    public static void main(String[] args) {
        try{
            return;
        } finally{
            System.out.println("Finally");
        }
    }
}
```

   A. 程序正常运行，但不输出任何结果　　B. 程序正常运行，并输出"Finally"
   C. 编译通过，但运行时出现异常　　　　D. 因为没有catch子句，所以不能通过编译

9. 下列代码的输出结果是什么？

```java
public class problem_1 {
    static int problem_f(int i) {
        try {
            return i;
        }catch(Exception e) {
            return i+1;
        }finally {
            i = i+2;
        }
    }
    public static void main(String[] args) {
        System.out.println(problem_f(1));
    }
}
```

10. 在横线处填写代码，使其抛出异常并被捕捉。

```java
public class problem_2 {
    static void f() _____ {
        throw _____;
    }
    public static void main(String[] args) {
        try {
            f();
        }catch(Exception e) {
            System.out.println("catch Exception");
        }
    }
}
```

```
}

class Pre_Exception extends Exception{

}
```

程序设计题

1. 写一个代码段，模拟计算机在运算 5÷0 时抛出异常。
2. 编写一个由系统自动抛出，并由系统自行处理的数组大小为负数的异常的程序。
3. 编写一个由 throw 抛出，并由系统自行处理的数组下标越界的异常的程序。
4. 编写一个由 throw 抛出，并由系统自行处理的类未发现的异常的程序。
5. 编写一个由系统自动抛出，并由 try…catch 捕捉处理的分母为 0 以及数组下标越界的异常的程序。
6. 设计一个 Java 程序，要求该程序能够说明异常处理的 catch 块排列顺序的重要性。
7. 重写下面方法，使该方法自己不处理异常，而只抛出异常，并让调用该方法的方法自己处理异常。

```
int division (int c)
{
   try
   {
      int a = 100/c
      System.out.print("100/c="+a);
   }
   catch (ArithmetiExeption e)
   {
      e.printStackTrace();
   }
}
```

8. 定义一个邮件地址异常类，当用户输入的邮件地址不合法时，抛出异常。
9. 设计一个方法，当捕捉到 3 个异常时就上传。
10. 定义一个数学运算方法，此方法在特定的情况下可能抛出异常。设计一个测试程序，在程序中调用这个数学运算方法。

第 9 章 集合类

集是 Java 中存放对象的容器，存放于 java.util 包中。提到容器就不难想到数组，集合和数组的不同之处是数组的长度是固定的，集合的长度是可变的。

本章主要介绍集合的分类、List 集合接口、ArrayList 集合、HashSet 集合、HashMap 集合、泛型与泛型集合、枚举类。

9.1 集合基础知识

集合按照其存储结构可以分为单列集合 Collection 和双列集合 Map 两大类。

（1）Collection：单列集合的根接口。Java 中没有提供这个接口的直接实现类，但是却让其被继承并产生了两个子接口，即 Set 和 List。Set 是一个无序集合，不能包含重复元素。List 是一个有序集合，可以包含重复的元素，提供了按索引访问的方式。Set 接口的主要实现类有 HashSet 和 TreeSet；List 接口的主要实现类有 ArrayList 和 LinkedList。单列集合 Collection 的体系结构如图 9.1 所示。

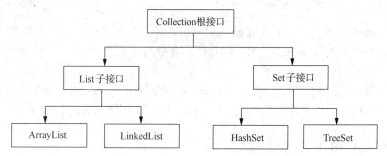

图 9.1 单列集合 Collection 的体系结构

（2）Map：双列集合的根接口。双列是指 Map 集合中存储的每一个元素都包括键（key）和值（value）两个"列"。键和值之间具有映射关系，通过指定的键可查找到对应的值，例如根据一个学生的学号就能找到对应的学生。Map 不能包含重复的键，但是可以包含相同的值。Map 的主要实现类有 HashMap 和 TreeMap。双列集合 Map 的体系结构如图 9.2 所示。

图 9.2 双列集合 Map 的体系结构

9.2 Collection 接口

Collection 中定义了单列集合的一些通用方法，Collection 根接口的 List 子接口及 Set 子接口下的所有实现类都适用，如表 9.1 所示。

表 9.1 Collection 接口的通用方法

方法	功能描述
boolean add(Object o)	添加一个元素到当前集合中
boolean addAll(Collection c)	添加集合 c 中的所有元素到当前集合中
void clear()	清空当前集合中的所有元素
boolean remove(Object o)	删除当前集合中指定的元素
boolean removeAll(Collection c)	删除当前集合中包含集合 c 的所有元素
boolean isEmpty()	判断当前集合是否为空
boolean contains(Object o)	判断当前集合是否包含某种元素
boolean containsAll(Collection c)	判断当前集合是否包含集合 c 中的所有元素
Iterator iterator()	获得当前集合的迭代器（Iterator），用于遍历该集合的所有元素
int size()	获得当前集合的元素个数
Stream<E> stream()	将集合源转换为有序元素的源对象

9.3 List 接口及其实现类

实现了 List 接口的对象又称为 List 集合，List 集合中存放的对象是有序的，可以重复。有序是指元素的存入顺序与取出顺序是一致的。List 集合中的元素线性排列，可以通过索引来访问集合中的元素。

List 接口的实现类主要有 ArrayList 和 LinkedList，前者底层采用可变长度的数组，查找速度快，但增删效率比较低；后者采用链表的结构，增删效率高，但查找速度较慢。

9.3.1 List 接口简介

List 接口是 Collection 集合的一个子接口，除了包含 Collection 接口中的全部方法外，还有表 9.2 所示的一些操作集合的特有方法。

表 9.2 List 接口的特有方法

方法	功能描述
void add(int index,Object element)	添加元素 element 到 List 集合的指定索引位置
boolean addAll(int index,Collection c)	添加集合 c 的所有元素到 List 集合的指定索引位置
Object get(int index)	获得集合索引 index 处的元素
Object remove(int index)	删除指定索引 index 处的元素

续表

方法	功能描述
Object set(int index,Object element)	替换索引 index 处的元素为 element 元素，返回替换后的元素
int indexOf(Object o)	获得对象 o 在 List 集合中首次出现的索引，如果没有则返回-1
int lastIndexOf(Object o)	获得对象 o 在 List 集合中最后一次出现的索引，如果没有则返回-1
List subList(int fromIndex,int toIndex)	返回从索引 fromIndex 开始到 toIndex 结束的元素组成的子集合，算头不算尾
Object[] toArray()	将集合转换为数组
default void sort(Comparator<? super E> c)	根据指定的比较器规则对集合元素进行排序

9.3.2 ArrayList 集合

ArrayList 集合是应用最广泛的一个集合，是 List 接口中的一个实现类。ArrayList 集合底层采用数组来保存元素，可以当作一个长度可变的数组，并且允许同时保存不同类型的元素，包括 null。可以根据索引对集合进行快速的随机访问，查找效率高，但每次添加或删除元素时都会导致重新创建新的数组。往 ArrayList 集合指定位置插入或删除数据时，还会伴随着后面数据的移动，添加或删除元素的速度较慢，效率较低。

ArrayList 集合中大部分方法都是从 Collection 集合继承过来的，通过下面的例子来介绍一下如何使用 ArrayList 集合方法的各种操作。

【示例】展示 ArryList 集合的创建、添加元素、读取元素、遍历元素、获取长度操作。代码如下。

```java
public static void demo1() {
    // 创建一个可变长度的对象,用于存储若干个学生姓名
    List list = new ArrayList();               // ArrayList 集合的定义
    System.out.println("--------刚刚定义集合时的长度------------");
    System.out.println(list.size());            // 获取 ArrayList 集合的长度
    //往 ArrayList 集合里面添加若干个对象(字符串)
    list.add("学生 1");// 索引为 0
    list.add("学生 2");//索引为 1
    list.add("学生 3");//索引为 2
    list.add("学生 4");//索引为 3
    // list.add("学生 1");                       //索引为 4,可添加重复元素
    System.out.println("--------添加学生后集合的长度------------");
    System.out.println(list.size());
    // 读取集合中的任意一个元素
    System.out.println("--------读取集合中的任意一个元素------------");
    String student = (String) list.get(0); //读取元素时返回的是 Object 类型,需要强制转换
    System.out.println(student);
    System.out.println("--------遍历------------");
    for (int i = 0; i < list.size(); i++) {
        //读取元素时返回的是 Object 类型,需要强制转换
        System.out.println((String) list.get(i));
    }
}
```

这里注意一下 get()方法，它用来读取集合中指定索引处的元素，无论之前存入的是什么类型的元素，一律返回 Object 类型，所以需要强制转换为原本的类型。

运行结果如下：

```
--------刚刚定义集合时的长度-------------
0
--------添加学生后集合的长度-------------
4
--------读取集合中的任意一个元素-------------
学生 1
--------遍历-------------
学生 1
学生 2
学生 3
学生 4
```

【**示例**】展示 ArrayList 集合的插队、修改、查找、删除、清空操作。代码如下。

```java
public static void demo2() {
    List list = new ArrayList();
    list.add("张无忌 3");// 1
    list.add("张无忌 4");// 2
    list.add(0, "张无忌 0");// 插队，该元素将出现在最前面
    System.out.println("----------修改前---------");
    printList1(list);//遍历
    list.set(1, "张无忌 1");//修改索引为 1 处的元素的值，旧值将被覆盖掉
    list.set(2, "张无忌 2");
    System.out.println("----------修改后---------");
    printList1(list);
    System.out.println("----------查找---------");
    // 查找 list 集合中是否有"张无忌 2"
    System.out.println(list.contains("张无忌 2"));//true
    //删除元素
    list.remove(2);              // 既可用索引来删除
    list.remove("张无忌 2");      //也可以直接用对象来删除
    System.out.println("----------删除后查找---------");
    // 查找 list 集合中是否有"张无忌 2"
    System.out.println(list.contains("张无忌 2"));//false
    // 清空集合
    list.clear();
    System.out.println("----------清空后---------");
    System.out.println(list.size());
    printList1(list);
    System.out.println(list.isEmpty());//判断集合是否为空
}
//遍历
public static void printList1(List list) {
    for (int i = 0; i < list.size(); i++) {
        System.out.println((String) list.get(i));
    }
}
```

运行结果：

```
----------修改前----------
张无忌 0
张无忌 3
张无忌 4
----------修改后----------
张无忌 0
张无忌 1
张无忌 2
----------查找----------
true
----------删除后查找----------
false
----------清空后----------
0
true
```

ArrayList 集合除了可以存储基本类型的元素，还能存储自定义类型的对象元素和添加各种不同类型的对象。

下面是一个示例。

（1）定义 Student 类，代码如下。

```java
public class Student {
    private String name;
    private int age;
    public Student(){
    }
    public Student(String name, int age) {
        super();
        this.name = name;
        this.age = age;
    }
    //省略 getter()、setter()方法
    @Override
    public String toString(){
        return "姓名:"+this.name+",年龄:"+this.age;
    }
}
```

（2）定义 Teacher 类，代码如下。

```java
public class Teacher {
    private String tname;
    private String title;
    //省略 getter()、setter()方法
    public Teacher(String tname, String title) {
        super();
        this.tname = tname;
        this.title = title;
    }
    public Teacher() {
    }
    public String toString(){
```

```
            return "教师姓名:"+this.tname+",职称:"+this.title;
    }
}
```

（3）创建测试类，代码如下。

```java
public static void main(String[] args) {
    //:创建4个学生对象
    Student stu1 = new Student("张无忌",18);
    Student stu2 = new Student("李寻欢",21);
    Student stu3 = new Student("李白",22);
    Student stu4 = new Student("白居易",22);
    List students=new ArrayList();
    System.out.println("------添加学生前--------");
    System.out.println("当前长度: "+students.size());
    students.add(stu1);
    students.add(stu2);
    students.add(stu3);
    students.add(stu4);
    System.out.println("------添加学生后--------");
    System.out.println("当前长度: "+students.size());
    System.out.println("------获取其中一个对象,第一个学生--------");
    //get()方法返回的是Object类型，必须强制转换为Student类型
    Student student=(Student)students.get(0);
    System.out.println(student);
    System.out.println("------遍历所有学生--------");
    for(int i=0;i<students.size();i++) {
        Student stud=(Student)students.get(i);
        System.out.println(stud);
    }
    System.out.println("------删除元素--------");
    students.remove(2);          //可以利用索引删除
    students.remove(stu3);       //也可直接删除对象
    System.out.println("当前长度: "+students.size());
    System.out.println("------查找--------");
    System.out.println(students.contains(stu3));
    System.out.println("------加入不同类型的对象------");
    //还可添加不同类型的对象
    Teacher tea=new Teacher("张三","教授");
    students.add(tea);           //添加Teacher对象进去
    System.out.println("当前长度: "+students.size());
    Teacher teacher=(Teacher)students.get(3);//查找元素时需要强制转换为原本的类型
    System.out.println(teacher);
}
```

（4）运行结果如下：

```
------添加学生前--------
当前长度: 0
------添加学生后--------
当前长度: 4
------获取其中一个对象,第一个学生--------
```

```
姓名:张无忌,年龄:18
------遍历所有学生--------
姓名:张无忌,年龄:18
姓名:李寻欢,年龄:21
姓名:李白,年龄:22
姓名:白居易,年龄:22
------删除元素--------
当前长度: 3
------查找--------
false
------加入不同类型的对象------
当前长度: 4
教师姓名:张三,职称:教授
```

同样要注意 get()方法读取集合中的对象时返回的是 Object 类型，而不是存入时的原始类型，所以需要进行强制转换，将其转换为原本的类型。ArrayList 集合返回 Object 类型是为了可以接收任意类型的对象。那么返回的时候，不知道是什么类型时就可定义为 Object 类型。

9.3.3 Iterator 迭代器

迭代器是一个对象，用来遍历并选择序列中的对象（元素），用户不必知道或关心该序列底层的结构。初学者可以简单地把迭代器想象为一个里面放置了若干个物件的容器，这些物件从第一个开始一个接一个前后线性排列，人们只要从第一个物件开始，就可以通过每次往后移动一个，从而把所有物件"遍历出来"。这里把迭代器比作容器，元素比作物件。

所有的集合类都实现了 Iterator 接口，这是一个用于遍历集合中元素的接口，主要包含以下 3 个方法。

（1）Iterator iterator()：返回一个 Iterator 迭代器对象，Iterator 将返回一个序列的第一个元素。通俗地讲，集合调用了这个方法后就会将所有元素"封装"进上述的"容器"中，所有元素就成为容器中有序排列的一个个"物件"。

（2）boolean hasNext()：判断是否还有下一个元素。

（3）Object next()：返回下一个元素。

思考：为什么 next()方法的返回类型是 Object 类型呢？

这是为了可以接收任意类型的对象。那么返回的时候，不知道是什么类型时就可定义为 Object 类型。

迭代器的遍历通常使用 while 循环，也可用 for 循环。

【示例】 迭代器的遍历。代码如下。

```java
public static void main(String[] args) {
    ArrayList list = new ArrayList();
    list.add("计算机网络");              //增加 add() 用于将指定对象存储到容器中
    list.add("操作系统");
    list.add("Java 编程思想");
    list.add("Java 核心技术");
    list.add("Java 语言程序设计");
    System.out.println(list);
    Iterator it = list.iterator();//创建迭代器对象 it
    while (it.hasNext()) {         //遍历迭代器
```

```
                String book = (String) it.next();//迭代器的next()方法的返回类型是Object类型，
所以要记得强制类型转换。
                System.out.println(book);
        }
    }
```
运行结果：
[计算机网络，操作系统，Java编程思想，Java核心技术，Java语言程序设计]
计算机网络
操作系统
Java编程思想
Java核心技术
Java语言程序设计

对于迭代器的遍历，还要想象迭代器内部有个指针。初始时指针指向迭代器的第一个元素的前面一位空白处（null），如图9.3所示。第一次调用next()方法时，指针从第一个元素的前面一位（null）往后移向第一个元素（相当于移动了一位），并返回第一个元素，如图9.4所示。以后每调用一次next()方法，指针就会往后移一位，并且返回往后移一位后指向的那个元素。

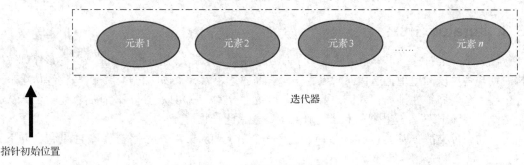

图9.3　迭代器初始状态

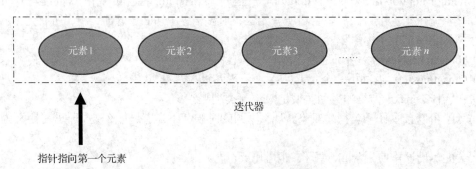

图9.4　第一次调用next()方法后的迭代器

此外还要注意迭代器使用中可能出现的问题。如果在遍历集合时调用了集合的remove()方法删除元素，则会发生ConcurrentModificationException异常。这是因为调用集合的remove()方法删除一个元素后，迭代器的预期迭代次数会发生改变，这种变化对迭代器是不可控的，从而迭代不准了。怎样避免这种错误呢？一个办法是删除元素后如果后面不需要继续迭代，则调用break语句退出循环；另一个办法是不使用集合的remove()方法，而使用迭代器本身的remove()方法，这个方法将使得预期的迭代次数变化对于迭代器来讲是可控的。将上例中的list.remove(obj)改为it.remove()即可避免异常。

9.3.4 foreach 循环

用 Iterator 对集合进行遍历比较烦琐，Java 后来提供了一个更加简洁的 foreach 循环结构，大大简化了遍历工作。foreach 循环也称增强的 for 循环，可以用来处理集合中的每个元素，而不用考虑集合的索引。

语法格式如下：

```
for(容器中元素类型 临时变量 : 容器变量){
//循环体
}
```

从语法格式可以看出，foreach 循环会自动遍历容器中的每个元素，完全不需要获得容器的长度，也不需要根据索引访问容器中的元素。代码如下。

```java
public static void main(String[] args) {
    ArrayList list = new ArrayList();
    list.add("苹果");
    list.add("香蕉");
    list.add("葡萄");
    for (Object object : list) {     //使用 foreach 循环遍历
        System.out.println(object);  //输出集合中的元素
    }
}
```

运行结果：

苹果
香蕉
葡萄

集合的长度决定了 foreach 循环的次数。每次循环时，foreach 循环中的临时变量都代表了当次循环的集合元素，并在循环体中进行了输出处理，从而将元素全部遍历出来。

除了可以遍历集合，foreach 循环还可遍历数组。代码如下。

```java
public static void main(String[] args) {
    String[] fruits= {"苹果","香蕉","葡萄"};
    for (String fruit : fruits) {
        System.out.println(fruit);   //输出集合中的元素
    }
}
```

但 foreach 循环没有索引，只能读取集合中元素的值，不能修改元素的值；而 for 循环带有下标，能修改集合中元素的值。

9.3.5 LinkedList 集合

LinkedList 集合采用链表结构保存元素，这种结构的优点是便于向集合中插入和删除元素。该集合内部采用包含两个 Node（节点）类型的 first 和 last 属性，用于维护一个双向循环链表。链表中的每一个元素都引用了它的前一个元素和后一个元素，相当于每个元素前后都有一个指针分别指向前一个元素和后一个元素，因此集合中的所有元素彼此相连。当需要在两个元素中间插入一个新元素时，只需简单地修改元素之间的指针即可，删除集合中的一个元素也是类似的原理，如图 9.5 所示。不过这种链表结构随机访问集合中的元素的效率较低。

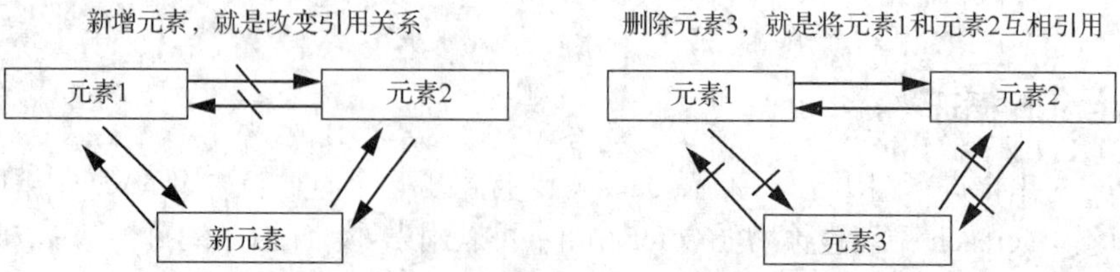

图 9.5　LinkedList 集合插入与删除元素的过程

使用 List 时，通常将其声明为 List 型，可以通过不同的实现类来实例化集合。代码如下。

```
List<E> list = new ArrayList<E>();
List<E> list2 = new LinkedList<E>();
```

在上面的代码中，E 可以是合法的 Java 数据类型，例如，如果集合中的元素为字符串类型，那么 E 可以修改为 String。也可以是自定义类型，后面讲泛型集合时会详细讲解。

LinkedList 集合除了从 Collection 和 List 接口中继承并实现了操作集合的方法外，还定义了一些特有的方法，如表 9.3 所示。

表 9.3　LinkedList 集合的特有方法

方法	功能描述
void add(int index)	在此列表中指定的位置插入指定的元素
void addFirst(Object o)	将指定元素插入集合的开头
void addlLast(Object o)	将指定元素插入集合的结尾
Object getFirst()	返回集合的第一个元素
Object getLast()	返回集合的最后一个元素
Object removeFirst()	删除并返回集合的第一个元素，如果没有则抛出 NoSuchElementException 异常
Object removeLast()	删除并返回集合的最后一个元素，如果没有则抛出 NoSuchElementException 异常
boolean offerFirst(Object o)	将指定元素添加到集合的开头
boolean offerLast (Object o)	将指定元素添加到集合的结尾
Object peekFirst(Object o)	获取集合的第一个元素
Object peekLast (Object o)	获取集合的最后一个元素
Object pollFirst(Object o)	删除并返回集合的第一个元素，如果没有就返回 null
Object pollLast (Object o)	删除并返回集合的最后一个元素，如果没有就返回 null
void push(Object o)	将指定元素添加到集合的开头
Object pop()	删除并返回集合的第一个元素

【示例】LinkedList 集合常用方法的使用。代码如下。

```java
public static void main(String[] args) {
    LinkedList linkedList = new LinkedList();   // 创建 LinkedList 集合
    linkedList.add("手机1");                    // 1.添加元素
    linkedList.add("手机2");
    linkedList.add("手机3");
    System.out.println(linkedList);             // 输出集合中的元素
    linkedList.offer("后面添加的手机");          // 向集合尾部添加元素
    linkedList.push("前面添加的手机");           // 向集合头部添加元素
    System.out.println(linkedList);
    // 2.获取元素
    Object object = linkedList.peek();          // 获取集合的第一个元素
```

```
            System.out.println(object);    // 输出集合的第一个元素
            // 删除元素
            linkedList.removeFirst();        // 删除集合的第一个元素
            linkedList.pollLast();           // 删除集合的最后一个元素
            System.out.println(linkedList);
    }
```

运行结果如下所示:

[手机1,手机2,手机3]
[前面添加的手机,手机1,手机2,手机3,后面添加的手机]
前面添加的手机
[手机1,手机2,手机3]

9.4 Set 接口及其实现类

Set 接口继承自 Collection 接口,是一个用于存储和处理无重复元素的高效数据结构。Set 接口规定了存储的元素是不可重复的、无序的,无序是指集合元素的存储顺序与取出顺序不一定相同;不可重复是指在一个 Set 集合中,不能存在元素 e1 和 e2 使得 e1.equals(e2)的返回值为 true。Set 接口的 3 个具体实现类是:散列类 HashSet、链式散列类 LinkedHashSet 和树形类 TreeSet。本章重点介绍 HashSet 和 TreeSet,其中 HashSet 通过元素的散列值来确定其存储位置,存取与查找方便;TreeSet 通过二叉树来存储元素,可以对集合中的元素进行排序。

9.4.1 HashSet 集合

HashSet 实现了 Set 接口,当一个元素存入 HashSet 时首先会调用 Object 类的 hashCode()方法来确定存储位置,然后判断该位置有没有元素存在,如果没有就直接存入;如果该位置已经有对象,则调用 equals()方法判断是否相等。如果不相等就存入,并覆盖原有的对象,否则就舍弃该对象。这种机制保证了 HashSet 中不会出现重复元素。

【示例】创建散列类 HashSet 来存储字符串,并且使用 foreach 循环来遍历这个集合中的元素。代码如下。

```
public static void main(String[] args) {
    Set set = new HashSet ();           //创建一个 HashSet
    set.add("北京");                     //向集合中添加元素
    set.add("上海");
    set.add("广州");
    set.add("深圳");
    set.add("广州");
    set.add(100);
    System.out.println(set);
    for(Object s: set) {                //循环遍历集合
        System.out.print(s+" ");
    }
}
```

运行结果:

[上海, 广州, 100, 北京, 深圳]
上海 广州 100 北京 深圳

该程序将多个字符串添加到集合中,其中"广州"被添加了两次,但是只有一个被存储,因为

HashSet 集合不允许有重复的元素。添加到集合中的元素除了有 String 型，还有 int 型，可见 Set 集合可以容纳不同类型的元素。

如输出结果所示，字符串的输出顺序与其存储顺序不相同，这也印证了 Set 集合是"无序"的。HashSet 集合同样可以存储自定义类型的对象。

【示例】使用 HashSet 集合添加不同类型的对象。代码如下。

```java
public static void main(String[] args) {
    // 创建一个 HashSet 集合
    Set set = new HashSet();
    Student stu1 = new Student("张无忌", 18);
    Student stu2 = new Student("李寻欢", 21);
    Student stu3 = new Student("李白", 22);
    Student stu4 = new Student("白居易", 22);
    Teacher tea1 = new Teacher("张三", "教授");
    System.out.println("----------添加学生-------");
    set.add(stu1);
    set.add(stu2);
    set.add(stu3);
    set.add(stu4);
    System.out.println("当前集合长度: "+set.size());
    System.out.println("----------遍历-------");
    for (Object a : set) {
        System.out.println((Student) a);  //强制类型转换
    }
    System.out.println("----------添加一个属性相同的学生对象-------");
    Student stu5 = new Student("李白", 22);
    set.add(stu5);
    System.out.println("当前集合长度: "+set.size());
    System.out.println("----------再次遍历-------");
    for (Object a : set) {                //再次遍历
        System.out.println((Student) a);
    }
    //发现学生李白在集合中出现了两次,后面会专门来解决这个问题
    System.out.println("----------添加教师-------");
    set.add(tea1);
    System.out.println("当前集合长度: "+set.size());
}
```

运行结果：

```
----------添加学生-------
当前集合长度: 4
----------遍历-------
姓名:张无忌,年龄:18
姓名:白居易,年龄:22
姓名:李白,年龄:22
姓名:李寻欢,年龄:21
----------添加一个属性相同的学生对象-------
当前集合长度: 5
----------再次遍历-------
```

```
姓名:张无忌,年龄:18
姓名:白居易,年龄:22
姓名:李白,年龄:22
姓名:李白,年龄:22
姓名:李寻欢,年龄:21
----------添加教师-------
当前集合长度: 6
```

可见 HashSet 集合也可以添加不同类型的对象。注意，在遍历集合中的 Student 对象元素时，迭代对象是 Object 类型，需要强制转换为原本的 Student 类型。这里还有个问题值得注意，就是学生对象 stu3 和 stu5 是属性相同的两个对象，默认情况下会被当作不同对象存入 HashSet。但在业务中，通常属性相同的对象会被当作相同对象，HashSet 应该只存一个才对，那么怎样才能做到这点呢？前面提到 HashSet 存储元素是通过 hashCode()方法和 equals()方法实现的，所以要在 Student 类中重写这两个方法。让 hashCode()方法只要是对象的属性值相同，返回值就相同；让 equals()方法只要是两个对象的属性值相同，结果就为 true。这样就能做到两个属性值相同的对象会被当作同一个对象而只存储一个。在 Student 类中重写 hashCode()和 equals()方法的代码如下所示：

```java
@Override
public int hashCode() {
    final int prime = 31;
    int result = 1;
    result = prime * result + age;
    result = prime * result + ((name == null) ? 0 : name.hashCode());
    return result;
}

@Override
public boolean equals(Object obj) {
    if (this == obj)
        return true;
    if (obj == null)
        return false;
    if (getClass() != obj.getClass())
        return false;
    Student other = (Student) obj;
    if (age != other.age)
        return false;
    if (name == null) {
        if (other.name != null)
            return false;
    } else if (!name.equals(other.name))
        return false;
    return true;
}
```

再次运行主程序，结果如下：

```
----------添加学生-------
当前集合长度：4
-----------遍历--------
姓名:李白,年龄:22
姓名:张无忌,年龄:18
姓名:李寻欢,年龄:21
姓名:白居易,年龄:22
```

```
----------添加一个属性相同的学生对象-------
当前集合长度：4
----------再次遍历-------
姓名:李白,年龄:22
姓名:张无忌,年龄:18
姓名:李寻欢,年龄:21
姓名:白居易,年龄:22
----------添加教师-------
当前集合长度：5
```

可见两个"李白"只保存了一个，因为这两个对象被 HashSet 当作同一个对象做去除重复处理了。

9.4.2 TreeSet 集合

TreeSet 集合内部采用了平衡二叉树来存储元素，存储的元素会按照大小排序，并且能去除重复元素。

二叉树每个节点最多有两个子节点，每个节点及其子节点称为子树，左侧的子树称为"左子树"，右侧的子树称为"右子树"。其中左子树上的元素均小于它的根节点，而右子树上的元素均大于它的根节点。此外，对于同一层的元素，左边的元素总是小于右边的元素。二叉树中元素的存储结构如图 9.6 所示。

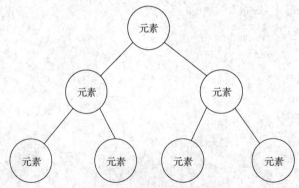

图 9.6　二叉树中元素的存储结构

下面分析二叉树中元素的存储过程，以便让初学者更好地理解 TreeSet 集合中二叉树的存放原理。假设向集合中存入 8 个元素，依次为 14、9、18、18、3、12、16、24，最终结果如图 9.7 所示。

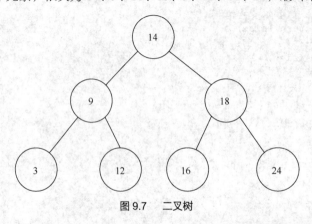

图 9.7　二叉树

元素存入 TreeSet 集合时首先将第一个元素（14）存入二叉树的最顶端，第二个元素（9）与最顶端的元素（14）进行比较，如果大于最顶端的元素，则存入右子树；如果小于最顶端的元素，则存入左子树；如果等于最顶端的元素则舍弃。这样第二个元素（9）就存入了左子树，接下来存入的元素类推，即从顶端开始逐步向下比较，直到与某一个元素相等就舍弃掉为止，或者直到最后一个与它比较的元素没有左子树或右子树就存入为止。

接着 18 存入 TreeSet 集合：先与最顶端的 14 比较，大于 14，且 14 没有右子树，则 18 存入 14 的右子树。

第二个 18 存入 TreeSet 集合：先与最顶端的 14 比较，大于 14，进入右子树继续比较；再与右子树上的 18 比较，相等，舍弃。

12 存入 TreeSet 集合：先与顶端元素 14 比较，小于 14，于是进入左子树；再与左子树上的元素 9 比较，大于 9，且 9 没有右子树，则存入 9 的右子树。

其余元素存入的过程相似，下面用代码实现：

```java
public static void main(String[] args) {
    //创建 TreeSet 集合
    TreeSet set = new TreeSet();
    //向 TreeSet 集合中添加元素
    set.add(14);
    set.add(9);
    set.add(18);
    set.add(18);
    set.add(3);
    set.add(12);
    set.add(16);
    set.add(24);
    System.out.println("创建的 TreeSet 集合为："+set);
}
```

运行结果如下：

创建的 TreeSet 集合为：[3, 9, 12, 14, 16, 18, 24]

从结果可以看到，输出的集合是有序的，后面还会深入介绍这个原理。这里还要搞清楚一个问题，不是说 Set 集合是无序的吗？为什么 Set 集合的实现类 TreeSet 又说它有序呢？这是因为概念的问题，其实都没错。说 Set 集合无序是指它的存入顺序和取出顺序不相同，从这点来看 TreeSet 的确是无序的。说 TreeSet 有序是指它内部存储及输出是按大小顺序进行排序的，也没错。

由于 TreeSet 集合存储元素有特殊性，因此 TreeSet 在继承 Set 接口的基础上实现了一些特有的方法，如表 9.4 所示。

表 9.4 TreeSet 的特有方法

方法	功能描述
Object first()	返回集合的第一个元素
Object last()	返回 TreeSet 集合的最后一个元素
Object lower(Object o)	返回 TreeSet 集合中小于给定元素的最大元素，如果没有则返回 null
Object floor(Object o)	返回 TreeSet 集合中小于或等于给定元素的最大元素，如果没有则返回 null
Object higher(Object o)	返回 TreeSet 集合中大于给定元素的最大元素，如果没有则返回 null
Object ceiling(Object o)	返回 TreeSet 集合中大于或等于给定元素的最小元素，如果没有则返回 null
Object pollFirst()	删除并返回集合的第一个元素
Object pollLast()	删除并返回集合的最后一个元素

了解了 TreeSet 集合存储元素的原理和一些常用元素操作方法后，接下来通过一个案例来展示

TreeSet 集合中常用方法的使用，代码如下。

```java
public static void main(String[] args) {
    //创建 TreeSet 集合
    TreeSet set = new TreeSet();
    //1.向 TreeSet 集合中添加元素
    set.add(1);
    set.add(15);
    set.add(25);
    set.add(14);
    set.add(9);
    set.add(18);
    set.add(18);
    System.out.println("创建的 TreeSet 集合为: "+set);
    //2.获取首尾元素
    System.out.println("TreeSet 集合的首元素为: "+set.first());
    System.out.println("TreeSet 集合的尾元素为: "+set.last());
    //3.比较并获取元素
    System.out.println("集合中小于或等于18的最大的元素为: "+set.floor(18));
    System.out.println("集合中大于10的最小的元素为: "+set.higher(10));
    System.out.println("集合中大于100的最小的元素为: "+set.higher(100));

    //4.删除元素
    Object first = set.pollFirst();
    System.out.println("删除的第一个元素: "+first);
    System.out.println("删除第一个元素后 TreeSet 集合变为: "+set);
}
```

运行结果如下：

创建的 TreeSet 集合为: [1, 9, 14, 15, 18, 25]
TreeSet 集合的首元素为: 1
TreeSet 集合的尾元素为: 25
集合中小于或等于18的最大的元素为: 18
集合中大于10的最小的元素为: 14
集合中大于100的最小的元素为: null
删除的第一个元素: 1
删除第一个元素后 TreeSet 集合变为: [9, 14, 15, 18, 25]

从结果可以看出，向 TreeSet 集合中添加元素时，无论元素的添加顺序如何，添加的元素都会按照一定的顺序进行排列。这是因为每次向 TreeSet 集合中存入一个元素时，都会将该元素与其他元素进行比较，最后将它插入有序的对象序列中。集合中的元素在进行比较时，都会调用 compareTo() 方法。该方法是在 Comparable 接口中定义的，因此想要对集合中的元素进行排序，就必须让集合中的元素类型实现 Comparable 接口。Java 中大部分类（包括 Integer、Double 和 String 等）都实现了 Comparable 接口，并且默认实现了接口中 CompareTo() 方法。整数就按数字大小升序排列，字符串就按字典顺序排列。下面示范一个字符串类型的 TreeSet 集合，代码如下。

```java
public static void main(String[] args) {
    TreeSet set = new TreeSet();        //创建 TreeSet 集合
    set.add("Watermelon");              //向 TreeSet 集合中添加元素
    set.add("Apple");
    set.add("Banana");
    set.add("Strawberry");
```

```
        System.out.println("创建的TreeSet集合为: "+set);
    }
```

运行结果如下:

创建的TreeSet集合为: [Apple, Banana, Strawberry, Watermelon]

可见字符串是按字典顺序排列的。

在实际开发中,除了会向TreeSet集合中存储一些Java中默认的类型数据外,还会存储一些用户自定义的类型数据,如Person类型数据、Car类型数据等。由于这些自定义类型的数据没有实现Comparable接口,因此也无法直接在TreeSet集合中进行排序操作。为了解决这个问题,Java为TreeSet提供了两种排序规则,分别为自然排序和定制排序。

在默认情况下,TreeSet集合采用自然排序,接下来将对这两种排序规则进行讲解。

1. 自然排序

自然排序要求向TreeSet集合中存储的元素所在类必须实现Comparable接口,并重写compareTo()方法,然后TreeSet集合就会对该类型元素使用compareTo()方法进行比较,并默认进行升序排列。

接下来,就以自定义的Person类为例子演示TreeSet集合中自然排序的使用方法。

(1)创建Person类,代码如下。

```java
public class Person {
    String name;
    int age;
    public Person(String name, int age) {
        super();
        this.name = name;
        this.age = age;
    }
    @Override
    public String toString() {
        return "Person [name=" + name + ", age=" + age + "]";
    }
}
```

(2)创建测试类,关键代码如下。

```java
public static void main(String[] args) {
    TreeSet set = new TreeSet();
    set.add(new Person("Smith", 21));
    set.add(new Person("Johnson", 19));
    set.add(new Person("Mike", 22));
    set.add(new Person("Johnson ", 19));
    System.out.println(set);
}
```

运行结果:

```
Exception in thread "main" java.lang.ClassCastException: com.lifeng.set.Person cannot be cast to java.lang.Comparable
        at java.util.TreeMap.compare(Unknown Source)
        at java.util.TreeMap.put(Unknown Source)
        at java.util.TreeSet.add(Unknown Source)
        at com.lifeng.set.TreeSetDemo2.main(TreeSetDemo2.java:9)
```

出现异常了,这是因为Person类没有实现Comparable接口,TreeSet不知道怎么对Person对象进行排序。下面修改Person类,实现Comparable接口,重写comparcTo()方法,定义比较规则。关键代码如下。

```java
public class Person implements Comparable{
    //省略其他代码
```

```java
        @Override
        public int compareTo(Object o) {
            Person s = (Person) o;
            //定义比较方式，先比较年龄age，再比较名称name
            if(this.age-s.age>0){
                return 1;
            }
            if (this.age-s.age==0){
                return this.name.compareTo(s.name);
            }
            return -1;
        }
    }
```

再次运行，结果如下：

`[Person [name=Johnson, age=19], Person [name=Smith, age=21], Person [name=Mike, age=22]]`

由结果可知，TreeSet 集合按照年龄对不同的 Person 对象进行了比较。Person 类实现了 Comparable 接口，并且重写了 compareTo()方法。在 compareTo()方法中，首先对 age 值进行比较，根据比较结果返回-1 或 1；当 age 相同时，再对 name 进行比较。因此，从运行结果可以看出，Person 对象首先按照年龄升序排列，年龄相同时会按照姓名进行升序排列，并且 TreeSet 集合会将重复的元素去掉。

2. 定制排序

如果用户自定义的类没有实现 Comparable 接口，或者不想按照定义的 compareTo()方法进行排序，则可以通过自定义一个比较器来对元素进行定制排序。比较器就是一个实现 Comparator 接口的类，重写其 compare()方法，在该方法中制定比较规则，然后创建 TreeSet 集合时使用这个类的实例作为构造方法的参数即可。下面案例实现了 TreeSet 集合中字符串按照长度进行定制排序。

（1）创建比较器 LengthComparator，代码如下。

```java
public class LengthComparator implements Comparator {
    @Override
    public int compare(Object arg0, Object arg1) {
        String str1 = (String) arg0;
        String str2 = (String) arg1;
        int result = str1.length() - str2.length();
        return result;
    }
}
```

（2）创建测试类，代码如下。

```java
public static void main(String[] args) {
    TreeSet set = new TreeSet(new LengthComparator());//注意这里使用了比较器
    set.add("Mike");
    set.add("Johnson");
    set.add("tom");
    System.out.println(set);
}
```

运行结果：

`[tom, Mike, Johnson]`

在该例子中，使用了 TreeSet 集合中的 public TreeSet(Comparator<? super E> comparator)的有参构造方法，传入 Comparator 接口实现类 LengthComparator 创建了定制排序规则的 TreeSet 集合。当向集合中添加元素时，比较器的对象的 compare()方法就会被自动调用，TreeSet 集合就会按照 compare()方法中定制的排序规则进行排序，这里是按字符串长度进行排序。

在使用 TreeSet 集合存储数据时，TreeSet 集合会对存入的元素进行比较排序，所以为了保证程序正常运行，一定要保证存入 TreeSet 集合中的元素是同种类型。

9.5 Map 接口及其实现类

Map 接口提供了通过键快速获取、删除和更新键值对的功能。Map（映射表）将值和键一起保存，如学校里通常将学生的学号作为键，学生的姓名作为值，学号和姓名一起保存，通过学号这个键就可以查找到学生的姓名这个值。键的作用类似于索引，在 List 中，索引是整数；而在 Map 中，键可以是任意类型的对象，映射表中不能有重复的键，每个键都对应一个值。一个键和它的对应值构成一个条目并保存在映射表中，图 9.8 所示为一个映射表，其中每个条目由作为键的学号以及作为值的姓名组成，通过学号（键）就可找到对应的学生的姓名（值）。

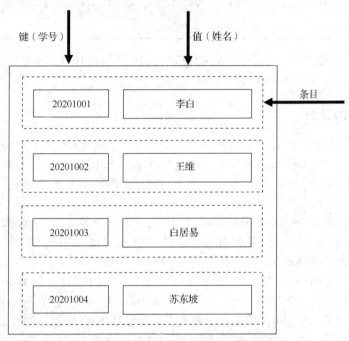

图 9.8　由键值对组成的条目存储在映射表中

Map 接口提供了查询、更新和获取集合的值和键的方法，其主要方法如表 9.5 所示。

表 9.5　Map 接口的主要方法

方法	功能描述
void clear()	从该映射表中删除所有条目
boolean containsKey(Object key)	如果该映射表中包含了指定键的条目，则返回 true
boolean containsValue(Object value)	如果该映射表中将一个或者多个键映射到指定值，则返回 true
Set<Map.Entry<Key,Value>> entrySet()	返回一个包含该映射表中的条目的集合
Object get(Object key)	返回该映射表中指定键对应的值
boolean isEmpty()	如果该映射表中没有包含任何条目，则返回 true
Set keySet()	返回一个包含该映射表中所有键的集合
void put(Object key,Object value)	将一个条目放入该映射表中
void putAll(Map<? extends Key,? extends Value> map)	将 map 中的所有条目添加到该映射表
Object remove(Object Key)	移除指定键对应的条目，并返回其键值映射的元素

续表

方法	功能描述
int size()	返回该映射表中的条目数
Collection values()	返回该映射表中所有值组成的集合
Object getOrDefault(Object key,Object defaultValue)	返回 Map 集合指定键所映射的值，如果不存在则返回默认值 defaultValue（JDK8 开始新增）
void forEach(BiConsumer action)	通过传入一个函数接口来对 Map 集合中的元素进行遍历（JDK8 开始新增）
Object putIfAbsent(Object key,Object value)	向集合中添加指定键值映射元素，如果集合中已经存在该键值映射元素，则不再添加，而是返回已存在的值对象 Value（JDK8 开始新增）
boolean remove(Object key,Object value)	删除集合中键值映射同时匹配的元素（JDK8 开始新增）
boolean replace(Object key,Object value)	将 Map 集合中指定键对象 Key 所映射的值修改为 Value（JDK8 开始新增）
Map<Key,Value> Map.of()	静态方法，创建不可变集合，不能进行添加、删除、替换、排序等操作（JDK9 开始新增）

Map 接口的实现类有很多，主要的实现类有两种：散列映射表 HashMap 和树形映射表 TreeMap。这些映射表的通用特性都定义在 Map 接口中。

9.5.1　HashMap 集合

HashMap 集合是 Map 接口的一个实现类，它存储的每一个元素都是键值对<Key,Value>。键和值均可以是任意类型，键和值都允许为空，但最多只允许一个条目的键为空。HashMap 集合的键不能重复，HashMap 集合的元素是无序的。HashMap 集合根据键的 hashCode 值存储数据，具有很快的访问速度，不支持线程同步。

对于键值对<Key,Value>，HashMap 内部会将其封装成一个对应的 Entry<Key,Value>对象，即 Entry<Key,Value> 对象是键值对<Key,Value>的组织形式，对应图 9.8 所示的一个条目。Entry<Key,Value>对象的 getKey()方法返回键，getValue()方法返回值。

对于每个 Entry<Key,Value>对象，JVM 都会为其生成一个 hashCode 值。HashMap 在存储键值对 Entry<Key,Value>的时候，会根据 Key 的 hashCode 值，以某种映射关系决定将这个键值对 Entry<Key,Value>存储在 HashMap 中的什么位置上；当通过 Key 取数据的时候，会根据 Key 的 hashCode 值和内部映射条件，直接定位到 Key 对应的 Value 的位置，可以非常高效地将 Value 取出。

【示例】HashMap 的基本用法。代码如下。

```java
public static void main(String[] args) {
    //创建 HashMap 对象
    Map map = new HashMap();
    //1.向 Map 中存储键值元素
    map.put("1","张无忌");
    map.put("2","李寻欢");
    map.put("3","韦小宝");
    map.put("4","韦小宝");//与上一条不冲突,因为键不同
    map.put("1","李白");//会将张无忌覆盖掉
    System.out.println(map);
    //2.查看键对象是否存在
    System.out.println(map.containsKey("1"));
    //3.获取指定键对象映射的值
    System.out.println(map.get("1"));
    //4.获取集合中键对象和值对象集合
```

```
        Set keys=map.keySet();//键的 Set 集合
        System.out.println(keys);
        Collection values=map.values();//值的 Collection 集合
        System.out.println(values);
        //5.替换指定键对象映射的值
        map.replace("4","张三丰");
        System.out.println(map);
        //6.删除指定键对象映射的键值对元素
        map.remove("1");
        System.out.println(map);//第一个键值对不见了
    }
```

运行结果：

```
{1=李白, 2=李寻欢, 3=韦小宝, 4=韦小宝}
true
李白
[1, 2, 3, 4]
[李白, 李寻欢, 韦小宝, 韦小宝]
{1=李白, 2=李寻欢, 3=韦小宝, 4=张三丰}
{2=李寻欢, 3=韦小宝, 4=张三丰}
```

本例首先通过 Map 的 put(Object key,Object value)方法向集合中加入 5 个对象，然后通过 HashMap 的相关方法对集合进行查询、修改、删除操作。从运行结果可以看出，Map 集合的键具有唯一性，当向集合中添加已存在的键值对象时，会覆盖之前已经存在的键值对象。

【示例】遍历 HashMap 集合。代码如下。

```
public static void main(String[] args) {
    Map map = new HashMap();              //创建 HashMap 对象
    map.put("1","张无忌");                 //向 Map 中存储键值元素
    map.put("2","李寻欢");
    map.put("3","韦小宝");
    map.put("4","李白");
    for(Object key:map.keySet()) {         //同时遍历键和值
        System.out.println(key+"-----"+map.get(key));
    }
    System.out.println("--------------");
    for(Object obj:map.values()) {          //仅遍历值
        System.out.println(obj);
    }
    System.out.println("--------------");
    Set<Entry> entries= map.entrySet();    //返回键值对 Entry 的集合
    for(Entry entry:entries) {              //同时遍历键和值
        System.out.println(entry.getKey()+"-----"+entry.getValue());
    }
}
```

运行结果：

```
1-----张无忌
2-----李寻欢
3-----韦小宝
4-----李白
--------------
```

```
张无忌
李寻欢
韦小宝
李白
--------------
1-----张无忌
2-----李寻欢
3-----韦小宝
4-----李白
```

HashMap 不仅可以存储自定义类型的对象，还可以同时存入各种不同类型的对象。注意，获取单个对象和遍历对象时返回的是 Object 类型，需要强制转换为原本的类型。

【示例】获取集合中的单个对象，并添加不同类型对象，代码如下。

```java
public static void main(String[] args) {
    Map hashMap = new HashMap();                    // 创建集合对象
    Student stu1 = new Student("张无忌", 18);        // 创建学生对象
    Student stu2 = new Student("李寻欢", 21);
    Student stu3 = new Student("李白", 22);
    Student stu4 = new Student("白居易", 22);
    Teacher tea1 = new Teacher("张三", "教授");     // 创建教师对象
    hashMap.put("101", stu1);                       // 添加对象
    hashMap.put("102", stu2);
    hashMap.put("103", stu3);
    hashMap.put("104", stu4);
    System.out.println("----------获取集合中的单个对象-----------");
    //get()方法返回的是 Object 类型,需要强制类型转换
    Student student = (Student) hashMap.get("103");       System.out.println(student);
    System.out.println("----------遍历1-----------");
    Set set = hashMap.keySet();                     // 获得键的集合
    for (Object key : set) {
        Student stud = (Student) hashMap.get(key);// 需要强制类型转换
        System.out.println("学号:" + key + "," + stud);
    }
    Collection students = hashMap.values();         //获得值的集合，即 Student 对象的集合
    System.out.println("----------遍历2-----------");
    for (Object obj : students) {
        Student stu = (Student) obj;                // 需要强制类型转换
        System.out.println(stu);
    }
    System.out.println("----------遍历3-----------");
    Set<Entry> stus = hashMap.entrySet();           //获得键值对 Entry 的集合
    for (Entry entry : stus) {                      // Entry 是指单个键值对
        System.out.println("学号:" + entry.getKey() + "," + (Student)entry.getValue());
    }
    System.out.println("-----添加不同类型的对象进来-----");
    //此外还可添加 Teacher 类型对象到集合中
    hashMap.put(100, tea1);                         //键和值可以是不同类型
    Teacher teacher=(Teacher) hashMap.get(100);     //需要强制类型转换
    System.out.println(teacher);
}
```

运行结果：
```
----------获取集合中的单个对象----------
姓名:李白,年龄:22
----------遍历 1----------
学号:101,姓名:张无忌,年龄:18
学号:102,姓名:李寻欢,年龄:21
学号:103,姓名:李白,年龄:22
学号:104,姓名:白居易,年龄:22
----------遍历 2----------
姓名:张无忌,年龄:18
姓名:李寻欢,年龄:21
姓名:李白,年龄:22
姓名:白居易,年龄:22
----------遍历 3----------
学号:101,姓名:张无忌,年龄:18
学号:102,姓名:李寻欢,年龄:21
学号:103,姓名:李白,年龄:22
学号:104,姓名:白居易,年龄:22
-----添加不同类型的对象进来-----
教师姓名:张三,职称:教授
```

9.5.2 TreeMap 集合

与 TreeSet 一样，TreeMap 集合内部也通过二叉树来保证键的唯一性以及对键进行排序。这样，TreeMap 中所有的键都是按照某种顺序排列的，示例代码如下。

```java
public static void main(String[] args) {
    Map map = new TreeMap();
    map.put("2", "Smith");
    map.put("1", "Johnson");
    map.put("3", "Mike");
    System.out.println(map);
}
```

运行结果：
```
{1=Johnson, 2=Smith, 3=Mike}
```

从结果可以看出，输出的元素按照键对象的自然顺序进行了排序。这是由于添加的元素的键对象是 String 型，String 型实现了 Comparable 接口，因此会默认按照自然顺序对元素进行排序。Integer、Double 型也默认实现了 Comparable 接口，同样会按照自然顺序对元素进行排序。如果想定制排序，参照 TreeSet 那样进行。

9.6 泛型

Java 泛型（Generics）是 JDK 5 中引入的一个新特性。泛型提供了编译时类型安全检测机制，该机制允许程序员在编译时检测到非法的类型。泛型的本质是参数化类型，也就是说所操作的数据类型被指定为一个参数。泛型可以参数化类型，这个能力使程序员可以定义带泛型类型的类或方法，随后编译器会用具体的类型来替换它。

9.6.1 泛型方法

写好一个泛型方法后，该方法在调用时可以接收不同类型的参数。根据传递给泛型方法的参数类型，编译器会适当地处理每一个方法调用。

泛型方法的定义具有一定的规则，如下所示。

- 所有泛型方法声明都有一个类型参数声明部分（由尖括号分隔），该类型参数声明部分在方法返回类型之前（在下面例子中的<T>）。
- 每一个类型参数声明部分包含一个或多个类型参数，参数间用逗号隔开。泛型参数也被称为类型变量，是用于指定泛型类型名称的标识符。
- 类型参数能用来声明返回值类型，并且能作为泛型方法得到的实参类型的占位符。
- 泛型方法体的声明和其他方法一样。注意，类型参数只能代表引用类型，不能是原始类型（如 int、double、char 型等）。

【示例】使用一个泛型方法遍历不同类型的数组元素。代码如下。

```java
public class GenericMethodTest {
    // 泛型方法 printArray()
    public static <T> void printArray(T[] inputArray) {
        // 输出数组元素
        for (T element : inputArray) {
            System.out.printf("%s ", element);
        }
        System.out.println();
    }

    public static void main(String args[]) {
        // 创建不同类型数组：Integer、Double 和 Character
        Integer[] intArray = { 1, 2, 3, 4, 5 };
        Double[] doubleArray = { 1.1, 2.2, 3.3, 4.4 };
        Character[] charArray = { '砺', '锋', '科', '技' };
        System.out.println("整型数组元素为:");
        printArray(intArray);       // 传递一个整型数组
        System.out.println("\n双精度型数组元素为:");
        printArray(doubleArray);    // 传递一个双精度型数组
        System.out.println("\n字符型数组元素为:");
        printArray(charArray);      // 传递一个字符型数组
    }
}
```

运行结果：

整型数组元素为:
1 2 3 4 5

双精度型数组元素为:
1.1 2.2 3.3 4.4

字符型数组元素为:
砺 锋 科 技

这个示例只用一个泛型方法就能遍历 3 种不同类型的数组，若不使用泛型，必须定义 3 个重载方法 printArray(integer[] arr)、printArray(Double[] arr)和 printArray(Character[] arr)来分别遍历 3 种不同类型的数组。

【示例】方法中包含两个泛型的情形。代码如下。

```java
public class ListDemo {
    // 泛型方法 printList()
    public static <T> void printList(List<T> list) {
        // 输出集合元素
        for (T element : list) {
            System.out.printf("%s  ", element);
        }
        System.out.println();
    }

    // 泛型方法 printMap(),包含两个泛型
    public static <K,V> void printMap(Map<K,V> map) {
        // 输出 HashMap 元素
        for (K no : map.keySet()) {
            System.out.printf("%s-%s   ", no,map.get(no));
        }
        System.out.println();
    }

    public static void main(String[] args) {
        List<String> list1=new ArrayList<String>();
        list1.add("华南农业大学");
        list1.add("广东南华工商职业学院");
        list1.add("砺锋科技");
        List<Double> list2=new ArrayList<Double>();
        list2.add(100.11);
        list2.add(200.22);
        list2.add(300.33);
        printList(list1);      //输出 String 型的 List 集合
        printList(list2);      //输出 double 型的 List 集合
        System.out.println("------------");
        HashMap<Integer, String> map1=new HashMap<Integer, String>();
        map1.put(1, "华南农业大学");
        map1.put(2, "广东南华工商职业学院");
        map1.put(3, "砺锋科技");
        HashMap<String, Integer> map2=new HashMap<String, Integer>();
        map2.put("华南农业大学",1);
        map2.put("广东南华工商职业学院",2);
        map2.put("砺锋科技",3);
        printMap(map1);        //输出<Integer, String>类型的 HashMap 集合
        printMap(map2);        //输出<String, Integer>类型的 HashMap 集合
    }
}
```

运行结果：

华南农业大学　广东南华工商职业学院　砺锋科技
100.11 200.22 300.33

```
1-华南农业大学    2-广东南华工商职业学院    3-砺锋科技
华南农业大学-1    砺锋科技-3    广东南华工商职业学院-2
```

9.6.2 泛型类

泛型类可以使一个类能通用地处理多种实际类型的数据而无须强制类型转换。

泛型类的声明需要在类名后面添加类型参数声明部分。与泛型方法一样，泛型类的类型参数声明部分也包含一个或多个类型参数，参数间用逗号隔开。泛型参数也被称为类型变量，是用于指定泛型类型名称的标识符。因为它们接收一个或多个参数，所以这些类被称为参数化的类或参数化的类型。

泛型类基本语法如下：

```
public class 类名<T> {

}
```

T 是一个类型变量，可以是 Java 中的任何引用类型，例如 String、Integer、Double 型等。当使用泛型类时，必须指定实际类型参数。泛型类的实际类型参数必须是引用类型，原始类型不允许作为泛型类的实际类型参数。

【示例】定义一个泛型类。代码如下。

```
public class Wrapper<T> {

}
```

实例化一个泛型类：

```
Wrapper<String> wrapper=new Wrapper<String>();
```

也可以使用如下代码实例化：

```
Wrapper<Integer> wrapper=new Wrapper<Integer >();
```

总之，T 可以是任意引用类型。

【示例】泛型类有多个类型参数的情形，声明一个 Mapper 类，它接收两个形参 T 和 R。代码如下。

```
public class Mapper<T, R> {

}
```

使用时，可以声明 Mapper <T,R>类的变量如下：

```
Mapper<String, Integer> mapper;
```

这里，实际的类型参数是 String 和 Integer 型。也可以使用如下代码：

```
Mapper<Double, Boolean> mapper;
```

总之 T、R 可以是任意引用类型，包括自定义的类型。

形式类型参数在类体中可用作类型。代码如下。

```
public class Wrapper<T> {
  private T obj;

  public Wrapper(T obj) {
    this.obj = obj;
  }

  public T get() {
    return obj;
  }

  public void set(T obj) {
    this.obj = obj;
```

        }
    }

Wrapper<T>类使用形式类型参数来声明实例变量 obj，以声明其构造方法和 set()方法的形参，以及作为 get()方法的返回类型。

可以通过为构造方法指定实际的类型参数来创建泛型类型的对象，如下所示：

```
Wrapper<String> w1 = new Wrapper<String>("Hello");
```

可以省略实际的类型参数。在下面的代码中，编译器会将构造方法的实际的类型参数推断为 String 型：

```
Wrapper<String> w1 = new Wrapper<>("Hello");
```

一旦声明了泛型类的一个变量，就可以把形式类型参数看作指定的实际的类型参数。

现在，可以认为对于 w1，Wrapper 类的 get()方法返回 String 型：

```
String s1=w1.get();
```

以下代码展示了如何使用 Wrapper 类：

```java
public class TestWrapper {
    public static void main(String[] args) {
        Wrapper<String> w1 = new Wrapper<>("Hello world!!!");
        String s1 = w1.get();
        System.out.println("s1=" + s1);
        w1.set("砺锋科技");
        String s2 = w1.get();//这里无须强制类型转换
        System.out.println("s2=" + s2);

        Wrapper<Integer> w2 = new Wrapper<Integer>(100);
        Integer num1 = w2.get();
        System.out.println("num1=" + num1);
        w2.set(200);
        Integer num2 = w2.get();
        System.out.println("num2=" + num2);
    }
}
class Wrapper<T> {
    private T obj;
    public Wrapper(T obj) {
        this.obj = obj;
    }
    public T get() {
        return obj;
    }
    public void set(T obj) {
        this.obj = obj;
    }
}
```

运行结果：

```
s1=Hello world!!!
s2=砺锋科技
num1=100
num2=200
```

9.7 泛型集合

在前面介绍 ArrayList 集合时，我们知道它可以接收不同类型的元素。例如，下面代码中的 ArrayList 集合同时接收了 Student 类型对象和 Teacher 类型对象，代码如下。

```java
public static void main(String[] args) {
    // 1. 创建 4 个学生对象
    Student stu1 = new Student("张无忌",18);
    Student stu2 = new Student("李寻欢",21);
    Student stu3 = new Student("李白",22);
    Student stu4 = new Student("白居易",22);
    List students=new ArrayList();
    // 2. 添加元素到 ArrayList 集合中
    students.add(stu1);                      //添加 4 个学生
    students.add(stu2);
    students.add(stu3);
    students.add(stu4);
    Teacher tea=new Teacher("张三","教授");//添加一个老师
    students.add(tea);
    System.out.println("集合的长度是: "+students.size());
}
```

运行结果：

```
集合的长度是: 5
```

结果表明 4 个学生和一个老师都添加到集合里面了。接下来添加下面的代码对集合进行遍历：

```java
// 3. 遍历
for(Object obj:students) {
    Student student=(Student)obj;
    System.out.println("学生姓名:"+student.getName()+",学生年龄:"+student.getAge());
}
```

遍历时需要将 Object 类型强制转换（还原）为 Student 类型，运行结果：

```
集合的长度是: 5
学生姓名:张无忌,学生年龄:18
学生姓名:李寻欢,学生年龄:21
学生姓名:李白,学生年龄:22
学生姓名:白居易,学生年龄:22
Exception in thread "main" java.lang.ClassCastException: com.lifeng.arraylist.Teacher
    cannot be cast to com.lifeng.arraylist.Student at com.lifeng.arraylist.ArrayListDemo2.
    main(ArrayListDemo2.java:31)
```

结果发现集合中的 4 个学生能遍历出来，但遍历"老师"的时候却出错了，抛出类型转换异常，即 Teacher 类型无法强制转换为 Student 类型。为了避免这种情况发生，通常要求集合对存储的类型进行限制，让集合只允许存储一种特定类型的元素。这就需要用到泛型集合了，各种类型的集合都可以使用泛型，下面一一介绍。

9.7.1 ArrayList 泛型集合

ArrayList 泛型集合的语法：

```java
ArrayList <T> list = new ArrayList<T>();
```

或者:
```
List <T> list = new ArrayList<T>();
```
其中 list 是自定义的集合的名字，T 是集合声明期间传递的泛型类型参数，实际声明时 T 要替换成实际的类型，如 String、Integer、Double 或自定义的 Student、Teacher 等类型。这样这个 list 集合就只能存储这个实际指定类型的元素，其他类型的元素将无法存入。

在使用 get()方法查找集合中的单个元素和遍历所有元素时也不需要强制类型转换了，直接用实际声明时的泛型类型即可。代码如下。

```java
public static void main(String[] args) {
    ArrayList<String> list1=new ArrayList<String>();//定义了一个String类型的泛型集合
    list1.add("孙悟空");
    list1.add("奥特曼");
    //list1.add(007);                    //这个存储不进去,会出现编译时异常
    list1.add("007");                    //必须用String型才可以
    //查找单个元素
    String  hero=list1.get(0);           //注意,泛型集合获取元素时无须强制类型转换
    System.out.println(hero);
    // 1.遍历
    for(String obj:list1) {
        System.out.println(obj);//遍历泛型集合时无须强制类型转换
    }
    System.out.println("--------------");
    // 2.创建 4 个学生对象
    Student stu1 = new Student("张无忌",18);
    Student stu2 = new Student("李寻欢",21);
    Student stu3 = new Student("李白",22);
    Student stu4 = new Student("白居易",22);
    List<Student> students=new ArrayList<Student>(); //创建 Student 类型泛型集合
    // 3.添加学生对象到 ArrayList 集合中
    students.add(stu1);
    students.add(stu2);
    students.add(stu3);
    students.add(stu4);
    Teacher tea=new Teacher("张三","教授");
    //students.add(tea);                 //这里 Teacher 类型元素无法存入泛型集合中了
    System.out.println("集合的长度是: "+students.size());
    //4.查找单个元素
    Student stu=students.get(2);         //无须强制类型转换
    System.out.println("学生姓名:"+stu.getName()+",学生年龄:"+stu.getAge());
    System.out.println("-------------");
    // 5.遍历
    for(Student student:students) {//同样,遍历时无须强制类型转换
        //不会再出现类型转换异常了，因为泛型集合中只有 Student 类型元素
        System.out.println("学生姓名:"+student.getName()+",学生年龄:"+student.getAge());
    }
}
```

运行结果:
孙悟空

```
孙悟空
奥特曼
007
--------------
集合的长度是：4
学生姓名:李白,学生年龄:22
--------------
学生姓名:张无忌,学生年龄:18
学生姓名:李寻欢,学生年龄:21
学生姓名:李白,学生年龄:22
学生姓名:白居易,学生年龄:22
```

9.7.2 HashSet 泛型集合

HashSet 泛型集合的语法：
```
HashSet <T> set = new HashSet <T>();
```
或者：
```
Set <T> set = new HashSet <T>();
```

其中 set 是自定义的集合的名字，T 是集合声明期间传递的泛型类型参数，实际声明时 T 要替换成实际的类型，如 String、Integer、Double 或自定义的 Student、Teacher 等类型。这样这个 set 集合就只能存储这个实际指定类型的元素，其他类型的元素将无法存入。在遍历所有元素时不需要强制类型转换，直接用实际声明时的泛型类型即可。代码如下。

```java
public static void main(String[] args) {
    Set<Student> set = new HashSet<Student>();   // 创建一个 Set 的集合对象
    Student stu1 = new Student("张无忌", 18);
    Student stu2 = new Student("李寻欢", 21);
    Student stu3 = new Student("李白", 22);
    Student stu4 = new Student("白居易", 22);
    Teacher tea1 = new Teacher("张三", "教授");
    set.add(stu1);
    set.add(stu2);
    set.add(stu3);
    set.add(stu4);
    // set.add(tea1);                            //Teacher 类型元素无法存入这个集合
    System.out.println(set.size());
    System.out.println("----------遍历-------");
    for (Student a : set) {                      //无须强制类型转换
        System.out.println(a);
    }
}
```

9.7.3 HashMap 泛型集合

HashMap 泛型集合的语法：
```
HashMap <K,V> map = new HashSet <K,V>();
```
或者：
```
Map <K,V> map = new HashSet <K,V>();
```

其中 map 是自定义的集合的名字，K、V 是集合声明期间传递的泛型类型参数，分别表示键的类型和值的类型。实际声明时，K、V 要替换成实际的类型，如 String、Integer、Double 或自定义的 Student、Teacher 等类型，这样这个 map 集合就只能存储键值对为实际指定类型的元素，其他类型的元素将无法存入。在查找单个元素及遍历所有元素时不需要强制类型转换，直接用实际声明时的泛型类型即可。代码如下。

```java
public static void main(String[] args) {
    Map<String, Student> students = new HashMap<String, Student>();// 创建集合对象
    // 创建学生对象
    Student stu1 = new Student("张无忌", 18);
    Student stu2 = new Student("李寻欢", 21);
    Student stu3 = new Student("李白", 22);
    Student stu4 = new Student("白居易", 22);
    //创建教师对象
    Teacher tea1 = new Teacher("张三", "教授");
    // 添加元素
    students.put("101", stu1);
    students.put("102", stu2);
    students.put("103", stu3);
    students.put("104", stu4);
    //students.put("105", tea1);//无法存入
    //查找学号为 102 的学生
    Student student=students.get("102");    //无须强制类型转换
    System.out.println("姓名:"+student.getName()+",年龄:"+student.getAge()+"岁");
    Set<String> set = students.keySet();    // 遍历
    System.out.println("----------遍历1-----------");
    for (String key : set) {
        Student value = students.get(key); //无须强制类型转换
        System.out.println("学号: "+key+ ",姓名: :" + value.getName() + ",年龄: " + value.
            getAge());
    }
    Collection<Student> studs=students.values();
    System.out.println("----------遍历2-----------");
    for(Student stu:studs) {
        System.out.println("姓名: :" + stu.getName() + ",年龄: " + stu.getAge());
    }
    System.out.println("----------遍历3-----------");
    Set<Entry<String,Student>> stus= students.entrySet();//返回键值对的集合
    for(Entry entry:stus) {                  //Entry是指单个键值对
        System.out.println("学号: "+entry.getKey()+", "+entry.getValue());
    }
}
```

运行结果：
姓名:李寻欢,年龄:21 岁
----------遍历1-----------
学号: 101,姓名: :张无忌,年龄: 18
学号: 102,姓名: :李寻欢,年龄: 21
学号: 103,姓名: :李白,年龄: 22
学号: 104,姓名: :白居易,年龄: 22
----------遍历2-----------
姓名: :张无忌,年龄: 18
姓名: :李寻欢,年龄: 21

```
姓名：:李白,年龄: 22
姓名：:白居易,年龄: 22
----------遍历 3----------
学号：101，姓名:张无忌,年龄:18
学号：102，姓名:李寻欢,年龄:21
学号：103，姓名:李白,年龄:22
学号：104，姓名:白居易,年龄:22
```

9.8 枚举类

9.8.1 枚举类简介

现实世界中，有的类的对象是有限而且固定的，如季节类，它只有春、夏、秋、冬 4 个对象。这种实例有限且固定的类，在 Java 中被称为枚举类。在 Java 中使用 enum 关键字来定义枚举类，其地位与 class、interface 相同。枚举类是一种特殊的类，但它也有自己的成员变量、成员方法、构造方法（只能使用 private 访问修饰符，所以无法从外部调用构造方法，构造方法只在构造枚举值时被调用）。

一个 Java 源文件中最多只能有一个 public 型枚举类，且该 Java 源文件的名字也必须和该枚举类的类名相同，这点和普通类是相同的。使用 enum 定义的枚举类默认继承了 java.lang.Enum 类，并实现了 java.lang.Seriablizable 和 java.lang.Comparable 两个接口。

所有的枚举值都是 public static final 的，且非抽象的枚举类不能再派生子类。枚举类的所有实例（枚举值）必须在枚举类的第一行显式地列出，否则这个枚举类将永远不能产生实例。列出这些实例（枚举值）时，系统会自动添加 public static final 修饰，无须程序员显式添加。

9.8.2 枚举类的应用

枚举类中的常用方法如表 9.6 所示。

表 9.6　枚举类中的常用方法

方法	功能描述
int compareTo(E o)	用于制订枚举对象的比较顺序，同一个枚举实例只能与相同类型的枚举实例比较。如果该枚举对象位于指定枚举对象之后，则返回正整数；否则返回负整数
String name()	返回此枚举实例的名称，即枚举值
static values()	返回一个包含全部枚举值的数组，可以用来遍历所有枚举值
String toString()	返回枚举值的名称，与 name() 方法类似，但此方法更常用
int ordinal()	返回枚举值在枚举类中的索引值（从 0 开始），即枚举值在枚举声明中的顺序，这个顺序根据枚举值声明的顺序而定
static valueOf()	返回带指定名称的指定枚举类的枚举常量，名称必须与在此类中声明枚举常量所用的标识符完全匹配（不允许使用额外的空白字符）
boolean equals()	比较两个枚举对象的引用

可以使用以下语法定义枚举类：

```
<access-modifier> enum <enum-type-name> {
    // List of comma separated names of enum constants 枚举体
}
```

<access-modifiers>：访问修饰符，可以是 public、private、protected 或 package-level。
<enum-type-name>：枚举名称，自定义，用有效的 Java 标识符。

枚举类的主体放在大括号中。主体可以有由逗号分隔的常量和包含其他元素的列表，例如实例变量、方法等。大多数时候，枚举体只包括常量。下面介绍枚举的常见用法。

1. 枚举常量

下面例子声明了一个名为 Gender 的枚举类，它声明了两个常量：MALE 和 FEMALE。枚举常量的名称为大写是一种惯例。

首先创建枚举类 Gender：

```java
public enum Gender {
    MALE, FEMALE
}
```

然后创建测试类：

```java
public class Demo1 {
    public static void main(String[] args) {
        Gender gender=Gender.FEMALE;
        System.out.println("性别："+gender);
    }
}
```

运行结果：

```
性别：FEMALE
```

2. 枚举的遍历、索引、比较与转换

下面的例子讲解了季节枚举的遍历、索引、比较与转换。代码如下。

```java
enum Season{
    SPRING,SUMMER,AUTUMN,WINTER
}
public class Demo3 {
    public static void main(String[] args) {
        for(int i=0;i<Season.values().length;i++) {            //遍历
            System.out.println("第"+(i+1)+"个季节："+Season.values()[i]);
        }
        Season season1=Season.AUTUMN;
        System.out.println("season1 的索引是"+season1.ordinal()); //索引
        Season season2=Season.SPRING;
        System.out.println("season2 的索引是"+season2.ordinal());
        //比较
        System.out.println("season1 和 season2 比较结果："+season1.compareTo(season2));
        Season season3=Season.valueOf("WINTER");               //将字符串转换为枚举
        System.out.println(season3);
    }
}
```

运行结果：

```
第1个季节:SPRING
第2个季节:SUMMER
第3个季节:AUTUMN
第4个季节:WINTER
season1 的索引是 2
season2 的索引是 0
season1 和 season2 比较结果：2
WINTER
```

3. 在 switch 语句中使用枚举类

当在 switch 语句中使用枚举类时，所有 case 标签必须是同一枚举类的不同枚举常量。代码如下。

```java
enum Signal {
    GREEN, YELLOW, RED
}
public class TrafficLight {
    public static void main(String[] args) {
        Signal color = Signal.RED;
        switch (color) {
        case RED:
            color = Signal.GREEN;
            break;
        case YELLOW:
            color = Signal.RED;
            break;
        case GREEN:
            color = Signal.YELLOW;
            break;
        }
        System.out.println("当前红绿灯: "+color);
    }
}
```

运行结果：

当前红绿灯: GREEN

4. 枚举中包含成员变量、成员方法、构造方法

枚举可以像类一样有成员变量、成员方法和构造方法，但枚举的构造方法只能用 private 修饰，且只在内部枚举值中调用。这种较复杂的枚举方便构造一种类似键值对的映射关系或在枚举中携带（封装）更多的信息。代码如下。

```java
public enum Color {
    RED("红色", 1), GREEN("绿色", 2), BLANK("白色", 3), YELLO("黄色", 4),PINK();
    // 成员变量
    private String name;
    private int index;
    // 构造方法
    private Color(String name, int index) {
        this.name = name;
        this.index = index;
    }
    private Color() {
    }
    public String getName() {
        return name;
    }
    public void setName(String name) {
        this.name = name;
    }
    public int getIndex() {
        return index;
    }
    public void setIndex(int index) {
        this.index = index;
```

```java
    }
}
```
枚举值带()表示调用了构造方法。创建测试类：
```java
public static void main(String[] args) {
    Color color=Color.RED;
    System.out.println(color);
    System.out.println("这是第"+color.getIndex()+"种颜色");
    System.out.println("颜色名称为:"+color.getName());
    System.out.println("但我更喜欢:"+color.PINK);
}
```
运行结果：
```
RED
这是第1种颜色
颜色名称为:红色
但我更喜欢:PINK
```

9.9 上机实验

任务：实现斗地主发牌

要求：使用 ArrayList 集合来实现斗地主发牌。

分析：首先要有个集合能存储一副牌中的全部 54 张牌，牌有 13 个数字和 4 种花色，各用一个数组来表示，并通过二重循环组合在一起，再另外加上大小王即可；发牌前要洗牌，用 Collections 集合的 shuffle() 方法正好可以实现这个功能。

每个人将拥有一定数量的牌，为每人定义一个集合即可。发牌是轮流的，可用 for 循环结合求余实现，余下的牌作为底牌。

思考题

1. JDK 中提供的一系列可以存储任意对象的类统称为_____。
2. 在创建 TreeSet 对象时，可以传入自定义的比较器，自定义比较器需要实现_____接口。
3. 简述什么是集合，并列举集合中常用的类和接口。
4. 简述集合中 List、Set、Map 的区别。
5. 简述 Collection 和 Collections 的区别。
6. Java 语言中，集合类都位于（   ）包中。
   A. java.Util   B. java.Lang   C. java.Array   D. java.Collections
7. 使用 Iterator 时，判断是否存在下一个元素时可以使用以下（   ）方法。
   A. next()   B. hash()   C. hasPrevious()   D. hasNext()
8. 要想集合中保存的元素没有重复并且按照一定的顺序排列，可以使用以下（   ）集合。
   A. LinkedList   B. ArrayList   C. HashSet   D. TreeSet
9. 创建两个链接散列集合{"小王","小明","大黄"}和{"张三","李四","小明","小王"}，然后求它们的并集、差集和交集（可以先备份一份这些集合，以防随后进行的操作改变了原来的集合）。
10. 编写一个程序，读取个数不定的整数，然后查找其中出现频率最高的数字。当输入为 0 时，表示结束输入。例如，如果输入的数据是 29、7、8、3、6、6、-6、4、5、6、1、0，那么数字 6 的出现频率最高。如果出现频率最高的数字不止一个，则应该将它们全部报告。例如，9、30、3、9、3、2、4 中 3 和 9 都出现了两次，所以 3 和 9 都应该被报告。

程序设计题

1. 创建 ArrayList 集合，对其添加 10 个不同的元素，并使用 Iterator 遍历该集合。

提示：

① 使用 add()方法将元素添加到 ArrayList 集合中；

② 调用集合的 iterator()方法获得 Iterator 对象，并调用 Iterator 的 hasNext() 和 next()方法，迭代出集合中的所有元素。

2. 在 HashSet 集合中添加 3 个 Person 对象，把姓名相同的人当作同一个人，禁止重复添加。

提示：在 Person 类中定义 name 和 age 属性，重写 hashCode()方法和 equals()方法，对 Person 类的 name 属性进行比较，如果 name 相同，hashCode()方法的返回值相同，equals()方法返回 true。

3. 选择合适的 Map 集合保存 5 位学生的学号和姓名，然后按学号的自然顺序的倒序将这些键值对一一输出。

提示：

① 创建 TreeMap 集合；

② 使用 put()方法将学号 "1" "2" "3" "4" "5" 和姓名 "Lucy" "John" "Smith" "Aimee" "Amanda" 存储到 Map 中，存的时候可以打乱顺序以观察排序后的效果；

③ 使用 map.keySet()获取键的 Set 集合；

④ 使用 Set 集合的 iterator()方法获得 Iterator 对象，用于迭代键；

⑤ 使用 Map 集合的 get()方法获取键所对应的值。

4. 键盘输入一个字符串，去重后输出。

5. 生成 1~20 之间不重复的 10 个随机整数。

6. 在一个列表中存储以下元素：apple、grape、banana、pear。要求如下：

① 返回集合中最大的和最小的元素（比较长短）。

② 对集合进行排序，并将排序后的结果输出在控制台上。

7. 从控制台输入若干个单词（输入回车结束）放入集合中，将这些单词排序后（忽略大小写）输出。

8. 500 个人围成一个圈，从 1 开始报数，数到 3 的倍数的人离开圈子，循环往复，直到最后圈子只剩下一人为止，求剩下的人原来在圈子的位置。

9. 分析下列代码是否能编译通过，若能，请列出运行结果；若不能，请说明原因。

```java
import java.util.* ;
public class Test01 {
    public static void main(String[] args) {
        TreeSet ts=new TreeSet();
        ts.add("b") ;
        ts.add("a");
        ts.add ("c") ;
        ts.add ("c");
        Iterator it=ts.iterator();
        while (it. hasNext()) {
            System.out.println(it.next());
```

            }
        }
    }

10. 某班 30 个学生的学号为 20200301～20200330，全部选修了 Java 程序设计课程，给出所有学生的成绩（可用随机数产生，范围为 60～100），请编写程序将本班学生的成绩按照从低到高排序，并输出排序后的内容。

要求：分别用 List、Map、Set 来实现，输出的内容包括学号、姓名和成绩。

第 10 章　File 与 I/O 流

本章主要介绍 File 对象的用法、字节输入流与字节输出流、字符输入流与字符输出流、转换流、输出流、对象流。

通过 File 对象与 I/O 技术可实现使用 Java 程序读写计算机硬盘中的文件，实现 Java 程序与设备之间的数据传输。I/O 流就是输入/输出流的意思，Java 将程序与设备之间的数据传输抽象表述为流。根据操作数据的不同，流可分为字节流和字符流；根据传输方向，流又可分为输入流和输出流。这样，I/O 流就可进一步细分为字节输入流、字节输出流、字符输入流、字符输出流，当然还能进一步细分。Java 中的 I/O 流位于 java.io 包中，java.io 包中的类层次图如图 10.1 所示。

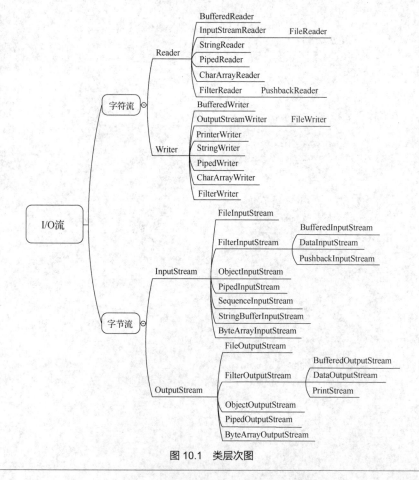

图 10.1　类层次图

10.1 File 类

存储在程序中的数据是临时的,当程序运行结束后,这一部分数据的内存将被回收,数据会丢失。Java 提供的 File 类可以永久保存程序中的数据,将它们存储到计算机的磁盘中。File 类以抽象的方式代表文件名和文件夹路径名,主要用于文件和文件夹的创建、文件的查找和删除等。File 对象代表磁盘中实际存在的文件或文件夹。

10.1.1 File 对象的创建

File 对象的创建可使用以下构造方法。
(1) 通过将给定路径名字符串转换成抽象路径名来创建一个新 File 对象:
`File(String pathname)`
(2) 根据 parent 路径名字符串和 child 路径名字符串创建一个新 File 对象:
`File(String parent, String child)`
(3) 通过给定的父抽象路径名和子路径名字符串来创建一个新的 File 对象:
`File(File parent, String child);`
(4) 通过将给定的 URI 对象转换成一个抽象路径名来创建一个新的 File 对象:
`File(URI uri)`

10.1.2 File 对象的常用方法

Java API 为 File 对象提供了很多常用工具方法,以方便获取文件属性、修改、删除、创建等,如表 10.1 所示。

表 10.1 File 对象的常用方法

方法	功能描述
public String getName()	返回由此抽象路径名表示的文件或文件夹的名称
public String getParent()	返回此抽象路径名的父路径名的路径名字符串,如果此路径名没有指定父文件夹,则返回 null
public File getParentFile()	返回此抽象路径名的父路径名的抽象路径名,如果此路径名没有指定父文件夹,则返回 null
public String getPath()	将此抽象路径名转换为一个路径名字符串
public boolean isAbsolute()	测试此抽象路径名是否为绝对路径名
public String getAbsolutePath()	返回抽象路径名的绝对路径名字符串
public boolean canRead()	测试应用程序是否可以读取此抽象路径名表示的文件
public boolean canWrite()	测试应用程序是否可以修改此抽象路径名表示的文件
public boolean exists()	测试此抽象路径名表示的文件或文件夹是否存在
public boolean isDirectory()	测试此抽象路径名表示的文件是否为一个文件夹
public boolean isFile()	测试此抽象路径名表示的文件是否为一个标准文件
public long lastModified()	返回此抽象路径名表示的文件最后一次被修改的时间
public long length()	返回由此抽象路径名表示的文件的长度
public boolean createNewFile() throws IOException	当且仅当不存在具有此抽象路径名指定的名称的文件时,创建由此抽象路径名指定的一个新的空文件
public boolean delete()	删除此抽象路径名表示的文件或文件夹
public void deleteOnExit()	在 JVM 终止时,请求删除此抽象路径名表示的文件或文件夹

续表

方法	功能描述
public String[] list()	返回由此抽象路径名所表示的文件夹中的文件和文件夹的名称所组成的字符串数组
public String[] list(FilenameFilter filter)	返回由包含在文件夹中的文件和文件夹的名称所组成的字符串数组,这一文件夹是通过满足指定过滤器的抽象路径名来表示的
public File[] listFiles()	返回一个抽象路径名数组,这些路径名表示由此抽象路径名所表示文件夹中的文件
public File[] listFiles(FileFilter filter)	返回表示由此抽象路径名所表示文件夹中的文件和文件夹的抽象路径名数组,这些路径名满足特定过滤器
public boolean mkdir()	创建此抽象路径名指定的文件夹
public boolean mkdirs()	创建此抽象路径名指定的文件夹,包括创建必需但不存在的父文件夹
public boolean renameTo(File dest)	重新命名此抽象路径名表示的文件
public boolean setLastModified(long time)	设置由此抽象路径名所指定的文件或文件夹的最后一次修改时间
public boolean setReadOnly()	标记此抽象路径名指定的文件或文件夹,以便只可对其进行读操作
public static File createTempFile(String prefix, String suffix, File directory) throws IOException	在指定文件夹中创建一个新的空文件,使用给定的前缀和后缀字符串生成其名称
public static File createTempFile(String prefix, String suffix) throws IOException	在默认临时文件夹中创建一个空文件,使用给定前缀和后缀字符串生成其名称
public int compareTo(File pathname)	按字母顺序比较两个抽象路径名
public int compareTo(Object o)	按字母顺序比较抽象路径名与给定对象
public boolean equals(Object obj)	测试此抽象路径名与给定对象是否相等
public String toString()	返回此抽象路径名的路径名字符串

【示例】使用 Java 程序分别在 D 盘下创建 test1.txt 文件,在 D:\aa 路径下创建 test2.txt 文件,在 D:\aa\bb 路径下创建 test3.txt 文件(需要先手动创建 D:\aa\bb 路径)。代码如下。

```java
public class FileDemo01 {
    public static void main(String[] args) {
        createFile1();
        createFile2();
        createFile3();
    }
    //在D盘下创建 test1.txt 文件
    public static void createFile1(){
        File file=new File("d:\\test1.txt");        //文件可以存在,也可以不存在
        try {
            //createNewFile()方法不包括创建文件夹
            System.out.println(file.createNewFile());
        } catch (IOException e) {
            e.printStackTrace();
        }
    }
    //在 D:\aa 路径下创建文件 test2.txt
    public static void createFile2(){
        File file=new File("d:\\aa","test2.txt");//两个参数合起来构成一个完整文件路径
        try {
            System.out.println(file.createNewFile());
        } catch (IOException e) {
```

```
            e.printStackTrace();
        }
    }
    //在 D:\aa\bb 路径下创建文件 test2.txt,路径要事先手动创建
    public static void createFile3(){
        File file=new File("d:\\aa\\bb");
        File file2=new File(file,"test3.txt");
        try {
            System.out.println(file2.createNewFile());
        } catch (IOException e) {
            e.printStackTrace();
        }
    }
}
```

【示例】使用 Java 程序在计算机硬盘上创建文件夹，包括单一文件夹和多级文件夹。代码如下。

```
public class FileDemo2 {
    public static void main(String[] args) {
        createDir();
        createDirs();
    }
    //创建单一文件夹
    public static void createDir(){
        File file=new File("e:\\aa");
        file.mkdir();        //创建文件夹 make directory,不包括中间文件夹
    }
    //创建多级文件夹
    public static void createDirs(){
        File file=new File("e:\\aa\\bb\\cc");
        file.mkdirs();       //创建文件夹 make directory,包括中间文件夹
    }
}
```

【示例】文件的删除。代码如下。

```
public class FileDemo3 {
    public static void main(String[] args) {
        demo1();
        demo2();
    }
    private static void demo1() {
        File file = new File("d:\\test1.txt");
        file.delete();
    }
    //先创建文件夹 aa,再在它下面创建一个文件 a.txt
    //然后试着删除文件夹 aa,失败
    //先删除文件 a.txt,再删除文件夹 aa,成功
    private static void demo2() {
        // 创建文件夹
        File file1 = new File("d:\\aa");
        System.out.println(file1.mkdir());
        //创建文件
        File file2 = new File(file1, "a.txt");
        try {
            System.out.println(file2.createNewFile());
        } catch (IOException e) {
```

```
            e.printStackTrace();
        }
        // 删除文件
        // 删除错误,文件夹必须为空时才能删除
        System.out.println(file1.delete());
        System.out.println("----------------先删文件再删文件夹--------------------");
        System.out.println(file2.delete());
        System.out.println(file1.delete());
    }
}
```

【示例】文件的判断。代码如下。

```
public class FileDemo4 {
    public static void main(String[] args) throws IOException {
        File file = new File("c:\\a.txt");
        // public boolean exists():判断是否存在
        System.out.println(file.exists());
        if (!file.exists()) {                          // 不存在就创建
            System.out.println(file.createNewFile());  // true
        }
        // public boolean isDirectory():判断是否为文件夹
        System.out.println(file.isDirectory());        // false
        // public boolean isFile():判断是否为文件
        System.out.println(file.isFile());             // true
        if (file.exists()) {                           // 存在就删除
            System.out.println(file.delete());         // true
        }
    }
}
```

【示例】文件的路径与属性。代码如下。

```
public static void main(String[] args) {
    File file=new File("doc//a.txt");                  //里面的文件路径是相对路径
    String relativePath=file.getPath();                //获取相对路径
    System.out.println(relativePath);
    String absolutePath=file.getAbsolutePath();        //获取绝对路径
    System.out.println(absolutePath);
    String filename=file.getName();                    //获取文件名
    System.out.println(filename);
    Long fileSize=file.length();                       //获取文件长度
    System.out.println(fileSize);
}
```

注意：File file=new File("doc//a.txt");创建的文件的文件路径是相对路径，位于项目文件夹下。在项目下创建 doc 文件夹，再创建文件 a.txt，在文件里面输入 hello 并保存，运行结果如下：

```
doc\a.txt
E:\javase\SE15I/O 流\doc\a.txt
a.txt
5
```

【示例】文件的遍历，遍历 D 盘下的所有文件（含文件夹与文件）。代码如下。

```
public static void main(String[] args) throws IOException {
    File file = new File("d:\\");
    File[] files = file.listFiles();
    for (File fi : files) {
```

```
            System.out.println(fi.getName());
        }
    }
```

10.2 字节流

Java 程序如何才能访问到计算机中的文件（如 Word 文档、图片、视频）呢？显然 Java 程序与源文件之间需要一个数据传输的通道，可以把通道想象成一个管道，源文件在计算机中是以二进制字节的形式存在的，这些二进制字节需要通过这个管道才能到达另一方。Java 对这种情况提供了字节流，对应上述装载了二进制字节的管道。根据数据的传输方向，字节流又分为字节输入流 InputStream 和字节输出流 OutputStream。如果数据的传输方向是从源文件到 Java 程序，则使用字节输入流 InputStream，反之使用字节输出流 OutputStream。InputStream 与 OutputStream 的作用如图 10.2 所示。

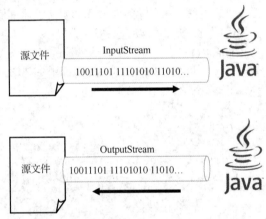

图 10.2　InputStream 与 OutputStream 的作用

10.2.1 字节输入流 InputStream

本小节先介绍 InputStream。InputStream 是 Java 标准库提供的最基本的输入流，位于 java.io 包里。需要注意，InputStream 并不是一个具体类和接口，而是一个抽象类，它是所有字节输入流的父类。其定义最重要的方法就是 read()，方法签名如下：

```
public abstract int read() throws IOException;
```

这个方法会读取输入流的下一字节，并返回字节表示的 int 值（0～255）。如果已读到末尾，则返回-1，表示不能继续读取了。

FileInputStream 是 InputStream 的一个子类。顾名思义，FileInputStream 就是从文件流中读取数据。FileInputStream 的构造方法如下。

- public FileInputStream(String name)：将 name 路径代表的文件创建为字节输入流。
- public FileInputStream(File file)：根据 file 对象代表的文件创建为字节输入流。

下面的代码演示了如何完整地读取一个文件的所有字节：

```
private static void demo1() {
    try {
        InputStream fis = new FileInputStream("d:\\test1.txt");
        int data;
```

```java
            while ((data = fis.read()) != -1) {
                System.out.print((char) data);
            }
        } catch (FileNotFoundException e) {
            e.printStackTrace();
        } catch (IOException e) {
            e.printStackTrace();
        }
    }
```

分析以上代码，可以发现使用 read()方法读取时，程序是一个字节一个字节地读取的，这样会增加读取次数、降低执行效率。那么有没有什么办法让程序一次性读取多个字节，以减少读取次数、提高程序效率呢？答案是有的，利用 byte[]缓冲。InputStream 提供了以下两个重载方法来支持读取多个字节。

- int read(byte[] b)：读取多个字节并填充到 byte[]数组，返回读取的字节数。
- int read(byte[] b, int off, int len)：指定 byte[]数组的偏移量和最大填充数。

利用上述方法一次读取多个字节时，需要先定义一个 byte[]数组作为缓冲区，read()方法会尽可能多地读取字节到缓冲区，但不会超过缓冲区的大小。Read()方法的返回值不再是字节的 int 值，而是实际读取了多少个字节。如果返回-1，则表示没有更多的数据了。

此外 FileInputStream 有个 available()方法，可以获取输入流的长度，这样就可以创建一个长度正好等于输入流长度的 byte[]数组作为缓冲区，从而实现一次性读出全部字节。

【示例】利用缓冲区一次性读取多个字节。代码如下。

```java
// 1.一次性读取多个字节
private static void demo2() {
    try {
        InputStream fis = new FileInputStream("d:\\test1.txt");
        byte[] b = new byte[4]; //创建一个byte[]数组作为缓冲区,长度为4或自定义
        int data;
        //每次read(b)都将4字节读取到数组b中，但最后一次可能不足4字节,按实际剩余的读取
        while ((data = fis.read(b)) != -1) {
            System.out.print(new String(b)); //将字节数组转换为字符串
            b = new byte[4];
        }
    } catch (FileNotFoundException e) {
        e.printStackTrace();
    } catch (IOException e) {
        e.printStackTrace();
    }
}
// 2.一次性读取所有字节
private static void demo3() {
    try {
        InputStream fis = new FileInputStream("d:\\test1.txt");
        //System.out.println(fis.available());//测试一下流的长度
        byte[] b = new byte[fis.available()]; //创建一个byte[]数组,长度为流的长度
        int data = fis.read(b);                     //一次性读取流的长度个字节,存入字节数组b
        System.out.println(new String(b));          //将字节数组转换为字符串
    } catch (FileNotFoundException e) {
        e.printStackTrace();
    } catch (IOException e) {
```

```
            e.printStackTrace();
        }
    }
```

注意：上述测试用的文件用英文能正确读取，如果用中文的话则会出现乱码，后面会解决这个问题。

10.2.2 字节输出流 OutputStream

与 InputStream 相反，OutputStream 是 Java 标准库提供的最基础的输出流。OutputStream 也是抽象类，是所有输出流的父类。其抽象类最重要的方法为 void write(int b)，方法签名如下：

```
public abstract void write(int b) throws IOException;
```

这个方法会写入一个字节到输出流。要注意的是，虽然传入的是 int 型参数，但只会写入一个字节，即只写入 int 型最低 8 位表示字节的部分。

与 InputStream 类似，OutputStream 也提供了 close()方法关闭输出流，以便释放系统资源。要特别注意，OutputStream 还提供了一个 flush()方法，它的作用是将缓冲区的内容真正输出到目的地。

为什么要有 flush()？因为向磁盘、网络写入数据的时候，出于效率的考虑，操作系统并不是输出一个字节就立刻写入文件或者发送到网络，而是把输出的字节先放到内存的一个缓冲区里（本质上就是一个 byte[]数组）；等到缓冲区写满了，再一次性写入文件或者网络。对于很多 I/O 设备来说，一次性写一字节和一次性写 1000 字节，花费的时间几乎是一样的，所以 OutputStream 有个 flush()方法，能强制把缓冲区内容输出。

通常情况下不需要调用这个 flush()方法，因为缓冲区写满时 OutputStream 会自动调用它。此外，在调用 close()方法关闭 OutputStream 之前，也会自动调用 flush()方法。

但是，在某些情况下，必须手动调用 flush()方法，如以下例子。

小明正在开发一款在线聊天软件，当用户输入一句话后，就通过 OutputStream 的 write()方法写入网络流。小明测试的时候发现，发送方输入后，接收方根本收不到任何信息，这是怎么回事？

原因就在于写入网络流是先写入内存缓冲区，等缓冲区满了才会一次性发送到网络。如果缓冲区大小是 4KB，则发送方要输入几千个字符后，操作系统才会把缓冲区的内容发送出去，这个时候，接收方会一次性收到大量内容。

解决办法就是每输入一句话后就立刻调用 flush()，不管当前缓冲区是否已满，强制操作系统把缓冲区的内容立刻发送出去。

实际上，InputStream 也有缓冲区。例如，从 FileInputStream 读取一个字节时，操作系统往往会一次性读取若干字节到缓冲区，并维护一个指针指向未读的缓冲区。然后，每次调用 int read()读取下一个字节时，可以直接返回缓冲区的下一个字节，避免每次读一个字节都触发 I/O 操作。当缓冲区全部读完后继续调用 read()，则会触发操作系统的下一次读取并再次填满缓冲区的操作。

FileOutputStream 是 OutputStream 的一个子类，其构造方法有以下几个。

- public FileOutputStream(String name)：创建一个写入字节到 name 路径指定的文件的输出流。
- public FileOutputStream(File file)：创建一个写入字节到 file 对象代表的文件的输出流。
- public FileOutputStream(String name,boolean append)：创建一个写入字节到 name 路径指定的输出流。如果 append 为 true 则以追加模式写入，如果 append 为 false 则以覆盖模式写入，默认为覆盖模式。
- public FileOutputStream(File file,boolean append)：创建一个写入字节到 file 对象代表的文件的输出流。如果 append 为 true 则以追加模式写入，如果 append 为 false 则以覆盖模式写入，默认为覆盖模式。

【示例】利用 FileOutputStream 向一个文本文件输出字节。

首先在 D 盘下新建空白文本文件 Text2.txt，然后运行以下代码：

```java
public class TestStream {
    public static void main(String[] args) {
        demo1();
    }
    private static void demo1(){
        OutputStream out = null;
        try {
            out = new FileOutputStream("d:/Test2.txt");
            out.write(72);   // H
            out.write(101);  // e
            out.write(108);  // l
            out.write(108);  // l
            out.write(111);  // o
        } catch (Exception e) {
            e.printStackTrace();
        } finally {
            if (out!= null) {
                try {
                    out.close();
                } catch (IOException e) {
                    e.printStackTrace();
                }
            }
        }
    }
}
```

运行成功后，查看刚才创建的文件，如图 10.3 所示，说明成功在 Java 平台上将字节输出到文本文件中。

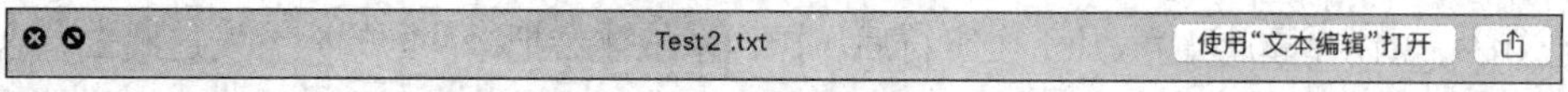

图 10.3 查看文件

字节一个个输出不实用，可以使用 for 循环实现批量输出。

【示例】使用 for 循环实现批量输出。

```java
private static void demo2() {
    OutputStream fos = null;
    try {
        //这里 true 表示追加模式,即如果文件原来有内容,则不会被覆盖掉,新内容追加到文件末尾,不写默认为false
        fos = new FileOutputStream("d:\\test2.txt", true);
        // 1.创建一个输出流,文件可以存在,也可以不存在
        String word = "广东南华工商职业学院";    // 将要输出的内容
        byte[] words = word.getBytes();       // 2.将要输出的内容转换为字节数组
        // System.out.println(words.length);   //验算字节数
        // 3.将字节一个个写到输出流
        for (int i = 0; i < words.length; i++) {
            fos.write(words[i]);              // 一次只写一个字节
        }
    } catch (FileNotFoundException e) {
        e.printStackTrace();
```

```
        } catch (IOException e) {
            e.printStackTrace();
        } finally {
            if (fos!= null) {
                try {
                    fos.close();
                } catch (IOException e) {
                    e.printStackTrace();
                }
            }
        }
    }
```

注意:这里 FileOutputStream()构造方法的第二个参数,如果是 true 则以追加模式写入文件原有文本的尾部;否则以覆盖模式写入,原有文本会被覆盖掉。如果省略此参数,则默认为 false。

也可以使用 OutputStream 的 write(byte [])方法实现一次性写入若干字节,而无须使用 for 循环,代码如下:

```
Private static void demo3(){
    OutputStream out = null;
    try {
        out = new FileOutputStream("d:/test2.txt");
        //获取字符串的字节流最好制定编程格式
        out.write("砺锋科技".getBytes("UTF-8"));
    } catch (Exception e) {
        e.printStackTrace();
    } finally {
        if (fos!= null) {
            try {
                fos.close();
            } catch (IOException e) {
                e.printStackTrace();
            }
        }
    }
}
```

运行后,检查 test2.txt 文件,发现已写入"砺锋科技"。

注意:getBytes()方法最好使用带一个参数的重载方法,指定字符集,以避免中文乱码问题。

10.2.3 使用字节流实现文件复制

通过前面对 InputStream 和 OutputStream 的介绍,下面来实现一个最常见的功能——Ctrl+C/ Ctrl+V(文件复制和文件粘贴)。代码如下:

```
public class FileCopyDemo1 {
    public static void main(String[] args) {
        demo1();
    }
    //逐个字节读写
    private static void demo1() {
        try {
            InputStream fis=new FileInputStream("d:\\test1.txt");//1.源文件创建为输入流
                                                                  //2.目标文件创建为输出流
            OutputStream fos=new FileOutputStream("e:\\test1.txt");
            int data;
            while((data=fis.read())!=-1){//边读边写,每从输入流读1字节,同时写1字节到输出流
```

```java
                fos.write(data);
            }
        } catch (Exception e) {
            e.printStackTrace();
        }
    }
    //一次性读写全部字节
    private static void demo2() {
        try {
            InputStream fis=new FileInputStream("d:\\test1.txt");
            OutputStream fos=new FileOutputStream("e:\\test1.txt");
            byte[] b=new byte[fis.available()];
            int data=fis.read(b);
            fos.write(b);
        } catch (Exception e) {
            e.printStackTrace();
        }
    }
}
```

思考：这样做除了可以复制文本文件，能复制图像文件吗？视频呢？动手试试就知道了。

10.2.4 带缓冲区的字节流

在操作流的时候，一次读取或写入一个字节并不是最高效的方法。很多流支持一次性读取或写入多个字节到缓冲区。对于文件和网络流，利用缓冲区一次性读取或写入多个字节的效率往往要高很多。

在 Java 的 I/O 流中，使用 BufferedInputStream 和 BufferedOutputStream 作为带缓冲区的输入和输出流，它们是 I/O 流中的高级流，需要搭配低级流（InputStream 和 OutputStream）使用。其实现原理是在低级流的基础上携带一个缓冲区，默认大小为 8KB（8192B）。使用该缓冲区可以有效减少磁盘访问次数，其使用方法与 InputStream 和 OutputStream 相同。

1. BufferedInputStream

BufferedInputStream 的构造方法如表 10.2 所示。

表 10.2 BufferedInputStream 的构造方法

构造方法	功能描述
public BufferedInputStream(InputStream in)	创建一个 BufferedInputStream 并保存其参数，即输入流 in，以便将来使用。创建一个内部缓冲区数组并将其存储在 buf 中，该 buf 的大小默认为 8192B
public BufferedInputStream(InputStream in,int size)	创建具有指定缓冲区大小的 BufferedInputStream 并保存其参数，即输入流 in，以便将来使用。创建一个长度为 size 的内部缓冲区数组并将其存储在 buf 中

其使用方法与 InputStream 相同，不再赘述。

2. BufferedOutputStream

BufferedOutputStream 的构造方法如表 10.3 所示。

表 10.3 BufferedOutputStream 的构造方法

构造方法	功能描述
public BufferedOutputStream(OutputStream out)	创建一个新的缓冲输出流，以将数据写入指定的底层输出流
public BufferedOutputStream(OutputStream out,int size)	创建一个新的缓冲输出流，以将具有指定缓冲区大小的数据写入指定的底层输出流

其使用方法与 OutputStream 相同，不再赘述。

下面使用带缓冲区的字节流实现文件复制功能，其代码与上一小节基本相同：

```java
public static void main(String[] args) {
    try {
        InputStream fis=new FileInputStream("d:\\test1.txt");
        InputStream bufferIn = new BufferedInputStream(fis);
        OutputStream fos=new FileOutputStream("e:\\test1.txt");
        OutputStream bufferOut = new BufferedOutputStream(fos);
        byte[] buffer = new byte[4];
        int len;
        while ((len = bufferIn.read(buffer)) != -1) {
            System.out.println("读取: " + len);
            bufferOut.write(buffer);
            buffer = new byte[4];
        }
        bufferOut.flush();
    } catch (Exception e) {
        e.printStackTrace();
    }
}
```

运行代码，可以发现复制成功并输出，如图 10.4 所示。

图 10.4　复制成功并输出

10.3　字符流

前面通过字节流来操作文本文件时，发现并不是很方便。文本文件中的内容是字符，使用 I/O 流中的字符流进行专门处理会更加高效。字符流分为字符输入流 Reader 和字符输出流 Writer。介绍 Reader 和 Writer 时经常会出现字符编码的概念，先来简单介绍一下字符编码的有关知识。

10.3.1　字符编码

1. 字符码表

计算机只能识别二进制字节，字符本身并不能直接被计算机识别和传输，所以需要有一种规则将字符转换为二进制字节，这种规则称为字符码表，也叫字符集。字符集将每个字符都对应一个唯一的二进制数字，目前不同国家或组织制定了多种字符集，以便计算机能识别自己国家的文字。常用的字符集如表 10.4 所示。

表 10.4　常用的字符集

字符集名称	说明
ASCII	全称是美国标准信息交换码，所有的大小写字母、数字 0~9、标点符号、特殊符号、控制字符（如回车）都用 7 位二进制来表示
ISO 8859-1	拉丁码表，在兼容 ASCII 的基础上扩展到西欧语言、希腊语、泰语、阿拉伯语等
GB 2312	中文码表，兼容 ASCII，英文用一个字节来表示，中文用两个字节来表示，每个字节都是负数（因为最高位为 1）

续表

字符集名称	说明
GBK 和 GB 18030	中文码表,兼容 GB2312,能表示更多的中文,第一个字节为负数,第二个字节可正可负
Unicode	国际标准码,统一对每种语言的每一个字符都制定唯一的二进制编码,所有字符都要占两个字节,Java 默认采用的是 Unicode 编码
UTF-8	相当于 Unicode 的改进版,可变长编码,英文占 1 个字节,中文占 3 个字节,目前开发中用得最多

2. 编码与解码

编码就是把人能识别的字符串转换成计算机能识别的二进制字节序列,反之解码是把计算机能识别的二进制字节序列转换为人能识别的字符串。

在 Java 编程中,String 类的 getBytes()方法可以实现将字符串按默认的字符集编码成字节数组。中文 Windows 操作系统默认的字符集是 GBK,String 类的 getBytes(String charsetName)方法则可以将字符串按指定的字符集编码成字节数组。

String 类的构造方法 String(byte[] bytes)可以实现将字节数组按默认的字符集解码成字符串,String 类的构造方法 String(byte[] bytes,String charsetName) 可以实现将字节数组按指定的字符集解码成字符串。

一般情况下,编码与解码要使用同一字符集。如果编码与解码采用不同的字符集则很可能会产生乱码。

【示例】编码与解码。代码如下。

```java
public class 编码与解码 {
    public static void main(String[] args) throws UnsupportedEncodingException {
        String school="华南农业大学";
        byte[] bytes1=school.getBytes();          //使用默认字符集进行编码
        byte[] bytes2=school.getBytes("GBK");     //使用GBK字符集进行编码
        byte[] bytes3=school.getBytes("UTF-8");   //使用UTF-8字符集进行编码
        System.out.println("--------比较一下3个编码后的字节数组---------");
        System.out.println("bytes1:"+Arrays.toString(bytes1));
        System.out.println("bytes2:"+Arrays.toString(bytes2));
        System.out.println("bytes3:"+Arrays.toString(bytes3));
        System.out.println("-----------------解码-----------------");
        System.out.println("使用默认字符集解码bytes1: "+new String(bytes1));
        System.out.println("使用GBK字符集解码bytes1: "+new String(bytes1,"GBK"));
        System.out.println("使用GBK字符集解码bytes2: "+new String(bytes2,"GBK"));
        System.out.println("使用UTF-8字符集解码bytes3: "+new String(bytes3,"UTF-8"));
        System.out.println("-----------下面是编码和解码不一致的情况-------------");
        System.out.println("使用GBK字符集解码bytes3: "+new String(bytes3,"GBK"));
    }
}
```

运行结果:

```
--------比较一下3个编码后的字节数组---------
bytes1:[ -69, -86, -60, -49, -59, -87, -46, -75, -76, -13, -47, -89]
bytes2:[ -69, -86, -60, -49, -59, -87, -46, -75, -76, -13, -47, -89]
bytes3:[ -27, -115, -114, -27, -115, -105, -27, -122, -100, -28, -72, -102, -27, -92, -89,
    -27, -83, -90]
-----------------解码-----------------
使用默认字符集解码bytes1:华南农业大学
```

使用GBK字符集解码bytes1：华南农业大学
使用GBK字符集解码bytes2：华南农业大学
使用UTF-8字符集解码bytes3：华南农业大学
-----------下面是编码和解码不一致的情况-------------
使用GBK字符集解码bytes3：鍗庡崡鍐滀笟澶у

字符串school使用默认字符集和使用GBK字符集的编码结果都一样，bytes1使用默认字符集和使用GBK字符集解码结果都一样，bytes3当编码和解码使用不同字符集时出现乱码。

10.3.2 字符输入流Reader

Reader是Java的I/O库提供的另一个输入流，也是个抽象类。与InputStream的区别是InputStream是一个字节流，即以byte为单位读取；而Reader是一个字符流，即以char为单位读取。

InputStream与Reader的对比如表10.5所示。

表10.5 InputStream与Reader的对比

InputStream	Reader
字节流，以byte为单位	字符流，以char为单位
读取字节（-1，0～255）：int read()	读取字符（-1，0～65535）：int read()
读到字节数组：int read(byte[] b)	读到字符数组：int read(char[] cbuf)

java.io.Reader是所有字符输入流的父类，其最主要的方法为：

```
public int read() throws IOException;
```

这个方法读取字符流的下一个字符，并返回字符表示的int值，范围是0～65535。如果已读到末尾，则返回-1。中文、英文字符都是读取一个。

read()方法的重载：

```
public int read(char[] cbuf) throws IOException
```

尽可能读取多个字符存入数组cbuf，但不得超过数组cbuf的长度，若读取不到则返回-1。

在10.2节InputStream的示例中，读取的test1.txt文件的内容是英文，若改成中文，发现读取的是乱码。这是因为InputStream的read()方法一次读取一个字节，但中文是由两个字节组成的，相当于只读了一半，自然得不到正确的中文。现在改用Reader的read()方法，一次读取一个字符，就可解决这个问题。

FileReader是Reader的一个子类，它可以打开文件并获取Reader。FileReader的构造方法如下所示。

- public FileReader(String fileName)：创建一个读取fileName路径的文件的字符输入流。
- public FileReader(File file)：创建一个读取file对象代表的文件的字符输入流。

下面的代码演示了如何完整地读取一个FileReader的所有字符。

【示例】在文件中输入一首唐诗《静夜思》，使用下面的多种方法将其输出到控制台。代码如下。

```java
public class FileReaderDemo1 {
    public static void main(String[] args) {
        demo1();
    }
    //一次读一个字符
    private static void demo1() {
        // Reader是字符输入流,是以字符为单位进行操作,包括中文与英文字符,而InputStream是字节输入流
        try {
            Reader reader = new FileReader("d:\\test1.txt");    //创建一个字符输入流
```

```java
                int data;
                while ((data = reader.read()) != -1) {          //一次读取一个字符
                    System.out.print((char) data);
                }
            } catch (Exception e) {
                e.printStackTrace();
            }
        }
        //一次读多个字符
        private static void demo2() {
            try {
                Reader reader = new FileReader("d:\\test1.txt");
                char[] arr = new char[27];
                int num = reader.read(arr);
                // System.out.println(num);
                System.out.println(new String(arr));
            } catch (Exception e) {
                e.printStackTrace();
            }
        }
        // 循环读
        private static void demo3() {
            try {
                Reader reader = new FileReader("d:\\test1.txt");
                char[] arr = new char[7];
                int num;
                while ((num = reader.read(arr)) != -1) {
                    //System.out.println(num);
                    System.out.println(new String(arr));
                }
            } catch (Exception e) {
                //TODO Auto-generated catch block
                e.printStackTrace();
            }
        }
    }
```

多个方法的运行结果相同，如图 10.5 所示，可见正确地输出了中文。

图 10.5　运行结果

10.3.3　字符输出流 Writer

与 Reader 对应的字符输出流是 Writer，也是个抽象类，其子类包括 BufferedWriter、PrintWriter、InputStreamWriter 和 FileWriter 等。其构造方法如表 10.6 所示。

表 10.6 Writer 的构造方法

构造方法	功能
protected Writer()	创建一个新的字符流 Writer，其关键部分将同步 Writer 自身
protected Writer(Object lock)	创建一个新的字符流 Writer，其关键部分将同步给定的对象

Writer 的主要方法基本与 OutputStream 类似，不同的是 Writer 基于 char，如表 10.7 所示。

表 10.7 Writer 的主要方法

方法	功能
Writer append(char c)	将指定字符添加到此 Writer
Writer append(CharSequence csq)	将指定字符序列添加到此 Writer
Writer append(CharSequence csq, int start, int end)	将指定字符序列的子序列添加到此 Writer
abstract void close()	关闭此流，但要先刷新它
abstract void flush()	刷新该流的缓冲区
void write(char[] cbuf)	写入字符数组
abstract void write(char[] cbuf, int off, int len)	写入字符数组的某一部分
void write(int c)	写入单个字符
void write(String str)	写入字符串
void write(String str, int off, int len)	写入字符串的某一部分

FileWriter 类是 Writer 的一个子类，其构造方法如下。

- public FileWriter(String fileName)：创建一个写入字符到 fileName 路径代表的文件的输出流。
- public FileWriter(File file)：创建一个写入字符到 file 对象代表的文件的输出流。

示例：利用 FileWriter 类向新建的文件输出文本信息。代码如下。

```java
public static void main(String[] args) {
    try {
        //1.创建一个字符输出流对象
        //默认是覆盖模式,即false,若为true 则是追加模式
        Writer writer=new FileWriter("d:\\test3.txt",false);
        //2.调用write 方法写出内容
        writer.write("床前明月光\r\n"); //先写到缓冲区,\r\n 用于换行
        writer.write("疑是地上霜\r\n");
        writer.write("举头望明月\r\n"); //先写到缓冲区,\r\n 用于换行
        writer.write("低头思故乡");
        //3.刷新缓冲区
        writer.flush(); //刷新缓冲区保存数据到硬盘,若注释掉这行代码,将不能写入目标文件
    } catch (IOException e) {
        e.printStackTrace();
    }
}
```

10.3.4 带缓冲区的字符流

与 InputStream 类似，字符流也有带缓冲区的流，分别为 BufferedReader 和 BufferedWriter。

1. BufferedReader

BufferedReader 构造方法如下：

```java
public BufferedReader(Reader in);
```

主要方法如表 10.8 所示。

表 10.8　BufferedReader 的主要方法

方法	功能描述
int read()	读取单个字符
int read(char[] cbuf, int off, int len)	将字符读入数组的某一部分，返回读取的字符数，达到尾部时返回-1
String readLine()	读取一个文本行，返回文本或-1
void close()	关闭该流，并释放与该流相关的所有资源

【示例】BufferedReader 的使用。代码如下。

```java
public class BufferedReaderDemo1 {
    public static void main(String[] args) {
        try {
            //1.创建字符输入流 FileReader 对象
            Reader reader=new FileReader("d:\\test1.txt");
            BufferedReader br=new BufferedReader(reader);//2.创建带缓冲区的字符输入流
            String line;
            while((line=br.readLine())!=null){//3.调用 readLine()方法,一次读取一行
                System.out.println(line);
            }
        } catch (Exception e) {
            e.printStackTrace();
        }
    }
}
```

运行结果如图 10.5 所示。

2．BufferedWriter

BufferedWriter 构造方法如下：

```java
public BufferedWriter(Writer out );
```

主要方法如表 10.9 所示。

表 10.9　BufferedWriter 的主要方法

方法	功能描述
void write(char ch)	写入单个字符
void write(char []cbuf,int off,int len)	写入字符数据的某一部分
void write(String s)	写入字符串
void write(String s,int off,int len)	写入字符串的某一部分
void newLine()	写入一个行分隔符
void flush()	刷新该流中的缓冲区，将缓冲数据写到目标文件中去
void close()	关闭此流，在关闭前会先刷新它

由于 BufferedReader 和 BufferedWriter 带有缓冲区，因此它们的效率要比普通的 Reader 和 Writer 要高。

【示例】BufferedWriter 的使用。代码如下。

```java
public static void main(String[] args) {
    try {
        Writer writer=new FileWriter("d:\\test4.txt");
        BufferedWriter bw=new BufferedWriter(writer);
        bw.write("春眠不觉晓");
        bw.newLine();
        bw.write("处处闻啼鸟");
        bw.flush();
```

```java
        //把刚才写的东西读出来
        Reader reader=new FileReader("d:\\test4.txt");
        BufferedReader br=new BufferedReader(reader);
        String line;
        while((line=br.readLine())!=null){
            System.out.println(line);
        }
    } catch (Exception e) {
        e.printStackTrace();
    }
}
```

输出结果：
春眠不觉晓
处处闻啼鸟

10.4 转换流

10.4.1 InputStreamReader 类

InputStreamReader 类用于将字节输入流转换成字符输入流。除了特殊的 CharArrayReader 和 StringReader，普通的 Reader 实际上是基于 InputStream 构造的，因为 Reader 需要从 InputStream 中读入字节流（byte），然后根据编码设置再转换为 char 就可以实现字符流。如果查看 FileReader 的源代码，会发现它的内部实际上有一个 FileInputStream。

既然 Reader 本质上是一个基于 InputStream 的 byte 到 char 的转换器，那么如果已经有一个 InputStream，则把它转换为 Reader 是完全可行的。InputStreamReader 就是这样一个转换器，它可以把任何 InputStream 转换为 Reader。

构造方法如下。

```
public InputStreamReader(InputStream in,String charsetName)
```

将字节输入流 InputStream 按字符集 charsetName 转换为字符输入流。

基本用法示例如下：

```java
// 现有 InputStream
InputStream input = new FileInputStream("d:/test1.txt");
// 转换为 Reader
Reader reader = new InputStreamReader(input, "UTF-8");
```

【示例】InputStreamReader 类应用，代码如下。

```java
public class InputStreamReaderDemo1 {
    public static void main(String[] args) {
        demo1();
    }
    private static void demo1() {
        try {
            InputStream fis=new FileInputStream("d:\\test1.txt");//1.创建一个字节输入流
            Reader reader=new InputStreamReader(fis,"GBK");  //2.创建一个字节输入转换流
            //第二个参数是解码规则
            int data;                          //3.以字符输入流 Reader 的方式读取数据
            while((data=reader.read())!=-1){
                System.out.print((char)data);
            }
```

```
            } catch (Exception e) {
                e.printStackTrace();
            }
        }
        private static void demo2() {
            try {
                InputStream fis=new FileInputStream("d:\\test1.txt");//4.再创建一个字节输入流
                Reader reader=new InputStreamReader(fis,"GBK");      //5.再创建一个输入转换流
                //6.还可以再次封装为带缓冲区的输入流 BufferedReader 方式读取数据
                BufferedReader br=new BufferedReader(reader);
                String line;
                while((line=br.readLine())!=null){//调用 readLine()方法,一次读取一行
                    System.out.println(line);
                }
            } catch (Exception e) {
                e.printStackTrace();
            }
        }
    }
```

运行结果同样如图 10.5 所示。

10.4.2 OutputStreamWriter 类

OutputStreamWriter 类用于将字节输出流转换成字符输出流。除了 CharArrayWriter 和 StringWriter 外，普通的 Writer 实际上是基于 OutputStream 构造的。它接收 char，然后在内部自动转换成一个或多个 byte，并写入 OutputStream。因此，OutputStreamWriter 就是一个将任意的 OutputStream 转换为 Writer 的转换器，基本用法示例如下：

```
// 现有 OutputStream
OutputStream output = new FileOutputStream("src/scaucz/ch10/TestWriter.txt ");
// 转换为 Reader
Writer writer = new OutputStreamReader(output, "UTF-8");
```

【示例】OutputStreamWriter 类的应用，代码如下。

```
public class OutputStreamWriterDemo1 {
    public static void main(String[] args) {
        try {
            // 1.创建一个字节输出流对象
            OutputStream fos = new FileOutputStream("d:\\test2.txt");
            // 2.将刚创建的字节输出流作为参数创建输出转换流
            Writer writer = new OutputStreamWriter(fos, "UTF-8");// 第二个参数是编码规则
            writer.write("华南农业大学");    // 3.以字符输出流的方式写入数据
            //osw.write(18);
            writer.flush();                 // 刷新缓冲区
        } catch (Exception e) {
            e.printStackTrace();
        }
    }
}
```

10.5 打印流

打印流是一种输出流，包括 PrintStream 和 PrintWriter 两种，PrintStream 主要用来操作字节流，

而 PrintWriter 用来操作字符流。PrintStream 在 OutputStream 的基础上额外提供了一些写入各种数据类型的方法，PrintStream 最终输出的是 byte 型数据；而 PrintWriter 则扩展了 Writer 接口，其 print() 和 println() 方法输出的是 char 型数组。打印流的主要方法如表 10.10 所示。

表 10.10 打印流的主要方法

方法	描述
print(int)/ println(int)	写入 int
print(boolean)/ println(boolean)	写入 boolean
print(String)/ println(String)	写入 String
print(Object)/ println(Object)	写入 Object，实际上相当于 print(object.toString())

【示例】PrintStream 的使用。代码如下。

```java
public static void main(String[] args) {
    try {
        OutputStream fos=new FileOutputStream("d:\\test5.txt"); //1.创建字节输出流
        PrintStream ps=new PrintStream(fos);                     //2.封装为输出流
        ps.println("你好!");          //此"输出",是输出到文件
        ps.println(18);
        ps.println(true);
        ps.println(new Person("123","张三",28));
        System.out.println("");       //此"输出",是输出到控制台
    } catch (FileNotFoundException e) {
        e.printStackTrace();
    }
}
```

注意：本例中 Person 类有 name、age、nationality 3 个属性。

文件输出结果如下：

```
你好!
18
true
Person [name=张三, age=28, nationality=null]
```

可见不同类型的数据均能正确输出。

【示例】PrintWriter 的使用。代码如下。

```java
public class PrintWriterDemo {
    public static void main(String[] args) {
        try {
            Writer writer = new FileWriter("d:/test6.txt");
            PrintWriter pw = new PrintWriter(writer);
            pw.println("Hello");
            pw.println(12345);
            pw.println(true);
            pw.flush();
        } catch (IOException e) {
            e.printStackTrace();
        }
    }
}
```

运行结果：

```
Hello
12345
true
```

10.6 对象流

10.6.1 对象输出流 ObjectOutputStream

ObjectOutputStream 是对象输出流，又称为对象序列化流，用于把对象转成字节数据输出到文件中持久保存，对象的输出过程称为序列化。

只能将支持 java.io.Serializable 接口的对象写入流中。每个 serializable 对象的类都被编码，编码内容包括类名和类签名、对象的字段值和数组值，以及从初始对象中引用的其他所有对象的闭包。

writeObject()方法用于将对象写入流中。所有对象（包括字符串和数组）都可以通过 writeObject()写入。可将多个对象或基元写入流中。必须使用与写入对象时相同的类型和顺序从相应 ObjectInputstream 中读回对象。

还可以使用 DataOutput 中的适当方法将基本数据类型写入流中。还可以使用 writeUTF()方法写入字符串。

对象的默认序列化机制写入的内容是对象的类、类签名，以及非瞬态和非静态字段的值。其他对象的引用（瞬态和静态字段除外）也会导致写入那些对象。可使用引用共享机制对单个对象的多个引用进行编码，这样即可将对象的图形恢复为最初写入它们时的形状。

其构造方法为：

```
ObjectOutputStream(OutputStream out)
 // 创建写入指定 OutputStream 的 ObjectOutputStream
```

主要方法如表 10.11 所示。

表 10.11 ObjectOutputStream 的主要方法

方法	功能描述
void write(byte[] buf)	写入字节数组
void write(byte[] buf, int off, int len)	写入字节子数组
void write(int val)	写入一个字节
void writeBoolean(boolean val)	写入一个布尔值
void writeByte(int val)	写入一个 8 位字节
void writeBytes(String str)	以字节序列形式写入一个字符串
void writeChar(int val)	写入一个 16 位的 char 值
void writeChars(String str)	以 char 序列形式写入一个字符串
void writeObject(Object obj)	将指定的对象写入 ObjectOutputStream

使用对象流最大的好处就是可以将程序中的重要的对象数据持久保存下来，存储到硬盘文件中，将来若有需要时，又可以在程序中恢复对象数据。否则程序结束后，这些对象数据都会丢失。

（1）创建 Person 类，实现 Serializable 接口，代码如下。

```java
public class Person implements Serializable{//序列化接口
    String id;
    //姓名
    String name;
    //年龄
    int age;
    //国籍
    String nationality;
    //省略 getter()和 setter()方法
```

```java
    public Person(){
    }
    public Person(String id,String name,int age){
        this.age = age;
        this.name = name;
        this.id = id;
    }
    public String toString() {
        return "Person [name=" + name + ", age=" + age + ", nationality=" + nationality + "]";
    }
}
```

（2）创建测试类，代码如下。

```java
public static void main(String[] args) {
    try {
        Person p = new Person("001", "张无忌", 18);
        // 1.创建对象输出流
        OutputStream fos = new FileOutputStream("d:\\objectStream.txt");// 目标文件
        ObjectOutputStream os = new ObjectOutputStream(fos);
        // 2.调用writeObject()方法把对象写到输出流
        os.writeObject(p);
        // 可以再多写一个对象进去吗
        Person p2 = new Person("002", "李寻欢", 21);
        os.writeObject(p2);
        // 可以再多写一个对象进去吗
        Person p3 = new Person("003", "黄飞鸿", 22);
        os.writeObject(p3);
        // 可以再多写一个对象进去吗
        Person p4 = new Person("004", "西门吹雪", 20);
        os.writeObject(p4);
        System.out.println("写入成功!");
    } catch (FileNotFoundException e) {
        e.printStackTrace();
    } catch (IOException e) {
        e.printStackTrace();
    }
}
```

运行以上代码，数据存入 D:\objectStream.txt 成功。因为存储的是字节，所以打开看是乱码。该文件必要时由对象输入流 ObjectInputStream 重新在程序中还原为对象。

10.6.2 对象输入流 ObjectInputStream

ObjectInputStream 对之前使用 ObjectOutputStream 写入的基本数据和对象进行反序列化。

ObjectInputStream 和 ObjectInputStream 分别与 FileOutputStream 和 FileInputStream 一起使用时，可以为应用程序提供对对象图形的持久存储。ObjectInputStream 用于恢复那些以前序列化的对象，其他用途包括使用套接字流在主机之间传递对象，或者用于编组和解组远程通信系统中的实参和形参。

ObjectInputStream 确保从流创建的图形中所有对象的类型与 JVM 中显示的类相匹配，使用标准机制按需加载类。

只有支持 java.io.Serializable 或 java.io.Externalizable 接口的对象才能从流读取。

构造方法如下：
```
ObjectInputStream(InputStream in)
// 创建从指定 InputStream 读取的 ObjectInputStream
```
主要方法如表 10.12 所示。

表 10.12　ObjectInputStream 的主要方法

方法	描述
int read()	读取数据字节
int read(byte[] buf, int off, int len)	读入 byte 数组
Boolean readBoolean()	读取一个布尔值
byte readByte()	读取一个 8 位的字节
char readChar()	读取一个 16 位的 char 值
Object readObject()	从 ObjectInputStream 读取对象

【示例】读取之前存储的 D:\objectStream.txt 文件，并将其还原为对象。代码如下。

```java
public class ObjectInputStreamDemo {
    public static void main(String[] args) {
        try {
            // 1.创建对象输入流
            InputStream fis = new FileInputStream("d:\\objectStream.txt");
            ObjectInputStream ois = new ObjectInputStream(fis);
            // 2.调用 readObject()方法读取并还原对象
            Person p=(Person) ois.readObject();
            System.out.println("从文件中获取后:"+p);
            //可以读第二个对象吗
            Person p2=(Person)ois.readObject();
            System.out.println("从文件中获取后:"+p2);
            //可以读第三个对象吗
            Person p3=(Person)ois.readObject();
            System.out.println("从文件中获取后:"+p3);
            //可以读第四个对象吗
            Person p4=(Person)ois.readObject();
            System.out.println("从文件中获取后:"+p4);
            //可以读第五个对象吗
            Person p5 = (Person) ois.readObject();
            System.out.println("从文件中获取后:" + p5);
        } catch (FileNotFoundException e) {
            e.printStackTrace();
        } catch (ClassNotFoundException e) {
            e.printStackTrace();
        } catch (IOException e) {
            e.printStackTrace();
        }
    }
}
```

运行结果：
```
从文件中获取后:Person [name=张无忌, age=18, nationality=null]
从文件中获取后:Person [name=李寻欢, age=21, nationality=null]
从文件中获取后:Person [name=黄飞鸿, age=22, nationality=null]
从文件中获取后:Person [name=西门吹雪, age=20, nationality=null]
```

```
java.io.EOFException
    at java.io.ObjectInputStream$BlockDataInputStream.peekByte(Unknown Source)
    at java.io.ObjectInputStream.readObject0(Unknown Source)
    at java.io.ObjectInputStream.readObject(Unknown Source)
    at com.lifeng.objectstream.ObjectInputStreamDemo.main(ObjectInputStreamDemo.java:35)
```

可见，前面存储的 4 个对象数据均还原为对象，但第 5 次读的时候就报 EOFException 异常了。这是因为只存了 4 个对象数据，不存在第 5 个对象数据。

10.6.3 对象的遍历

在用对象序列化写入文件后，特别是多对象的情况，例如一个学生管理系统有多个 Student 对象，要想把所有的学生数据都存储在一个文件中，有以下两种方法。

（1）把所有学生的数据都存储在一个容器中（如数组或集合），然后将这个容器中的一个对象写入文件，再用对象的反序列化从文件中读取出来就行了。

（2）把每个学生的数据（每个对象）一次性存进文件中，这时文件就有多个对象存在了，要想把这些对象一个个地读取出来，就需要用到这个文件。

在上一小节的基础上，在一个文件中写入多个对象，并利用 ObjectInputStream 读取所有对象，但上面示例是一个一个读取的。实际上无法知晓一个文本文件中究竟存储了多少对象数据，一个个读取是不准确的，要想办法遍历 ObjectOutputStream 对象才行。遍历需要有终止条件，这个对象没有明显的终止条件，读不到时不会返回数据，会直接报错（抛出 EOFException 异常）。根据这个特性，利用异常处理机制就可以遍历出来。

【示例】遍历 ObjectOutputStream 对象。参考代码如下。

```java
public static void main(String[] args) {
    try {
        // 创建对象输入流
        InputStream fis = new FileInputStream("d:\\objectStream.txt");
        ObjectInputStream ois = new ObjectInputStream(fis);
        while (true) {      // 遍历对象文件
            try {
                Person p = (Person) ois.readObject();
                System.out.println("从文件中获取对象:" + p);
            } catch (EOFException e) {
                System.out.println("遍历完毕!");  //测试用，这里也可没有任何代码
                break;
            }
        }
    } catch (FileNotFoundException e) {
        e.printStackTrace();
    } catch (ClassNotFoundException e) {
        e.printStackTrace();
    } catch (IOException e) {
        e.printStackTrace();
    }
}
```

运行结果：
```
从文件中获取对象:Person [name=张无忌, age=18, nationality=null]
从文件中获取对象:Person [name=李寻欢, age=21, nationality=null]
从文件中获取对象:Person [name=黄飞鸿, age=22, nationality=null]
从文件中获取对象:Person [name=西门吹雪, age=20, nationality=null]
遍历完毕!
```

10.7　上机实验

任务：汽车销售数据持久化

　　要求： 在第 5 章上机实验的汽车销售数据的基础上，将销售数据存储到文件，实现数据的持久化存储。

　　分析： 将每一种汽车的销售数据用对象流保存到文件，需要数据时遍历读取出来，注意 Car 类要实现 Serializable 接口，文本文件直接创建在项目文件夹下，以方便读写。

思考题

1. 什么是流？什么是输入流？什么是输出流？
2. 按输入/输出的数据类型来分，java.io 包中有哪两种基本的输入/输出流？它们对应的类是什么？
3. Java 中的标准输入/输出是如何实现的？
4. 字符输入/输出流和字节输入/输出流的方法有哪些相同点和不同点？
5. File（文件）类的主要用途是什么？如何在程序中创建一个文件？
6. 下列使用了缓冲区技术的是（　　　）。
   A. BufferedOutputStream　　　　B. FileInputStream
   C. DataOutputStream　　　　　　D. FileReader
7. RandomAccessFile（随机存取文件）类的主要用途是什么？它和 File 类有什么区别？
8. 若要删除一个文件，应该使用下列（　　　）类的实例。
   A. RandomAccessFile　　　　　　B. File
   C. FileOutputStream　　　　　　D. FileReader
9. Java 系统标准输出对象使用的输出流是（　　　）。
   A. PrintStream　　　　　　　　　B. PrintWriter
   C. DataOutputStream　　　　　　D. FileReader
10. 什么叫对象流？对象流的主要用途是什么？

程序设计题

1. 编写一个程序，让用户从键盘输入一个字符串，程序将字符串重新排序，并将得到的新字符串在控制台上输出。
2. 编写一个程序，让用户从键盘上输入一个文件名，程序将文件中的内容在控制台上输出。
3. 下面程序的运行结果是什么？为什么会出现该结果？

```
import java.io.*;
public class B
{
    public static void main(String args[])
    {
        try
        {
            File f = new File("b.txt");
```

```
            FileOutputStream out = new FileOutputStream(f);
        }
        catch(IOException e)
        {
            System.out.println(e.getMessage());
        }
    }
}
```

4. 编写一个程序，让用户从键盘上输入一个文件名（要求该文件在当前工作文件夹下存在），程序将该文件的内容复制到当前工作文件夹下的另一个文件中。

5. 编写一个程序，将一个图像文件复制到指定的文件中（要求被复制的文件在当前工作文件夹下存在）。

6. 编写一个程序，将一个文件中的内容添加到另外一个文件的尾部。

7. 编写一个程序，列出某个文件夹及其子文件夹下的所有文件的名称和它们的属性。

8. 编写一个用命令行参数表示文件名的程序，当该文件不存在时，用该文件名在当前工作文件夹下新建一个文件。

9. 将一个对象数组保存在一个文件中，再从该文件中恢复该对象数组。

10. 编写一个程序，分别使用字节流和字符流复制一个文本文件。

提示：

① 使用 FileInputStream、FileOutputStream 和 FileReader、FileWriter 分别进行复制；

② 使用字节流复制时，定义一个长度为 1024 的字节数组作为缓冲区，使用字符流复制时，使用 BufferedReader 和 BufferedWriter 包装流进行包装。

第 11 章　多线程

用户常常希望计算机能够同时处理多个任务，即同时执行多个相关的或者不相关的程序，但 CPU 本身是按顺序执行机器指令的，在某一时刻只能执行一个程序的指令。

操作系统通常提供两种机制用于实现多任务的同时执行：多线程和多进程。多线程的应用主要分为两个方面：提高运算速度、缩短响应时间。对于计算量比较大的任务，可以把任务分解成多个可以并行运算的小任务，每个小任务由一个线程执行运算，以提高运算速度。

本章主要介绍创建多线程的方式、线程的生命周期与状态、操作线程的方法、线程的安全与同步、线程的等待与唤醒。

11.1　进程与线程

进程（Process）是计算机中的程序关于某数据集合上的一次运行活动，是系统进行资源分配和调度的基本单位，是操作系统结构的基础。在早期面向进程设计的计算机结构中，进程是程序的基本执行实体；在当代面向线程设计的计算机结构中，进程是线程的容器。程序是指令、数据及其组织形式的描述，进程是程序的实体。

线程（Thread）是操作系统能够进行运算调度的最小单位。它被包含在进程之中，是进程中的实际运作单位。一个线程指的是进程中一个单一顺序的控制流。一个进程中可以并发多个线程，每个线程并行执行不同的任务。线程在 UNIX System V 及 SunOS 中也被称为轻量进程（Lightweight Processes），但轻量进程更多的情况下指的是内核线程（Kernel Thread），通常会把用户线程（User Thread）称为线程。

进程和线程的区别在于进程拥有独立的内存空间，而线程通常与其他线程共享内存空间。共享内存空间有利于线程之间的通信、协调配合，但共享内存空间可能导致多个线程在读写内存时数据不一致，这是使用多线程必须面对的风险。

学习多线程还要搞清楚并行与并发的概念。并行是两个或两个以上任务同时运行，就是 A 任务运行的同时，B 任务也在运行。这需要多核的计算机，例如你的计算机是双核的，假如有两个任务要并行，则两个任务各占用一个 CPU 核即可实现并行。

并发是指处理器不足够的情况下两个或两个以上任务都请求运行，而处理器同一时间只能接收一个任务,就把这两个或两个以上的任务安排轮流执行,由于轮流执行的时间间隔(时间片)非常短,因此从较长时间来看,人感觉两个或两个以上的任务都在运行。

11.2 创建多线程的方式

在 Java 中,创建线程有两种方式,一种是实现 Runnable 接口,另一种是继承 Thread 类。线程是驱动任务运行的载体,在 Java 中,要执行的任务定义在 run()方法中,线程启动后将执行 run()方法,方法执行完后任务也就执行完成。

11.2.1 继承 Thread 类

传统的非多线程编程的各个方法之间有先后顺序,不会并发执行,效率较低。例如想边听歌曲边看书,各用一个方法来模拟,无论怎么编程,只能是先听歌曲再看书或先看书再听歌曲,无法并发执行。模拟上述情况的代码如下。

```java
public class MusicRead {
    public static void main(String[] args) {
        music();
        read();
    }
    public static void music() {
        for (int i = 0; i < 1000; i++) {
            System.out.println(i + "听歌曲");
        }
    }
    public static void read() {
        for (int i = 0; i < 1000; i++) {
            System.out.println(i + "看书");
        }
    }
}
```

运行结果:
0 听歌曲
1 听歌曲
2 听歌曲
…
997 听歌曲
998 听歌曲
999 听歌曲
0 看书
1 看书
2 看书
…
997 看书
998 看书
999 看书

从执行结果可以看到,听完歌曲才开始看书,是有先后顺序的。如果两个方法顺序调过来,则先看完书才能听歌曲。下面将用多线程解决这个问题。

创建一个线程的一种方法是创建一个新的类，该类继承 Thread 类，然后创建一个该类的实例。继承类必须重写 run() 方法，该方法是新线程的入口点。此外，它也必须调用 start() 方法才能执行。修改上述代码如下。

```java
public class MusicRead {
    public static void main(String[] args) {
        Music music=new Music();
        Read read=new Read();
        music.start();
        read.start();
    }
}
class Music extends Thread{
    @Override
    public void run() {          //重写run()方法,把需要执行的任务放到run()方法中
        for (int i = 0; i < 10000; i++) {
            System.out.println(i + "听歌曲");
        }
    }
}
class Read extends Thread{
    @Override
    public void run() {          //重写run()方法,把需要执行的任务放到run()方法中
        for (int i = 0; i < 10000; i++) {
            System.out.println(i + "看书");
        }
    }
}
```

为了让效果更明显，这里修改循环次数为10000次，部分运行结果如图11.1所示。

图 11.1　多线程的部分运行结果

从图 11.1 可以看出，程序不再是先全部执行完听歌曲再执行看书，而是交替轮流执行。轮流的时间片由操作系统控制，并不完全相等，所以有的任务可能一次的时间执行多一点，有的少一点。从较

长时间来看，这两个任务就并发执行了，感觉就像同时执行一样。这样就模拟了边听歌曲边看书。

11.2.2 实现 Runnable 接口

上面这个创建线程的办法有个问题就是由于类是单继承的，因此如果某个类已经有一个父类了，则无法创建多线程，或者创建了多线程后因业务需要给它一个父类也无法实现。这时要使用创建线程的第二种办法。

创建一个线程的第二种方法是创建一个实现 Runnable 接口的类。

为了实现 Runnable 接口，需要重写 Runnable 接口的 run()方法，声明如下：

```
public void run()
```

run() 方法内可以调用其他方法、使用其他类，以及声明变量，就像主线程一样。在创建一个实现 Runnable 接口的类之后，就可以在类中实例化一个线程对象。这要用到 Thread 类的下述构造方法：

```
Thread(Runnable threadOb);
Thread(Runnable threadOb,String threadName);
```

这里，threadOb 是一个实现 Runnable 接口的类的实例，threadName 用来指定新线程的名字。新线程创建之后，调用它的 start() 方法才会运行：

```
void start();
```

【示例】通过 Runnable 接口实现多线程。代码如下。

```java
public class MusicRead2 {
    public static void main(String[] args) {
        Music2 music=new Music2();
        Thread t_music=new Thread(music);
        Read2 read=new Read2();
        Thread t_read=new Thread(read);
        t_music.start();
        t_read.start();
    }
}
class Music2 implements Runnable{
    @Override
    public void run() {        //重写run()方法,把需要执行的任务放到run()方法中
        for (int i = 0; i < 10000; i++) {
            System.out.println(i + "听歌曲");
        }
    }
}
class Read2 implements Runnable{
    @Override
    public void run() {        //重写run()方法,把需要执行的任务放到run()方法中
        for (int i = 0; i < 10000; i++) {
            System.out.println(i + "看书");
        }
    }
}
```

运行结果类似图 11.1。

11.2.3 匿名内部类创建多线程

【示例】匿名内部类创建多线程应用，代码如下。

```java
public static void main(String[] args) {
```

```java
        //匿名内部类
        new Thread() {                                      //实例化 Thread 类
            @Override
            public void run() {                             //重写 run()方法
                for(int i = 0; i < 10000; i++) {            //将要执行的代码写在 run()方法中
                    System.out.println(i+"看书");
                }
            }
        }.start();                                          //开启线程
        new Thread(new Runnable() {         //将 Runnable 的子类对象传递给 Thread 的构造方法
            @Override
            public void run() {                             //重写 run()方法
                for(int i = 0; i < 10000; i++) {            //将要执行的代码写在 run()方法中
                    System.out.println(i+"听歌曲");
                }
            }
        }).start();                                         //开启线程
}
```

11.2.4 主线程与子线程

Main()方法中启动的其他线程称为子线程,而main()方法本身执行的任务称为主线程。子线程启动后,主线程和子线程地位是平等的,一起接受操作系统的调度,轮流进入 CPU 执行,执行顺序也是随机的,并不一定是先执行主线程,再执行子线程。

【示例】主线程与子线程的应用,代码如下。

```java
public class MusicRead3 {
    public static void main(String[] args) {
        Music3 music=new Music3();
        Read3 read=new Read3();
        music.start();  //子线程
        read.start();   //子线程
        for (int i = 0; i < 10000; i++) { //主线程中的任务
            System.out.println(i + "喝咖啡");
        }
    }
}
class Music3 extends Thread{
    @Override
    public void run() {                 //重写 run()方法,把需要执行的任务放到 run()方法中
        for (int i = 0; i < 10000; i++) {
            System.out.println(i + "听歌曲");
        }
    }
}
class Read3 extends Thread{
    @Override
    public void run() {                 //重写 run()方法,把需要执行的任务放到 run()方法中
        for (int i = 0; i < 10000; i++) {
            System.out.println(i + "看书");
        }
    }
}
```

多次运行测试会发现 3 个任务的执行是交替、随机、无序的。这样一个主线程和两个子线程都并发执行了。

11.3 线程的生命周期与状态

线程是一个动态执行的过程，它也有一个从出生到死亡的过程。当线程被创建并启动以后，它既不是一启动就进入了执行状态，也不是一直处于执行状态。在线程的生命周期中，它要经过新建（New）、就绪（Runnable）、运行（Running）、阻塞（Blocked）和死亡（Dead）5 种状态。尤其是当线程启动以后，它不可能一直"霸占"着 CPU 独自执行，所以 CPU 需要在多个线程之间切换，于是线程状态也会多次在运行、阻塞之间切换。

图 11.2 所示为一个线程完整的生命周期。

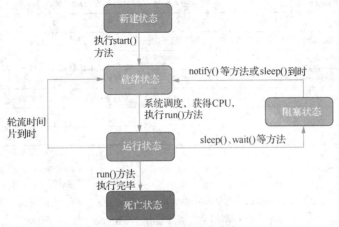

图 11.2　线程完整的生命周期

1. 新建状态

使用 new 关键字和 Thread 类或其子类创建一个线程后，该线程就处于新建状态。它保持这个状态直到程序调用 start() 方法。

2. 就绪状态

当程序调用了 start()方法之后，该线程就进入就绪状态。就绪状态的线程处于就绪队列中，要等待 JVM 里线程调度器的调度。

3. 运行状态

如果就绪状态的线程获取了 CPU 资源，就可以执行 run()方法，此时线程便处于运行状态。处于运行状态的线程最为复杂，它可以变为阻塞状态、就绪状态和死亡状态。

4. 阻塞状态

如果一个线程执行了 sleep()（睡眠）、suspend()（挂起）等方法，失去所占用资源之后，该线程就从运行状态进入阻塞状态。在睡眠时间到或获得设备资源后可以重新进入就绪状态。可以分为以下 3 种情况。

① 等待阻塞：运行状态中的线程执行 wait() 方法，使线程进入等待阻塞状态。
② 同步阻塞：线程获取 synchronized 同步锁失败（因为同步锁被其他线程占用）。
③ 其他阻塞：通过调用线程的 sleep() 或 join() 发出了 I/O 请求时，线程就会进入阻塞状态；当 sleep() 状态超时，join() 等待线程终止或超时，或者 I/O 处理完毕，线程重新进入就绪状态。

5. 死亡状态

一个运行状态的线程完成任务或者其他终止条件发生时，该线程就进入死亡状态。

11.4 操作线程的方法

操作线程的常用方法如表 11.1 所示。

表 11.1 操作线程的常用方法

方法	功能描述
public void start()	使该线程开始执行；JVM 调用该线程的 run ()方法
public void run()	如果该线程是使用独立的 Runnable 运行对象构造的，则调用该 Runnable 对象的 run ()方法；否则，该方法不执行任何操作并返回
public final void setName(String name)	改变线程名称，使之与参数 name 相同
public final String getName()	返回当前线程的名称
public static Thread currentThread()	返回当前正在执行的线程对象
public final void setPriority(int priority)	更改线程的优先级
public final void setDaemon(256boolean on)	将该线程标记为守护线程或用户线程
public final void join(long millisec)	等待该线程终止的时间最长为 millisec 毫秒
public void interrupt()	中断线程
public final boolean isAlive()	测试线程是否处于活动状态

11.4.1 线程的名字

线程创建后会有一个默认名称，使用 getName()方法可以查看到线程的名称，默认名称是 Thread-0 这样的形式，其中 0 也可以是 1、2、3 等整数。可以通过 Thread 类的有参构造方法指定线程的名字，如 new Thread("t1")表示创建一个名称为 t1 的线程；也可以用线程对象的 setName()方法修改线程的名称，例如假设 t1 是个 Thread 对象，则 t1.setName("myThread")表示将线程 t1 的名称改为 myThread。

【示例】输出默认的线程名字。代码如下。

```java
public class Demo1_Name {
    public static void main(String[] args) {
        Thread t1 = new Thread() { // 默认名字
            public void run() {
                System.out.println(this.getName() + "----看书"); // 输出当前线程的名字
            }
        };
        Thread t2 = new Thread() {
            @Override
            public void run() {
                System.out.println(this.getName() + "----听歌曲");
            }
        };
        t1.start();
        t2.start();
    }
}
```

注意：run()方法中的 this 代表当前线程的引用，this.getName()表示获取当前线程的名字。
运行结果：

```
Thread-1----听歌曲
```

```
Thread-0----看书
```
【示例】使用构造方法修改线程的名称。代码如下。
```java
public class NameDemo2 {
    public static void main(String[] args) {
        Thread t1 = new Thread("看书线程") {
            public void run() {
                // this.setName("看书线程"); //修改当前线程的名称
                System.out.println(this.getName() + "----看书");
            }
        };
        Thread t2 = new Thread("听歌线程") {
            @Override
            public void run() {
                System.out.println(this.getName() + "----听歌曲");
            }
        };
        t1.start();
        t2.start();
    }
}
```
运行结果:
```
看书线程----看书
听歌线程----听歌曲
```
如果是在 Thread 类的子类的 run()方法内部修改线程的名称，则用 this.setName()方法，其中 this 代表的是当前线程的引用。如果在 Runnable 接口的实现类的 run()方法内部修改线程名称，则这样使用会报错，因为 this 代表的不是 Thread，而是 Runnable，而 Runnable 是没有 setName()方法的。解决办法是在 Runnalbe 接口的 run()方法内部，先用 Thread 类的 currentThread()静态方法获取到当前线程的引用，再使用 setName()方法，或者使用 getName()方法也一样。

【示例】使用 setName()方法在 run()方法内部修改线程的名称。代码如下。
```java
public class NameDemo3 {
    public static void main(String[] args) {
        Thread t1 = new Thread() {
            public void run() {
                this.setName("看书线程"); //修改当前线程的名称
                System.out.println(this.getName() + "----看书");
            }
        };
        Thread t2 = new Thread(new Runnable() {
            @Override
            public void run() {
                Thread.currentThread().setName("听歌线程"); //修改当前线程的名称
                //this.setName("听歌线程"); //注意不能使用这个
                System.out.println(Thread.currentThread().getName() + "----听歌曲");
            }
        });
        t1.start();
        t2.start();
    }
}
```
运行结果同上。

【示例】使用 setName()方法修改线程的名称。代码如下。

```java
public class NameDemo4 {
    public static void main(String[] args) {
        Thread t1 = new Thread() {
            public void run() {
                System.out.println(this.getName() + "----看书");
            }
        };
        Thread t2 = new Thread(new Runnable() {
            @Override
            public void run() {
                System.out.println(Thread.currentThread().getName() + "----听歌曲");
            }
        });
        t1.setName("read");
        t2.setName("music");
        t1.start();
        t2.start();
    }
}
```

运行结果：
```
read----看书
music----听歌曲
```

11.4.2 线程的优先级

每一个 Java 线程都有一个优先级，这样有助于操作系统确定线程的调度顺序。Java 线程的优先级是一个整数，其取值范围是 1（Thread.MIN_PRIORITY）～10（Thread.MAX_PRIORITY）。

默认情况下，系统会为每一个线程分配一个优先级：
```
public static final int MIN_PRIORITY = 1;
public static final int NORM_PRIORITY = 5;
public static final int MAX_PRIORITY = 10;
```

具有较高优先级的线程对程序更重要，并且应该在低优先级的线程之前分配 CPU 资源。但是，线程的优先级不能保证线程执行的顺序，而且非常依赖平台。

可以通过 setPriority()方法（final 修饰的，不能被子类重载）更改优先级。优先级不能超出 1～10 的取值范围，否则会抛出 IllegalArgumentException 异常。另外，如果该线程已经属于一个线程组（ThreadGroup），那么该线程的优先级不能超过该线程组的优先级。其中，setPriority0()是一个本地方法，setPriority0()方法使用上述数字或枚举作为参数均可。代码如下。

```java
public class PriorityDemo {//优先级
    public static void main(String[] args) {
        Thread t_music = new Thread(){
            public void run() {
                for(int i = 0; i < 100; i++) {
                    System.out.println(getName() + "听歌曲" );
                }
            }
        };
        Thread t_read = new Thread(){
            public void run() {
                for(int i = 0; i < 100; i++) {
                    System.out.println(getName() + "看书" );
```

```
                }
            }
        };
        //t_music.setPriority(1);                        //设置最低优先级
        //t_read.setPriority(10);                        //设置最高优先级
        t_music.setPriority(Thread.MIN_PRIORITY);        //设置最低的线程优先级
        t_read.setPriority(Thread.MAX_PRIORITY);         //设置最高的线程优先级
        t_music.start();
        t_read.start();
    }
}
```

多次运行，发现大部分情况下总是优先执行"看书"任务。无法保证优先级高的线程必定先执行，一般只把线程优先级作为提高效率的一种手段。

11.4.3 线程的睡眠

线程的睡眠是通过 Thread 类的 sleep()方法实现的，而 Thread 类的实例的 IsAlive 属性可以判断线程是否执行完毕。sleep()方法的使用格式为：

```
Thread 实例.sleep();
```

睡眠时间是以毫秒为单位的，sleep() 的作用是让当前线程睡眠，即当前线程会从"运行状态"进入"睡眠（阻塞）状态"。sleep()会指定睡眠时间，线程睡眠的时间会大于或等于该睡眠时间。在睡眠时间内，当前线程是不会执行的，从而其他线程获得了执行的机会。在线程重新被唤醒时，它会由"阻塞状态"变成"就绪状态"，从而等待 CPU 的重新调度执行。

下面通过一个实例来更好地了解线程的睡眠，代码如下。

```java
public class MusicReadSleep {
    public static void main(String[] args) {
        Music music=new Music();
        Read read=new Read();
        music.start();
        read.start();
    }
}
class Music extends Thread{
    @Override
    public void run() {                     //重写 run()方法,把需要执行的任务放到 run()方法中
        for (int i = 0; i < 10000; i++) {
            System.out.println(i + "听歌曲");
        }
    }
}
class Read extends Thread{
    @Override
    public void run() {                     //重写 run()方法,把需要执行的任务放到 run()方法中
        for (int i = 0; i < 100; i++) {
            if(i==10) {
                try {
                    Thread.sleep(1000);//休眠 1 秒
                } catch (InterruptedException e) {
                    e.printStackTrace();
                }
            }
```

```
                System.out.println(i + "看书");
            }
        }
    }
```

部分运行结果如图 11.3 所示。

图 11.3 线程的睡眠

可见看书线程执行 10 次后立即停止了,进入了睡眠状态,时间为 1 秒,在此期间 CPU 会被另一个线程占用。1 秒后睡眠结束,看书线程进入就绪状态,重新由操作系统分配 CPU 轮流执行。

【示例】利用线程的睡眠实现新年倒数。代码如下。

```
public static void demo1() {
    for(int i = 10; i >= 0; i--) {
        try {
            Thread.sleep(1000);
        } catch (InterruptedException e) {
            e.printStackTrace();
        }
        System.out.println("倒计时第" +i + "秒");
    }
    System.out.println("新年快乐!..........@#$%%^*^放烟花.............");
}
```

运行结果如下,每一行输出都会间隔 1 秒。

倒计时第 10 秒
倒计时第 9 秒
倒计时第 8 秒
倒计时第 7 秒
倒计时第 6 秒
倒计时第 5 秒
倒计时第 4 秒
倒计时第 3 秒
倒计时第 2 秒
倒计时第 1 秒
倒计时第 0 秒
新年快乐!..........@#$%%^*^放烟花.............

11.4.4 线程的让步

线程的让步用于正在执行的线程，表示在某些情况下让出 CPU 资源给其他线程执行。

yield()的作用是让步。它能让当前线程由"运行状态"进入"就绪状态"，从而让其他具有相同或更高优先级的等待线程获取执行权。但是，并不能保证在当前线程调用 yield()之后，其他具有相同或更高优先级的线程就一定能获得执行权，也有可能是当前线程又进入"运行状态"继续运行。代码如下。

```java
public class MusicReadYield {
    public static void main(String[] args) {
        Music music=new Music();
        Read read=new Read();
        music.start();
        read.start();
    }
}
class Music2 extends Thread{
    @Override
    public void run() {                    //重写run()方法,把需要执行的任务放到run()方法中
        for (int i = 0; i < 10000; i++) {
            System.out.println(i + "听歌曲");
        }
    }
}
class Read2 extends Thread{
    @Override
    public void run() {                    //重写run()方法,把需要执行的任务放到run()方法中
        for (int i = 0; i < 100; i++) {
            if(i==10) {
                Thread.yield();//让出CPU
            }
            System.out.println(i + "看书");
        }
    }
}
```

部分运行结果如图 11.4 所示。

图 11.4　线程的让步

可以发现当看书线程执行 10 次后让出了 CPU 资源。多执行几次，会发现有时候并没让出 CPU 资源，原因如上所述。

11.4.5 线程的插队

在日常生活中，有时会遇到因为紧急情况不得已插队的事情。在多线程中，也会遇到让一个线程优先于其他线程运行的情况。此时除了可以通过设置其优先级高于其他线程外，更直接的方法是使用 Thread 类的 join()方法。

使用 join()方法可实现"插队"效果。当插队的线程运行结束后，其他线程将继续运行。join()方法是 Thread 类的一个静态方法，它有以下 3 种形式。

- join()：等待调用该方法的线程终止，只有当指定的线程结束后当前线程才能继续。
- join(long millis)：等待调用该方法的线程终止的时间最长为 millis 毫秒。
- join(long millis,int nanos)：等待调用该方法的线程终止的时间最长为 millis 毫秒加纳秒。

如果有线程中断了运行 join()方法的线程，则抛出 InterruptedException 异常。代码如下。

```java
public static void main(String[] args) {
    final Thread t1 = new Thread("看书线程") {
        public void run() {
            for(int i = 0; i < 10; i++) {
                try {
                    Thread.sleep(500);
                } catch (InterruptedException e) {
                    e.printStackTrace();
                }
                System.out.println(getName() +"---"+i+ "看书");
            }
        }
    };
    Thread t2 = new Thread("听歌线程") {
        public void run() {
            for(int i = 0; i < 100; i++) {
                if(i == 2) {
                    try {
                        t1.join();
                    } catch (InterruptedException e) {
                        e.printStackTrace();
                    }
                }
                System.out.println(getName() + "---"+i+"听歌曲");
            }
        }
    };
    t1.start();
    t2.start();
}
```

部分运行结果如图 11.5 所示。

可以看到听歌线程执行了两次后就插入了看书线程，尽管看书线程每执行一次都有睡眠，但 join()方法保证了该线程全部执行完毕后当前线程才能继续执行。

把 t1.join()改为 t1.join(2000)后，再次执行，部分运行结果如图 11.6 所示。

图 11.5　线程的插队　　　图 11.6　规定线程的插队时间

可见，此时插入的看书线程 t1 并没有全部执行完就退出了 CPU，仅仅执行了 2 秒。这是因为 t1.join(2000)规定了插队时间为 2 秒。

11.5　线程的同步

线程的同步是指当有一个线程在对内存进行操作时，其他线程都不可以对这个内存地址进行操作，直到该线程完成操作后，其他线程才能对该内存进行操作，而其他线程又处于等待状态。

11.5.1　线程安全问题

多个线程操作（读写）同一个变量可能导致数据不一致，出现"异常"情况，这是多线程的一个安全问题。下面通过一个案例来了解这种情况。

【示例】模拟某歌星演唱会门票售票，一共 10 张，通过 4 个窗口售卖，卖完为止。票的数量定义为类的静态成员变量，卖票定义为类的方法，每卖一张数量减 1。每个窗口用一个线程进行模拟，每个窗口卖票与主机通信有时间差，用线程"睡眠"一小段时间来模拟。代码如下：

```java
public class TicketDemo {
    public static void main(String[] args) {
        new Ticket().start();
        new Ticket().start();
        new Ticket().start();
        new Ticket().start();
    }
}
class Ticket extends Thread {
    private static int ticket = 10;
    @Override
    public void run() {
        while(true) {
            if(ticket == 0) {
                break;
            }
            try {
                Thread.sleep(100);     //模拟通信延时
            } catch (InterruptedException e) {
```

```
                    e.printStackTrace();
                }
                System.out.println(getName() + "---卖出第" + ticket-- + "张票");
        }
    }
}
```

根据上面的程序，按理票数等于 0 时就会退出 while 循环，10 张票刚好全部卖完。实际运行结果如下：

```
Thread-3...卖出第10张票
Thread-1...卖出第9张票
Thread-2...卖出第8张票
Thread-0...卖出第7张票
Thread-1...卖出第6张票
Thread-3...卖出第5张票
Thread-0...卖出第4张票
Thread-2...卖出第3张票
Thread-3...卖出第2张票
Thread-1...卖出第1张票
Thread-0...卖出第0张票
Thread-2...卖出第-1张票
Thread-3...卖出第-2张票
Thread-0...卖出第-3张票
Thread-2...卖出第-4张票
Thread-0...卖出第-5张票
...
```

从上面结果可以看出，票卖完后还在无休止地卖，并没退出循环，出现了"异常"情况。这是怎么回事呢？

原来在本例中，每次卖票线程都会先"睡眠"一次，当线程 Thread-1 卖掉最后一张票的时候，票的数量减 1，变成 0，这时其他 3 个线程还在"睡眠"；然后线程 Thread-1 继续进行 while 循环，这时 if 判断条件 ticket==0 为 true，线程 Thread-1 退出循环，该线程生命周期结束。此后线程 Thread-0 "睡眠"时间结束，继续执行，但值得注意的是该线程"睡醒"时的位置是在 if 判断后面，所以 if 判断条件 ticket==0 对它不起作用；它就继续"卖票"，输出 ticket 的值 0，即卖出第 0 张票，然后将变量 ticket 减 1，票数变成-1。然后继续进行 while 循环，这时 if 判断条件 ticket==0 为 false，然后线程 Thread-0 "睡眠"。然后线程 Thread-2 "醒"来，输出 ticket 的值-1，即卖出第-1 张票，然后减 1，票数变成-2。然后继续进行 while 循环，这时 if 判断条件 ticket==0 为 false，然后线程 Thread-2 "睡眠"。然后线程 Thread-3 "醒"来，继续相似的过程，卖出第-2 张票。就这样除了 Thread-1 线程，其余 3 个线程都跨过了 ticket==0 这个判断条件，不停地卖负数票。

如何解决这个问题？试试把 if 判断条件改为 ticket<=0，发现虽然卖票会很快停止下来，但同样有第 0 张票和 2 张负数票出现，原因同上。

这就是线程安全问题的典型例子。那如何来解决呢？答案是进行线程同步，即一个线程全部完成，包括"睡眠"，另一个线程才能进入。这相当于线程一个个进行"排队"，依次执行，保证处理共享资源的代码在同一时刻只有一个线程能够访问。具体线程如何进行同步呢？有两种办法，一是同步代码块，二是同步方法。

11.5.2 同步代码块

将线程中的处理共享资源的部分代码用 synchronized(lock){}结构包围起来，放入大括号中。这样这些被包围起来的代码在被一个线程全部执行完才会轮到其他线程执行，否则有可能时间片一到，或者代码中有线程睡眠，即使没执行完也会被其他线程执行。这种被 synchronized(lock){}结构包围起来的代码就称为同步代码块。

synchronized(lock){}结构中的 lock 称为锁。锁可以是自定义对象，可以是该类的字节码文件（后缀名为.class），也可以是 this 关键字，但不能是匿名对象。当一个线程执行同步代码块时，会读取锁对象的标志位（默认为 1），如果为 1，则此线程能够获得访问同步代码块的权限，并将锁对象的标志位设置为 0；此时若有其他线程访问此锁对象，发现为 0，无法进入，进入阻塞状态；当有权限执行该同步代码块的线程执行完毕后，会将锁对象的标志位重新设置为 1，这时其他线程才能进入同步代码块，过程相同，如此反复。

在线程开始执行同步代码块前，必须获得对同步代码块的锁定，并且任何时刻都只能有一个线程可以获得对同步监视器的锁定。当同步代码块执行完成后，该线程会释放对该同步监视器的锁定。

【示例】未进行同步前，想要先后输出"春眠不觉晓""砺锋科技"。代码如下。

```java
public class SynchronizedDemo1 {
    public static void main(String[] args) {
        final Printer p = new Printer();
        new Thread() {
            @Override
            public void run() {
                while(true) {
                    p.print1();
                }
            }
        }.start();
        new Thread() {
            @Override
            public void run() {
                while(true) {
                    p.print2();
                }
            }
        }.start();
    }
}
class Printer {
    public void print1() {
        System.out.print("春");
        System.out.print("眠");
        System.out.print("不");
        System.out.print("觉");
        System.out.print("晓");
        System.out.print("\r\n");
    }
    public void print2() {
        System.out.print("砺");
        System.out.print("锋");
        System.out.print("科");
        System.out.print("技");
        System.out.print("\r\n");
```

            }
        }
class Demo{}
```

部分输出结果:
春眠不觉晓
春眠不觉晓
春眠不觉晓
春砺锋科技
砺锋科技
砺锋科技
砺锋科技
砺锋科技
砺锋科技
砺锋科技
砺锋科技
砺锋科技
砺锋眠不觉晓
春眠不觉晓
春眠不觉晓
春眠不觉晓

发现大部分没问题，但少部分输出出现了错乱，例如线程 1 刚输出"春"字，时间片到了，接下来线程 2 输出"砺锋科技"，这样就出现"春砺锋科技"；线程 2 输出了一段时间后，刚输出"砺"和"锋"，时间片又到了，线程 1 接着原来的"春"字后面的"眠不觉晓"进行输出，故会出现"砺锋眠不觉晓"这样的输出。分析发现，根本原因还是不同步造成的，线程没有执行完全部代码就被夺走执行权。解决问题的办法自然是同步。这里使用同步代码块，同步后的完整代码如下。

```java
public class Demo1_Synchronized {
    public static void main(String[] args) {
        final Printer p = new Printer();
        new Thread() {
            @Override
            public void run() {
                while(true) {
                    p.print1();
                }
            }
        }.start();
        new Thread() {
            @Override
            public void run() {
                while(true) {
                    p.print2();
                }
            }
        }.start();
    }
}
class Printer {
    Object obj=new Object();
    Demo d = new Demo();
    public void print1() {
```
```

```java
            //synchronized(new Demo()) {        //同步代码块,锁机制,锁对象可以是任意的,但new
Demo()这种匿名对象不可以
            //synchronized(this) {
            //synchronized(d) {
            //synchronized(obj) {
            synchronized(Printer.class) {
                System.out.print("春");
                System.out.print("眠");
                System.out.print("不");
                System.out.print("觉");
                System.out.print("晓");
                System.out.print("\r\n");
            }
        }
        public void print2() {
            //synchronized(new Demo()) {        //锁对象不能用匿名对象,因为匿名对象不是同一个对象
            //synchronized(this) {
            //synchronized(d) {
            //synchronized(obj) {
            synchronized(Printer.class) {
                System.out.print("砺");
                System.out.print("锋");
                System.out.print("科");
                System.out.print("技");
                System.out.print("\r\n");
            }
        }
}
class Demo{}
```

再次执行，发现没有"错乱"的情况了，各自完整地输出了。

上面代码还可测试各种锁，注意注释掉的部分代码，发现除了用匿名对象作为锁外，其他各种对象均可以。

11.5.3 同步方法

上面的同步代码块是使方法中的一部分代码进行同步，也可以在方法上用 synchronized 关键字，使该方法中的全部代码都进行同步，操作起来也更加简单。代码如下。

```java
class Printer2 {
    public synchronized void print1() {        //同步方法只需要在方法上加 synchronized 关键字即可
        System.out.print("夜");
        System.out.print("来");
        System.out.print("风");
        System.out.print("雨");
        System.out.print("声");
        System.out.print("\r\n");
    }
    public synchronized void print2() {
        System.out.print("砺");
        System.out.print("锋");
        System.out.print("科");
```

```
            System.out.print("技");
            System.out.print("\r\n");
        }
    }
```

运行程序,同样没有再出现"错乱"的情况。

如果一个方法用同步方法,另一个方法里面用同步代码块能实现同步吗?答案是可以的,但同步代码块的锁必须是"this",也就是说同步方法默认的锁其实是"this",这样它们相当于用同一锁,所以可以实现同步。如果是静态方法则需要用该类的字节码文件(后缀名为.class)作为锁,也就是说同步静态方法默认的锁其实是该类的字节码文件。

11.5.4 线程安全问题的解决

前面介绍了线程安全问题产生的原因及同步代码块和同步方法,这些知识可以用来解决线程安全问题。下面使用同步代码块来解决卖票问题,这里将处理共享资源的那部分代码用 synchronized 关键字做成同步代码块,代码如下。

```java
public class TicketDemo2 {
    public static void main(String[] args) {
        new Ticket().start();
        new Ticket().start();
        new Ticket().start();
        new Ticket().start();
    }
}
class Ticket extends Thread {
    private static int ticket = 10;
    @Override
    public void run() {
        while(true) {
            synchronized(Ticket.class) {
                if(ticket <= 0) {
                    break;
                }
                try {
                    Thread.sleep(100);
                } catch (InterruptedException e) {
                    e.printStackTrace();
                }
                System.out.println(getName() + "---卖出第" + ticket-- + "张票");
            }
        }
    }
}
```

运行结果:

```
Thread-0...卖出第 10 张票
Thread-0...卖出第 9 张票
Thread-3...卖出第 8 张票
Thread-3...卖出第 7 张票
Thread-1...卖出第 6 张票
Thread-1...卖出第 5 张票
Thread-1...卖出第 4 张票
Thread-2...卖出第 3 张票
```

```
Thread-1...卖出第 2 张票
Thread-1...卖出第 1 张票
```
问题解决,不再会卖出第 0 张票及负数张票了。

11.5.5 死锁问题

死锁是指两个或两个以上的线程在执行过程中,因争夺资源而造成的一种互相等待的现象。若无外力作用,它们都将无法推进下去。

在一个同步代码块同时持有两个以上对象的锁时,就可能会发生死锁的问题。死锁就是各自抱着资源不释放,然后各自请求对方的资源,例如做买卖时,一手交钱一手交货,卖家说你给我钱我给你货,买家说你给我货我给你钱,这样永远也做不成交易,这就是"死锁"。

下面用代码来模拟上述买卖的过程:

```java
public class DeadLock {
    public static void main(String[] args) {
        Sales sales=new Sales();
        Buyer buyer=new Buyer();
        sales.start();
        buyer.start();
    }
}
class Product{}//模拟货物
class Money{}//模拟钱
class Sales extends Thread{
    @Override
    public void run() {
        synchronized(Product.class){//拥有货物的锁
            System.out.println("卖家货在手,等待买家给钱就交货!");
            //1 秒后想拥有钱
            try {
                Thread.sleep(1000);
            } catch (InterruptedException e) {
                e.printStackTrace();
            }
            synchronized (Money.class) {
                System.out.println("卖家获得了钱,交货了!");
            }
        }
    }
}
class Buyer extends Thread{
    @Override
    public void run() {
        synchronized(Money.class){//拥有钱的锁
            System.out.println("买家钱在手,等待卖家交货就给钱!");
            //1 秒后想拥有货
            try {
                Thread.sleep(1000);
            } catch (InterruptedException e) {
                e.printStackTrace();
            }
            synchronized (Product.class) {
                System.out.println("买家获得了货,钱交给了卖家!");
```

```
            }
        }
    }
}
```

运行结果：

卖家货在手,等待买家给钱就交货!
买家钱在手,等待卖家交货就给钱!

然后发现程序一直阻塞，互相等待（僵持），交易无法完成。这就是典型的死锁。

如何解决死锁？解决死锁的思路为不要在同一个代码块中同时持有多个对象的锁，锁不能嵌套。按照这个思路，即可解决上述买卖中的死锁问题。简单修改代码如下：

```java
class Sales extends Thread{
    @Override
    public void run() {
        synchronized(Product.class){//拥有货物的锁
            System.out.println("卖家货在手!");
            //1秒后想拥有钱
            try {
                Thread.sleep(1000);
            } catch (InterruptedException e) {
                e.printStackTrace();
            }
        }
        synchronized (Money.class) {
            System.out.println("卖家获得了钱,货也交给了买家!");
        }
    }
}
class Buyer extends Thread{
    @Override
    public void run() {
        synchronized(Money.class){//拥有钱的锁
            System.out.println("买家钱在手!");
            //1秒后想拥有货
            try {
                Thread.sleep(1000);
            } catch (InterruptedException e) {
                e.printStackTrace();
            }
        }
        synchronized (Product.class) {
            System.out.println("买家获得了货,钱也交给了卖家!");
        }
    }
}
```

再次运行，结果如下：

卖家货在手!
买家钱在手!
买家获得了货,钱也交给了卖家!
卖家获得了钱,货也交给了买家!

这样就解决了死锁问题，买卖做成了。

11.6 线程的等待与唤醒

线程的等待与唤醒包括 wait()、notify()、notifyAll()等方法。

1. wait()方法

wait()方法使当前线程放弃同步锁，转换为阻塞状态，直到被其他线程进入此同步锁唤醒为止。

2. notify()方法

notify()方法随机唤醒一个此同步锁上等待中的线程。

3. notifyAll()方法

notifyAll()方法唤醒此同步锁上所有等待中的线程。

【示例】轮流交替输出"春眠不觉晓"与"砺锋科技"。代码如下。

```java
public class Demo2_NotifyAll {
    public static void main(String[] args) {
        final Printer2 p = new Printer2();
        new Thread() {
            public void run() {
                while(true) {
                    try {
                        p.print1();
                    } catch (InterruptedException e) {
                        e.printStackTrace();
                    }
                }
            }
        }.start();

        new Thread() {
            public void run() {
                while(true) {
                    try {
                        p.print2();
                    } catch (InterruptedException e) {

                        e.printStackTrace();
                    }
                }
            }
        }.start();

        new Thread() {
            public void run() {
                while(true) {
                    try {
                        p.print3();
                    } catch (InterruptedException e) {

                        e.printStackTrace();
                    }
                }
            }
        }.start();
    }
```

```java
}
class Printer2 {
    private int flag = 1;
    public void print1() throws InterruptedException {
        synchronized(this) {
            if(flag == 1) {
                System.out.print("春");
                System.out.print("眠");
                System.out.print("不");
                System.out.print("觉");
                System.out.print("晓");
                System.out.print("\r\n");
                flag = 2;
                //this.notify();          //随机唤醒单个等待的线程
                this.notifyAll();         //唤醒所有等待的线程
            }else {
                this.wait();              //当前线程等待
            }
        }
    }

    public void print2() throws InterruptedException {
        synchronized(this) {
            if(flag == 2) {
                System.out.print("砺");
                System.out.print("锋");
                System.out.print("科");
                System.out.print("技");
                System.out.print("\r\n");
                flag = 3;
                //this.notify();
                this.notifyAll();
            }else {
                this.wait();              //线程2在此等待
            }
        }
    }

    public void print3() throws InterruptedException {
        synchronized(this) {
            if(flag == 3) {
                System.out.print("花");
                System.out.print("落");
                System.out.print("知");
                System.out.print("多");
                System.out.print("少");
                System.out.print("\r\n\r\n");
                flag = 1;
                //this.notify();
                this.notifyAll();
            }else {
                this.wait();              //线程3在此等待,if语句是在哪里等待,就在哪里起来
```

```
            }
        }
    }
}
```

输出结果：
春眠不觉晓
砺锋科技
春眠不觉晓
砺锋科技
春眠不觉晓
砺锋科技
春眠不觉晓
砺锋科技
...

如果有 3 句话要交替输出呢？notify()方法只能随机唤醒一个等待状态的线程，还有一个等待状态的线程唤不醒。这时需要用到 notifyAll()方法，把所有等待状态的线程都唤醒。

【示例】交替输出"春眠不觉晓""砺锋科技""花落知多少"。代码如下。

```java
public class Demo2_NotifyAll {
    public static void main(String[] args) {
        final Printer2 p = new Printer2();
        new Thread() {
            public void run() {
                while(true) {
                    try {
                        p.print1();
                    } catch (InterruptedException e) {
                        e.printStackTrace();
                    }
                }
            }
        }.start();
        new Thread() {
            public void run() {
                while(true) {
                    try {
                        p.print2();
                    } catch (InterruptedException e) {
                        e.printStackTrace();
                    }
                }
            }
        }.start();
        new Thread() {
            public void run() {
                while(true) {
                    try {
                        p.print3();
                    } catch (InterruptedException e) {
                        e.printStackTrace();
                    }
                }
            }
        }.start();
```

```java
        }
    }
    class Printer2 {
        private int flag = 1;
        public void print1() throws InterruptedException {
            synchronized(this) {
                if(flag != 1) {
                    this.wait();            //当前线程等待
                }
                System.out.print("春");
                System.out.print("眠");
                System.out.print("不");
                System.out.print("觉");
                System.out.print("晓");
                System.out.print("\r\n");
                flag = 2;
                this.notifyAll();           //唤醒所有等待的线程
            }
        }
        public void print2() throws InterruptedException {
            synchronized(this) {
                while(flag != 2) {
                    this.wait();
                }
                System.out.print("砺");
                System.out.print("锋");
                System.out.print("科");
                System.out.print("技");
                System.out.print("\r\n");
                flag = 3;
                this.notifyAll();
            }
        }
        public void print3() throws InterruptedException {
            synchronized(this) {
                while(flag != 3) {
                    this.wait();
                }
                System.out.print("花");
                System.out.print("落");
                System.out.print("知");
                System.out.print("多");
                System.out.print("少");
                System.out.print("\r\n\r\n");
                flag = 1;
                this.notifyAll();
            }
        }
    }
```

运行结果：
春眠不觉晓
砺锋科技
花落知多少

春眠不觉晓
砺锋科技
花落知多少

春眠不觉晓
砺锋科技
花落知多少

11.7 上机实验

任务一：解决同时取钱的线程安全问题

要求：假设张三的微信绑定了他的一张银行卡，他的家人的支付宝也绑定了同一张银行卡，银行卡当前的余额是 1000 元，当天他多次使用微信取款，他的家人则多次使用支付宝取款。用 Java 代码模拟上述业务，使用线程休眠模拟延时，代码设置了取款金额大于余额则不能取款，运行结果发现余额不足的情况下他的家人也取到款了。这是什么原因造成的呢？如何解决？

分析：显然这是线程安全问题，解决办法是使用同步代码块进行同步。

任务二：交替输出字母数字

要求：每隔 1 秒交替输出大写字母 A～Z 和数字 1～26。

分析：定义两个线程，一个输出字母，一个输出数字，使用线程的等待与唤醒实现交替。

思考题

1. 在 Java 中，高优先级的可运行线程是否会抢占低优先级线程？
2. 有 3 种原因可以导致线程不能运行，它们是（ ）。
   A. 等待 　　　　　　　　　　　　B. 阻塞
   C. 休眠 　　　　　　　　　　　　D. 挂起及由于 I/O 操作而阻塞
3. 简述程序、进程和线程之间的关系。什么是多线程程序？
4. 什么是线程调度？Java 的线程调度采用的是什么策略？
5. 简述 Thread 类的子类或实现 Runnable 接口两种方法的异同。
6. 简述 Thread 类中的 start()方法与 run()方法的区别。
7. 简述创建线程的两种方式。
8. 线程什么时候进入死亡状态？
9. 什么方法可以用来停止当前线程的运行？
10. 为什么 Java 官方不推荐使用 stop()方法停止线程的运行？

程序设计题

1. 编写一个应用程序，在线程同步的情况下解决"生产者—消费者"问题。
2. 有 A、B、C 3 个线程，A 线程输出 A，B 线程输出 B，C 线程输出 C。要求：同时启动 3 个线程，按顺序输出 A、B、C，循环 10 次。
3. 假设车库有 3 个车位（可以通过 boolean[] 数组来表示车库）可以停车，写一个程序模拟多个用户开车离开、停车入库。注意：车位有车时不能停车。
4. 编写两个线程，一个线程输出 1～52 的整数，另一个线程输出字母 A～Z。输出顺序为 1、2、A、3、4、B、5、6、C、…、5、1、5、2、Z。即按照整数和字母的顺序输出，并且每输出两个整数后，输出一个字母，交替循环输出，直到输出到字母 Z 结束。
5. 请编写程序，分别输出主线程的名称和子线程的名称，要求使用 Thread 类的方式实现。
6. 请编写程序，分别输出主线程的名称和子线程的名称，要求使用 Runnable 接口的方式实现。
7. 设计 4 个线程，其中两个线程每次对变量 i 加 1，另外两个线程每次对变量 i 减 1。
8. 现在有 T1、T2、T3 这 3 个线程，3 个线程分别输出 T1、T2、T3。要求：保证 T2 在 T1 执行完后执行，T3 在 T2 执行完后执行。
9. 设计一个多线程的火车售票模拟程序。假如火车站有 100 张火车票要卖出，现在有 5 个售票点同时售票，用 5 个线程模拟这 5 个售票点的售票情况。
10. 使用多线程编写一个简单的死锁程序。

第 12 章　图形用户界面

图形用户界面（Graphical User Interface，GUI）设计是程序设计的重要组成部分，界面设计的功能性、简洁性、方便性、友好性是衡量一个应用程序实现人机交互能力的重要指标。Java 语言提供了丰富的组件来完成界面设计，并通过事件机制实现功能处理。Swing 是一个用于开发 Java 应用程序用户界面的工具包。它以抽象窗口工具包（Abstract Window Toolkit，AWT）为基础，使跨平台应用程序可以使用任何可插拔的外观风格。Swing 开发人员只用很少的代码就可以利用 Swing 丰富、灵活的功能和模块化组件来创建优雅的用户界面。

本章主要介绍 Swing 中的各种组件（如窗体、按钮、文本框、下拉列表框、菜单等），布局管理器，事件处理。

12.1　Swing 简介

Swing 是 Java 中用于设计图形用户界面的工具包，里面含有许多图形用户界面的容器和组件。容器类继承自 Container 类，而组件类继承自 Component 类。容器可以看作一个窗体，组件则是窗体中实现各种功能的事物，例如按钮、文本框、列表等。在开发中，可通过容器类的 add() 方法将组件添加到容器中。

12.1.1　窗体组件 JFrame

在设计图形用户界面的时候需要将许多的组件呈现出来，如按钮、文本框、标签等，而 JFrame 则是容纳这些组件的容器，又称为窗体。JFrame 类似一张画布，将图案画在画布上面，这样才能让用户看见。

在构造 JFrame 的时候，如果传递了字符串作为参数的话，那么该字符串就会作为该窗体的标题。在构造 JFrame 后，JFrame 初始默认是不可见的，需要调用 setVisible() 方法并传递 true 为参数，即 frame.setVisible(true);，这样窗体就变得可见了。接下来还需要设置窗体的大小，可以通过 setSize() 方法来实现这一个功能。frame.setSize(x,y);中的 x 是宽、y 是高。在设置了窗体大小之后，单击编译按钮就能看到一个宽为 x、高为 y 的可见的窗口了。如果希望在关闭窗体后程序可以随之停止，需要调用方法 setDefaultCloseOperation()并传入参数 JFrame.EXIT_ON_CLOSE，这句代码设置了关闭窗体后会停止程序的运行。此外，还有其他 3 个参数，简述如下。

- DO_NOTHING_ON_CLOSE：表示关闭窗体的时候什么都不干。
- DISPOSE_ON_CLOSE：表示关闭的时候释放窗体。
- HIDE_ON_CLOSE：表示关闭的时候隐藏窗体。

1. JFrame 的构造方法

① 不带参的构造方法：窗体没有标题，若需要标题则要用 setTitle()方法进行设置，如 setTitle("登录窗口");。

② 带参的构造方法：用一个字符串作为参数，此字符串将成为窗体的标题。

2. JFrame 的常用方法

① public void setBounds(int x,int y,int width,int height)：设置窗体显示位置和宽高。x 为横坐标，y 为纵坐标，width 为宽，height 为高。

② public void setTitle(String title)：设置窗体的标题。

③ public Component add(Component comp)：添加各种组件到窗体中。

④ public void setResizable(boolean resizable)：设置窗体是否可改变大小。

⑤ public void setIconImage(Image image)：为窗体指定图标。

⑥ public void dispose()：关闭时释放窗体。

⑦ public void setLocationRelativeTo(Component c)：设置窗体的相对位置。如果参数为 null，则窗体在屏幕中居中对齐。

此外，窗体的背景颜色和背景图片的设置分别见 12.1.4 小节和 12.1.11 小节。

【示例】创建窗体。代码如下。

```
public class JFrameDemo1 {
    public static void main(String[] args) {
        JFrame f = new JFrame("第一个JFrame");
        f.setVisible(true);
        f.setSize(300, 300);
        f.setDefaultCloseOperation(JFrame.EXIT_ON_CLOSE);
    }
}
```

该例子创建了一个标题为 Title、边长为 300 像素的正方形窗体。关闭该窗体后程序也会随之停止运行。通常使一个普通的 Java 类继承 JFrame 类，然后在构造方法中创建 JFrame。这样其他类只要实例化此类即可弹出窗体。

【示例】弹出窗体。代码如下。

```
public class JFrameDemo1 extends JFrame{
    public static void main(String[] args) {
        new JFrameDemo1();
    }
    public JFrameDemo1() {
        this.setTitle("第一个JFrame");
        this.setVisible(true);
        this.setSize(300, 300);
        this.setDefaultCloseOperation(JFrame.EXIT_ON_CLOSE);
    }
}
```

12.1.2 对话框组件 JDialog

JDialog 与 JFrame 类似，也是一个窗体容器。它的功能是从一个窗体中弹出一个对话框，用于与用户交互，如弹出一个对话框，用户可以选择"确认"或"取消"。与 JFrame 不同的是，JDialog 的标题栏上只有关闭按钮。而 JFrame 标题栏上有最小化、最大化和关闭按钮。通常 JDialog 不单独创建，而是从属于一个 JFrame。

【示例】创建对话框，代码如下。

```
public class JDialogDemo1 {
    public static void main(String[] args) {
        JDialog d = new JDialog();
        d.setTitle("对话框");
        d.setVisible(true);
        d.setSize(300, 300);
    }
}
```

该例子创建了一个可见的、长为 300 像素的正方形对话框。除了右上角只有一个关闭按钮，其余的和 JFrame 类似。

JDialog 有模态对话框和非模态对话框两种。模态对话框弹出后，其他窗体会处于冻结状态，无法操作，直到模态对话框才可操作。非模态对话框弹出后可以对其他窗体进行操作。

JDialog 的构造方法常用的有以下几种。

- JDialog()：构造一个无标题、不指定所有者的非模态对话框。
- JDialog(Frame owner)：构造一个非模态对话框，同时指定其所有者为窗体 owner。
- JDialog(Frame owner,String title)：构造一个非模态对话框，同时指定其所有者为窗体 owner 以及其标题为 title。
- JDialog(Frame owner,boolean modal)：构造一个对话框，同时指定其所有者为窗体 owner。如果 modal 值为 true，则为模态对话框；如果 modal 值为 false，则为非模态对话框。

【示例】单击 JFrame 窗体中的两个按钮，分别弹出模态和非模块对话框。代码如下。

```
public class JDialogDemo2 extends JFrame{
    public static void main(String[] args) {
        new JDialogDemo2();
    }
    //定义一个对话框
    private JDialog dialog = new JDialog(JDialogDemo2.this,"");
     //创建三个按钮
    JButton button1=new JButton("模态对话框");
    JButton button2=new JButton("非模态对话框");
    JButton button3=new JButton("确定");
    public JDialogDemo2() {
        //为第一个按钮注册单击事件监听器
        button1.addActionListener(new ActionListener() {
            public void actionPerformed(ActionEvent e) {
                //创建一个模态对话框
                dialog = new JDialog(JDialogDemo2.this,true);
                dialog.setLayout(new FlowLayout());        //采用流式布局
                JLabel label=new JLabel("这是模态对话框");    //创建标签
                dialog.add(label);                         //将标签添加到对话框
                dialog.add(button3);                       //将按钮添加到对话框
                dialog.setTitle("模态对话框");              //设置对话框的标题
                dialog.setBounds(80,80,100,100);           //设置对话框的显示位置
                dialog.setVisible(true);                   //设置对话框可见
            }
        });
```

```java
        button2.addActionListener(new ActionListener() {
            public void actionPerformed(ActionEvent e) {
                //创建一个非模态对话框
                dialog = new JDialog(JDialogDemo2.this,false);
                dialog.setLayout(new FlowLayout());
                JLabel label=new JLabel("这是非模态对话框");
                dialog.add(label);
                dialog.add(button3);
                dialog.setTitle("非模态对话框");
                dialog.setBounds(80,80,100,100);
                dialog.setVisible(true);
            }
        });
        //为第三个按钮注册单击事件监听器
        button3.addActionListener(new ActionListener() {
            public void actionPerformed(ActionEvent e) {
                dialog.dispose();         //关闭对话框
            }
        });
        this.setLayout(new FlowLayout());   //窗体采用流式布局
        this.add(button1);                  //主窗体添加第一个按钮
        this.add(button2);                  //主窗体添加第二个按钮
        this.setTitle("父窗体");             //为主窗体设置标题
        this.setVisible(true);
        this.setSize(300, 200);
        this.setDefaultCloseOperation(JFrame.EXIT_ON_CLOSE); //关闭时退出程序
    }
}
```

上面代码涉及的布局、按钮、标签、事件等后面会讲，这里先只关注 JDialog 本身。运行效果如图 12.1 所示。单击第一个按钮，弹出模态对话框，此时主窗体无法操作，直到单击对话框中的确定按钮才可操作；单击第二个按钮，这时主窗体也是可以操作的。

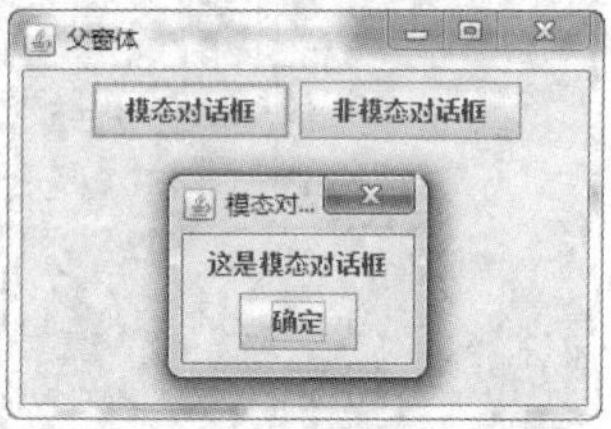

12.1.3 对话框组件 JOptionPane

使用上面介绍的 JDialog 可以制作消息提示对话框、确定取消对话框等常用的对话框，但相对来说要花费一些心思才能做出来，而 JOptionPane 组件直接提供了创建上述几种常用的对话框的方法，大大方便了编程。

图 12.1 模态与非模态对话框

1. showMessageDialog() 的静态方法

弹出消息对话框，显示一条消息并等待用户确定。常用的重载方法如下。

（1）showMessageDialog(Component parentComponent,Object message)：默认消息框，默认图标，默认标题，消息内容为 message。

（2）showMessageDialog(Component parentComponent,Object message, String title,int messageType)：指定消息框的标题为 title，消息类型为 messageType，消息类型决定了图标。

（3）showMessageDialog(Component parentComponent, Object message, String title, int messageType, Icon icon)：用自定义的图标 icon 代替 messageType 指定的图标。

参数说明如下。

- parentComponet：父组件。

- message：显示在对话框中的消息对象（可以是字符串 String、图标 Icon、组件或者数组）。
- title：对话框标题。
- messageType：消息类型，决定图标。ERROR_MESSAGE、INFORMATION_MESSAGE、WARNING_MESSAGE、QUESTION_MESSAGE、PLAIN_MESSAGE 分别表示错误、提示、警告、询问、无图标消息。
- icon：用于替代标准图标的图标。

举例如下（说明，以下代码兼容 JDK1.8，如切换为 JDK14 可能会报错，删掉@Override 即可，有关组件变量若报错，则放到方法外部进行定义作为全局变量即可，后面示例也同样处理）。

```java
public class JOptionPaneDemo extends JFrame{
    public static void main(String[] args) {
        new JOptionPaneDemo();
    }
    public JOptionPaneDemo() {
        JButton button1=new JButton("消息对话框");
        JButton button2=new JButton("确认对话框");
        //为第一个按钮绑定单击事件
        button1.addActionListener(new ActionListener() {
            @Override
            public void actionPerformed(ActionEvent e) {
                //消息对话框
                JOptionPane.showMessageDialog(button1,"提示消息");
                JOptionPane.showMessageDialog(button1,"提示消息","标题",JOptionPane.
                    INFORMATION_MESSAGE);
                JOptionPane.showMessageDialog(button1,"提示消息","标题",JOptionPane.
                    ERROR_MESSAGE);
                JOptionPane.showMessageDialog(button1,"提示消息","标题",JOptionPane.
                    WARNING_MESSAGE);
                JOptionPane.showMessageDialog(button1,"提示消息","标题",JOptionPane.
                    QUESTION_MESSAGE);
                JOptionPane.showMessageDialog(button1,"提示消息","标题",JOptionPane.
                    PLAIN_MESSAGE);
            }
        });
        //省略其余代码
```

运行后第一个弹出的对话框如图 12.2 所示，后面弹出的对话框类似，主要是图标不同。

图 12.2　第一个弹出的对话框

2. showConfirmDialog()的静态方法

弹出确定对话框，有以下一些重载方法。

（1）int showConfirmDialog(Component parentComponent,Object message)：弹出默认确定对话框，默认标题为"选择一个选项"，默认图标为询问，有"是""否""取消" 3 个按钮，消息内容为 message。

（2）int showConfirmDialog(Component parentComponent,Object message,String title, int optionType)：指定标题，按钮由 optionType 指定。

（3）int showConfirmDialog(Component parentComponent,Object message,String title, int optionType, int messageType)：由 messageType 指定消息图标。

（4）int showConfirmDialog(Component parentComponent,Object message,String title,int optionType,int messageType,Icon icon)：用 icon 指定的图标代替 messageType 指定的消息图标。

参数说明如下。
- parentComponet：父组件。
- massage：显示在对话框中的消息对象（可以是字符串 String、图标 Icon、组件或者数组）。
- title：对话框标题。
- optionType：选项类型，DEFAULT_OPTION、YES_NO_OPTION、YES_NO_CANCEL_OPTION、OK_CANCEL_OPTION 分别表示默认选项（只有一个确定按钮）、"是""否"两个按钮、"是""否""取消"3 个按钮、"确定""取消"两个按钮。
- messageType：消息类型，决定图标。ERROR_MESSAGE、INFORMATION_MESSAGE、WARNING_MESSAGE、QUESTION_MESSAGE、PLAIN_MESSAGE 分别表示错误、提示、警告、询问、无图标消息。
- Icon：用于替代标准图标的图标。

该方法返回整型常量，代表用户选择单击了哪个按钮，通常用枚举类型来表示（YES_OPTION、NO_OPTION、OK_OPTION、CANCEL_OPTION 分别表示单击了"是""否""确定""取消"按钮）。例如，对话框的选项类型是 JOptionPane .YES_NO_OPTION，如果用户单击了按钮"是"，则返回 JOptionPane .YES_OPTION。

【示例】新建多个对话框，代码如下。

```java
public class JOptionPaneDemo extends JFrame{
    public static void main(String[] args) {
        new JOptionPaneDemo();
    }
    public JOptionPaneDemo() {
        JButton button1=new JButton("消息对话框");
        JButton button2=new JButton("确认对话框");
        JButton button3=new JButton("选项对话框");
        //为第二个按钮绑定单击事件
        button2.addActionListener(new ActionListener() {
            @Override
            public void actionPerformed(ActionEvent e) {
                //确认对话框
                JOptionPane.showConfirmDialog(button2,"确认信息");
                JOptionPane.showConfirmDialog(button2,"确认信息","标题",JOptionPane.
                    DEFAULT_OPTION);
                JOptionPane.showConfirmDialog(button2,"确认信息","标题",JOptionPane.
                    YES_NO_OPTION);
                JOptionPane.showConfirmDialog(button2,"确认信息","标题",JOptionPane.
                    YES_NO_CANCEL_OPTION);
                JOptionPane.showConfirmDialog(button2,"确认信息","标题",JOptionPane.
                    OK_CANCEL_OPTION);
                JOptionPane.showConfirmDialog(button2,"确认信息","标题",JOptionPane.
                    OK_CANCEL_OPTION,JOptionPane.WARNING_MESSAGE);
            }
        });
        //省略其余代码
```

运行后第一个弹出的对话框如图 12.3 所示，后面弹出的对话框类似，自行观察差别。

图 12.3　第一个弹出的对话框

12.1.4　中间容器 JPanel 与 JScrollPane

JPanel 是可以容纳各种组件的面板容器，这点与 JFrame 类似，但不同的是 JPanel 是一种轻量级的容器，不能够移动、关闭、放大与缩小。JPanel 可以作为组件加入 JFrame 中。可以在多个 JPanel 上加入不同的组件，然后将这些不同的 JPanel 加入 JFrame 中，这样就可以将不同的界面组合到一个界面中。JPanel 的主要用处就在于将多个组件组合"打包"在一起，作为一个整体再添加到 JFrame 中。JPanel 虽然是个容器，但不能脱离窗体单独存在，所以说它是个"中间容器"。

JPanel 默认使用 FlowLayout 流式布局。该布局会按调用 add() 方法的顺序依次将组件从左到右、从上到下地添加到面板中。使用该布局的时候，组件会默认设置为最佳大小，即恰好能容纳下组件含有内容的大小。

1. JPanel 的常用方法

① public void setLayout(LayoutManager mgr)：设置面板的布局管理器。
② public void setBackground(Color bg)：设置面板的背景颜色。
③ public Component add(Component comp)：为面板添加组件。

JScrollPane 则是一个带滚动条的面板容器，与其他的容器有明显的不同。JScrollPane 只能通过 add() 方法添加一个组件，JScrollPane 可以为这个组件添加滚动条功能。例如文本组件在文字过多的时候有些文字会显示不了，这时候就需要使用滚动条功能。

2. JScrollPane 构造方法

① public JScrollPane()：创建空的构造方法。
② public JScrollPane(Component view)：用一个组件作为参数，相当于为这个组件添加滚动条功能。
③ public JScrollPane(Component view,int vsbPolicy,int hsbPolicy)：为组件添加滚动条功能，按指定策略进行滚动。参数 vsbPolicy 和 hsbPolicy 分别代表垂直和水平滚动策略，这些策略应指定为 ScrollPaneConstans 的静态常量，以水平滚动策略为例，有以下一些取值。

- HORIZONTAL_SCROLLBAR_AS_NEEDED：默认策略，表示仅在需要时滚动。
- HORIZONTAL_SCROLLBAR_NEVER：永远不显示水平滚动条。
- HORIZONTAL_SCROLLBAR_ALWAYS：永远显示水平滚动条。

垂直滚动策略取值类似，只需将上述 HORIZONTAL 改为 VERTICAL 即可。

3. JScrollPane 的 3 个常用方法

① setHorizontalBarPolicy(int policy)：设置水平滚动条策略，policy 参数参考上述常量。
② setVerticalBarPolicy(int policy)：设置垂直滚动条策略，policy 参数参考上述常量。
③ setViewportView(Component view)：设置显示在滚动面板上的组件。

此外还有一个 JSplitPane 组件，称为拆分窗格，是一个用于拆分窗体的面板容器。JSplitPane 组件的构造器有 3 个参数，第一个是一个常量，决定了 JSplitPane 是以水平方向还是垂直方向拆分窗体，如果常量值为 JSplitPane.HORIZONTAL_SPLIT 则为水平方向拆分，如果常量值为 JSplitPane.VERTICAL_SPLIT 则为垂直方向拆分；第二、第三个参数则是拆分后两边窗体包含的组件。

4. 设置 JFrame 的背景颜色

上面介绍到 JPanel 用 setBackground(Color colr)方法即可设置面板容器的背景颜色，但 JFrame 运用这个方法却没效果。JFrame 默认有个内容面板容器 ContentPane，默认添加到 JFrame 窗体中的组件其实都是添加到这个内容面板容器 ContentPane 中的。调用 JFrame 的 getContentPane()方法可以获得 ContentPane 内容面板容器对象，再设置内容面板容器对象的背景颜色，示例代码如下。

```
this.getContentPane().setBackground(Color.red);
```

这样就可以改变 JFrame 的背景颜色了。如果要设置 JFrame 的背景图片，请见 12.1.11 小节图标组件中的有关内容。

12.1.5　标签组件 JLabel

JLabel 用来创建一个文本标签，再放置到容器中。

1. JLabel 的构造方法

① public JLabel()：创建一个没有初始文本的标签。
② public JLabel(String text)：创建一个初始文本为 text 的标签。
③ public JLabel(String text,int horizontalAlignment)：创建一个初始文本为 text，对齐方式为 horizontalAlignment 的标签。horizontalAlignment 可以取 SwingConstants 或 JLabel 的 LEFT、CENTER、RIGHT 常量，分别表示居左、居中、居右对齐。

2. JLabel 的常用方法

① setText(String text)：设置标签的文本内容。
② setForeground(Color fg)：设置标签的颜色。
③ setHorizontalAlignment(int alignment)：设置标签的水平对齐方式。Alignment 可以取 SwingConstants 或 JLabel 的 LEFT、CENTER、RIGHT 常量。
④ setFont(Font font)：设置标签的字体。Font 表示字体，其构造方法为 public Font(String name,int style,int size)。

- name：字体名称，如宋体、黑体、隶书。
- style：Font 的样式常量。可以是 PLAIN、BOLD 或 ITALIC，也可以是 BOLD 和 ITALIC 的按位或（如 BOLD|ITALIC）。
- size：字体大小。

【示例】新建标签。代码如下。

```
public class JLabelDemo extends JFrame{
    public static void main(String[] args) {
        new JLabelDemo();
    }
    public JLabelDemo() {
        JLabel label=new JLabel();
        label.setText("砺锋科技");
        label.setFont(new Font("隶书", Font.BOLD|Font.ITALIC, 36));
        label.setForeground(Color.red);
        label.setHorizontalAlignment(SwingConstants.CENTER);
        this.add(label);        // 将标签添加到主窗体中
        this.setVisible(true);
        this.setSize(250, 150);
```

```
        this.setDefaultCloseOperation(JFrame.EXIT_ON_CLOSE);
    }
}
```
运行结果如图 12.4 所示。

图 12.4　标签（字为红色）

12.1.6　文本组件 JTextField 与 JTextArea

创建容器后，还要在容器中加入各种各样不同的组件让界面变得丰富。文本组件 JTextField 与 JTextArea 是两个十分常用的组件，它们可以将文字显示出来，也可以接收用户输入的信息。其中，JTextField 是单行文本框，而 JTextArea 是文本域（多行）。

1. JTextField 的构造方法

① JTextField()：不带参的构造方法，创建一个空的文本框。

② JTextField(int columns)：创建一个列数为 columns 的文本框。

③ JTextField(String text)：创建一个初始内容为 text 的文本框。

④ JTextField(int columns，String text)：创建一个列数为 columns、初始内容为 text 的文本框。

2. JTextArea 的构造方法

① JTextArea()：创建一个空的文本域。

② JTextArea(String text)：创建初始字符串为 text 的文本域。

③ JTextArea(int rows,int columns)：创建行数为 rows、列数为 columns 的文本域。

JTextField 与 JTextArea 有一个共同的父类 JTextComponent，所以它们有以下共同的方法。

① public String getText()：获取文本组件中的所有文本内容。

② public String getSelectedText()：获取文本组件中选中的文本内容。

③ public void setText(String text)：设置文本组件的内容为 text，原有内容全部被覆盖。

④ public void replaceSelection(String content)：用新内容 content 替换文本组件中选中的部分内容。

⑤ public void setEditable(boolean f)：设置文本组件的可编辑状态，true 为可编辑，false 为不可编辑。

JTextArea 的特有方法如下。

① public void append(String str)：追加文本内容到组件。

② insert(String str,int pos)：在指定的位置插入文本内容。

③ replaceRange(String str,it start,int end)：替换指定的开始位置与结束位置间的文本内容。

【示例】留言板。代码如下。

```
public class JTextFieldDemo1 extends JFrame{
    public static void main(String[] args) {
        new JTextFieldDemo1();
    }
    //定义一些组件
    JButton btnSend;
    JTextField txtUser;
    JTextField txtMsg;
```

```java
        JTextArea areaMsg;
    public JTextFieldDemo1(){
        areaMsg=new JTextArea(10,30);           //创建文本域以显示留言
        JScrollPane msgPane=new JScrollPane(areaMsg);   //创建带滚动条的面板
        areaMsg.setEditable(false);             //让文本域不可编辑
        JPanel sendPanel=new JPanel();          //创建面板,用于放置与发送留言有关的组件
        txtUser=new JTextField(6);              //创建文本框,列数为6,用于输入用户名
        txtMsg=new JTextField(20);              //创建文本框,列数为20,用于输入留言信息
        btnSend=new JButton("发送");             //创建发送按钮
        btnSend.addActionListener(new ActionListener() {//绑定发送按钮的单击事件
            @Override
            public void actionPerformed(ActionEvent e) {
                String user=txtUser.getText();          //获取用户名
                String msg=txtMsg.getText();            //获取留言信息
                msg=user+":"+msg+"\n";   //组合用户名与留言
                areaMsg.append(msg);            //将信息追加到文本域
                txtUser.setText("");            //清空用户名文本框
                txtMsg.setText("");             //清空留言文本框
            }
        });
        Label lblUser=new Label("用户名:");//创建文本标签
        Label lblMsg=new Label("留言:");
        sendPanel.add(lblUser);                 //添加文本标签到面板
        sendPanel.add(txtUser);                 //添加文本框到面板
        sendPanel.add(lblMsg);
        sendPanel.add(txtMsg);
        sendPanel.add(btnSend);                 //添加按钮到面板,到此发送留言面板组合完毕
        this.add(msgPane,BorderLayout.CENTER);//将带滚动条的文本域添加到主窗体,位置为中央
        this.add(sendPanel,BorderLayout.SOUTH);//将发送留言面板添加到主窗体,位置为下方
        this.setTitle("留言板");
        this.setSize(500,200);
        this.setVisible(true);
        this.setDefaultCloseOperation(JFrame.EXIT_ON_CLOSE);
    }
}
```

运行结果如图12.5所示。

图12.5 留言板

分别在两个不同的组件中输入文字,可以发现在JTextArea中输入文字是可以用回车换行的,该组件中能放入多行文本,而JTextField中则只能放入一行文本。

12.1.7 密码框组件JPasswordField

密码框组件JPasswordField的作用与文本框JTextField类似,但输入的内容将显示为掩码。其构

造方法类似 JTextField 组件。特有方法 setEchoChar(Char c)用于设置掩码为某个字符。

【示例】登录界面。代码如下。

```java
public class JPasswordFieldDemo extends JFrame{
    public static void main(String[] args) {
        new JPasswordFieldDemo();
    }
    public JPasswordFieldDemo() {
        this.setLayout(new GridLayout(4,1));            //设置为表格布局
        JLabel lblLogin=new JLabel("登  录",JLabel.CENTER); //创建登录标签
        JLabel lblUser=new JLabel("用户名:");            //创建用户名标签
        JTextField txtUser=new JTextField(10);          //创建用户名文本框
        JPanel pnlName=new JPanel();   //创建面板,用于放置用户名标签与文本框
        pnlName.add(lblUser);          //将用户名标签添加到面板
        pnlName.add(txtUser);          //将用户名文本框添加到面板

        JLabel lblPwd=new JLabel("密    码:");          //创建密码标签
        JPasswordField txtPwd=new JPasswordField(10);   //创建密码框
        txtPwd.setEchoChar('#');       //设置密码框的掩码
        JPanel pnlPwd=new JPanel();    //创建面板,用于放置密码标签和密码框
        pnlPwd.add(lblPwd);            //将标签添加到面板
        pnlPwd.add(txtPwd);            //将密码框添加到面板

        JButton btnLogin=new JButton("登录");           //创建登录按钮
        JButton btnRegister=new JButton("注册");        //创建注册按钮
        JPanel pnlBtn=new JPanel();    //创建面板,用于放置登录与注册按钮
        pnlBtn.add(btnLogin);          //将登录按钮添加到面板
        pnlBtn.add(btnRegister);       //将注册按钮添加到面板

        this.add(lblLogin);            //将登录标签添加到主窗体
        this.add(pnlName);             //将用户面板添加到主窗体
        this.add(pnlPwd);              //将密码面板添加到主窗体
        this.add(pnlBtn);              //将按钮面板添加到主窗体
        this.setTitle("登录");
        this.setBounds(100,100,300,200);
        this.setVisible(true);
        this.setDefaultCloseOperation(JFrame.EXIT_ON_CLOSE);
    }
}
```

运行结果如图 12.6 所示。

图 12.6 登录界面

12.1.8 按钮组件

本小节介绍 3 个组件：JButton 组件、JCheckBox 组件和 JRadioButton 组件。它们都直接或间接地继承了 AbstractButton 类，所以它们都适用 AbstractButton 类提供的一些通用方法。

① public boolean isSelected()：判断按钮是否被选中。
② public void setSelected(boolean b)：设置按钮的选中状态，true 为选中，false 为未选中。
③ public void setEnable(Boolean b)：设置按钮的可用状态，true 为可用，false 为不可用。
④ public String getText()：获取按钮的文本。
⑤ public void setText(String text)：设置按钮的文本为 text。
⑥ public Icon getIcon()：获取按钮的图标。
⑦ public void setIcon(Icon icon)：设置按钮的图标。
⑧ public void setBorderPainted(boolean b)：如果为 false，则消除按钮的边框。
⑨ public void setContentAreaFilled(boolean b)：如果为 false，则去除按钮的填充。
⑩ public void setVerticalTextPosition(int textPosition)：文件相对图标垂直方向的位置。取值有 SwingConstants.TOP、SwingConstants.CENTER、SwingConstants.BOTTOM，分别表示文本相对图标垂直方向靠上、居中、靠下。
⑪ public void setHorizontalTextPosition(int textPosition)：文件相对图标水平方向的位置。取值有 SwingConstants.LEFT、SwingConstants.CENTER、SwingConstants.RIGHT，分别表示文本相对图标水平方向靠左、居中、靠右。

1. JButton 组件

JButton 组件实现了一个按钮，可以用来给界面添加一些行为，让界面有更多的功能。可以在构造方法中传入字符串类型的参数来设置按钮上面的文本。单击 JButton 组件后需要触发单击事件，这个将在后面专门介绍。

JButton 的构造方法如下。

① public void JButton()：创建一个新的按钮。
② public void JButton(String text)：创建一个文本内容为 text 的按钮。
③ public void JButton(Icon icon)：创建一个图标为 icon 的按钮。
④ public void JButton(String text, Icon icon)：创建一个文本内容为 text、图标为 icon 的按钮。

【示例】创建按钮，代码如下。

```java
public class JButtonDemo1 extends JFrame{
    public static void main(String[] args) {
        new JButtonDemo1();
    }
    public JButtonDemo1() {
        JButton btnLogin = new JButton("登录");
        JButton btnCancel = new JButton("注册");
        btnCancel.setEnabled(false); //设置为不可用
        this.setLayout(new FlowLayout());
        this.add(btnLogin);
        this.add(btnCancel);
        this.setVisible(true);
        this.setSize(250, 100);
        this.setDefaultCloseOperation(JFrame.EXIT_ON_CLOSE);
    }
}
```

运行结果如图 12.7 所示。

图 12.7 登录注册

2. JCheckBox 组件

JCheckBox 复选框组件用于在多选项中选择。该组件会创建一个选项，默认未被选中，可以通过构造方法给该选项添加文本。

JCheckBox 的构造方法如下。

① JCheckBox()：创建一个不带字符串、默认未选中的复选框。

② JCheckBox(String text)：创建一个带字符串 text、默认未选中的复选框。

③ JCheckBox(String text，boolean selected)：创建一个带字符串 text、指定选中状态的复选框。selected 为 true 则表示选中，selected 为 false 则表示未选中。

【示例】选择兴趣爱好，显示到文本域中。代码如下。

```java
public class JCheckBoxDemo1 extends JFrame {
    public static void main(String[] args) {
        new JCheckBoxDemo1();
    }
    String content = "";//全局变量
    public JCheckBoxDemo1() {
        JTextArea jt = new JTextArea(10, 10); //创建一个文本域
        JScrollPane jp1 = new JScrollPane(jt);//添加到滚动面板
        this.add(jp1, BorderLayout.CENTER);    //将滚动面板添加到主窗体,位置为中央
        JCheckBox c1 = new JCheckBox("音乐");  //创建复选框
        JCheckBox c2 = new JCheckBox("电影");
        JCheckBox c3 = new JCheckBox("游戏");
        ActionListener listener = new ActionListener() {//创建单击处理事件
            @Override
            public void actionPerformed(ActionEvent e) {
                if (c1.isSelected()) {                    //如果选中了复选框 c1
                    //如果字符串中不包含"音乐"，就加上该条语句
                    if (!content.contains("音乐\n")) {
                        content = content + "音乐\n";
                    }
                } else {
                    content = content.replaceAll("音乐\n",""); //否则移除掉
                }
                if (c2.isSelected()) {
                    if (!content.contains("电影\n")) {
                        content = content + "电影\n";
                    }
                } else {
                    content = content.replaceAll("电影\n", "");
                }
                if (c3.isSelected()) {
                    if (!content.contains("游戏\n")) {
                        content = content + "游戏\n";
                    }
```

```java
                } else {
                    content = content.replaceAll("游戏\n", "");
                }
                jt.setText(content);        //重新给文本域赋值
            }
        };
        c1.addActionListener(listener);     //为 c1 复选框绑定事件
        c2.addActionListener(listener);     //为 c2 复选框绑定事件
        c3.addActionListener(listener);     //为 c3 复选框绑定事件
        JPanel jp2 = new JPanel();          //创建一个面板
        jp2.add(c1);                        //将 c1、c2、c3 分别添加到面板
        jp2.add(c2);
        jp2.add(c3);
        this.add(jp2, BorderLayout.SOUTH);  //将面板添加到主窗体下部
        this.setSize(300, 150);
        this.setVisible(true);
        this.setDefaultCloseOperation(JFrame.EXIT_ON_CLOSE);
    }
}
```

运行结果如图 12.8 所示。

图 12.8　复选框

3. JRadioButton 组件

JRadioButton 组件又称为单选按钮，要求同一组的多个单选按钮中只能选中一个。要实现这个功能，需要借助 ButtonGroup 类将多个单选按钮添加到同一个 ButtonGroup 对象中，即为同一组，同一组的单选按钮具有单选功能。

JRadioButton 的构造方法如下。

① JRadioButton()：创建一个没有文本的默认未选中的单选按钮。

② JRadioButton(String text)：创建一个带文本 text 的默认未选中的单选按钮。

③ JRadioButton(String text,boolean selected)：创建一个带文本 text、指定选中状态的单选按钮。selected 为 true 则为选中，否则为未选中。

【示例】创建单选按钮。代码如下。

```java
public class JRadioButtonDemo1 extends JFrame{
    public static void main(String[] args) {
        new JRadioButtonDemo1();
    }
    public JRadioButtonDemo1() {
        JLabel label=new JLabel("砺锋科技",JLabel.CENTER);      //创建标签,居中显示
        label.setFont(new Font("宋体",Font.PLAIN,20));           //设置字体
        JPanel panel=new JPanel();                              //创建面板
        ButtonGroup group=new ButtonGroup();                    //创建按钮组
        JRadioButton rdtn1=new JRadioButton("加粗");            //创建单选按钮
```

```java
            JRadioButton rdtn2=new JRadioButton("斜体");
            JRadioButton rdtn3=new JRadioButton("隶书");
            JRadioButton rdtn4=new JRadioButton("红色");
            ActionListener listener=new ActionListener() {//创建单击事件监听器
                @Override
                public void actionPerformed(ActionEvent e) {
                    int fontstyle=0;
                    String fontName="宋体";
                    if(rdtn1.isSelected())
                        fontstyle=Font.BOLD;
                    if(rdtn2.isSelected())
                        fontstyle=Font.ITALIC;
                    if(rdtn3.isSelected())
                        fontName="隶书";
                    if(rdtn4.isSelected()) {
                        label.setForeground(Color.RED);
                    }else {
                        label.setForeground(null);
                    }
                    label.setFont(new Font(fontName,fontstyle,20));
                }
            };
            rdtn1.addActionListener(listener);//将单选按钮绑定单击事件
            rdtn2.addActionListener(listener);
            rdtn3.addActionListener(listener);
            rdtn4.addActionListener(listener);
            group.add(rdtn1);//将单选按钮添加到按钮组
            group.add(rdtn2);
            group.add(rdtn3);
            group.add(rdtn4);
            panel.add(rdtn1);//将按钮添加到面板
            panel.add(rdtn2);
            panel.add(rdtn3);
            panel.add(rdtn4);
            this.setBounds(100,100,250,150);
            this.add(label,BorderLayout.CENTER);//将标签添加到主窗体中央
            this.add(panel,BorderLayout.SOUTH);  //将面板添加到主窗体底部
            this.setVisible(true);
            this.setDefaultCloseOperation(JFrame.EXIT_ON_CLOSE);
        }
    }
```

运行结果如图 12.9 所示，尝试单选下列的按钮，文字会有不一样的样式。

图 12.9　单选按钮

如果一个 ButtonGroup 中添加了多个 JRadioButton 单选按钮，当单选其他按钮想获得选中的单选按钮的值时，在其他按钮的监听事件中编写代码，调用 ButtonGroup 的 getElements()方法获取

ButtonGroup 中的所有按钮，进行遍历，并判断哪个按钮处于选中状态的，然后获取其值即可，如下面示例代码：

```
//获取单选按钮的值,性别
String gender;
Enumeration<AbstractButton> btns=group.getElements();
while(btns.hasMoreElements()) {
    AbstractButton abstractButton=btns.nextElement();
    if(abstractButton.isSelected()) {
        gender=abstractButton.getText();
        break;
    }
}
```

12.1.9　下拉列表框组件 JComboBox

下拉列表框组件 JComboBox 可以在下拉列表框中进行选择来触发不同的行为。它为用户提供了选择不同选项的功能，可以通过单击右侧的箭头来打开下拉列表框。下拉列表框默认显示的是第一个添加的选择项，并且默认处于不可编辑状态，即只能下拉选择，不能输入。

1. JComboBox 的构造方法

① JComboBox()：创建一个没可选项的下拉列表框。
② JComboBox(Object[] items)：创建一个以数组 items 的元素作为可选项的下拉列表框。
③ JComboBox(Vector items)：创建一个以 Vector 集合 items 的元素作为可选项的下拉列表框。

2. JComboBox 的常用方法

① public void addItem(Object item)：为下拉列表框添加选项，追加模式。
② public void insertItemAt(Object item,int index)：在指定索引处添加选项。
③ public Object getItemAt(int index)：返回指定索引处的选项。
④ public int getItemCount()：返回选项的数量。
⑤ public Object getSelectedItem()：返回当前选中的选项。
⑥ public void removeItem(Object anObject)：移除下拉列表框中的指定选项。
⑦ public void removeAllItems()：移除下拉列表框的所有选项。
⑧ public void removeItemAt(int anIndex)：移至下拉列表框中指定索引的选项。
⑨ public void setEditable(boolean aFlag)：设置下拉列表框的可编辑状态。若 aFlag 为 true 则为可编辑，即可以输入文字；否则为不可编辑。

【示例】创建下拉列表框。代码如下。

```
public class JComboxDemo extends JFrame{
    public static void main(String[] args) {
        new JComboxDemo();
    }
    private JComboBox comboBox;
    private JTextField field;
    public JComboxDemo() {
        JPanel panel=new JPanel();
        field=new JTextField(20);
        comboBox=new JComboBox();
        comboBox.addItem("---请选择大学---");
        comboBox.addItem("北京大学");
        comboBox.addItem("清华大学");
        comboBox.addItem("复旦大学");
```

```java
        comboBox.addItem("上海交通大学");
        comboBox.addItem("中国科学技术大学");
        comboBox.addItem("浙江大学");
        comboBox.addItemListener(new ItemListener() {      //添加选项事件监听器
            @Override
            public void itemStateChanged(ItemEvent e) {    //选项变化时触发事件
                String college=comboBox.getSelectedItem().toString();//选中选项
                if(college.equals("---请选择大学---")) {
                    field.setText("");
                }else {
                    field.setText(college);
                }
            }
        });
        panel.add(comboBox);
        panel.add(field);
        this.add(panel);
        this.setBounds(100,100,300,120);
        this.setVisible(true);
        this.setDefaultCloseOperation(JFrame.EXIT_ON_CLOSE);
    }
}
```

运行结果如图 12.10 所示。

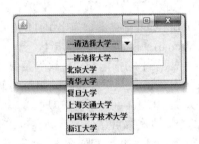

图 12.10　下拉列表框

在该例子中，使用了 JComboBox 的 addItem()方法来向下拉列表框中添加选项，并且使用了 ItemListener 监听器。监听器的相关内容在 12.3 节会讲到，该监听器在接收到 JComboBox 组件的选择后就会执行重写的 itemStateChanged()方法，以字符串的形式输出 JComboBox 中被选择的选项内容。

12.1.10　菜单组件

菜单是在界面中常用到的一个功能，使用 JMenuBar、JMenu、JMenuItem 这 3 种组件就能在界面上将菜单呈现出来。JMenuBar 是水平菜单栏，用来管理菜单，不参与具体的用户交互操作，里面包括了许多菜单（即 JMenu）而 JMenuItem 则是菜单 JMenu 内的菜单项。

1. JMenuBar 的常用方法

① public JMenu add(JMenu c)：添加 JMenu 菜单 c 到菜单栏。

② public boolean isSelected()：判断菜单栏是否处于被选中的状态。

使用 JFrame 和 JDialog 容器的 setJMenuBar(JMenuBar menubar)方法，可以将菜单栏放在容器的顶部。

JMenu 类用来创建菜单，菜单里面可以添加菜单项或子菜单，从而实现菜单项的分类管理。

2. JMenu 的构造方法

① public JMenu( )：创建一个没有文本的菜单。

② public JMenu(String text)：创建一个文本为 text 的菜单。

3. JMenu 的常用方法

① public JMenuItem add(JMenuItem menuItem)：将某个菜单项追加到此菜单的末尾。

② public JMenuItem add(String s)：创建具有指定文本的新菜单项，并将其追加到此菜单的末尾。

③ public void addSeparator()：将新分隔符追加到菜单的末尾。

④ public JMenuItem getItem(int pos)：返回指定位置的菜单项。

⑤ public int getItemCount()：返回菜单上的菜单项数，含分隔符。

⑥ public Component getMenuComponent(int n)：返回位于位置 n 的组件。

⑦ public Component[] getMenuComponents()：返回菜单子组件的 Component 数组。

⑧ public MenuElement[] getSubElements()：返回由 MenuElement 组成的数组，其中包含此菜单组件的子菜单。

⑨ public JMenuItem insert(JMenuItem mi,int pos)：在指定位置插入指定的菜单项。

⑩ public void insert(String s,pos)：在指定位置插入具有指定文本的新菜单项。

⑪ public void insertSeparator(int index)：在指定的位置插入分隔符。

⑫ public boolean isMenuComponent(Component c)：如果在子菜单层次结构中存在指定的组件，则返回 true，否则返回 false。

⑬ public boolean isSelected()：如果菜单是当前选择的菜单，则返回 true，否则返回 false。

⑭ public void setMenuLocation(int x,int y)：设置弹出组件的位置。

⑮ public void setSelected(boolean b)：设置菜单的选择状态。

⑯ public void remove(int pos)：从菜单的指定索引处移除菜单项。

⑰ public void remove(JMenuItem item)：从菜单中移除指定的菜单项。

⑱ public void removeAll()：从菜单中移除所有的菜单项。

JMenuItem 菜单项是菜单中的最基本和最底层的组件。它也继承自 AbstractButton 类，可以当作一个按钮来使用，可以为它绑定跟按钮相似的事件监听器来触发单击事件。

4. JMenuItem 的构造方法

① public JMenuItem()：创建无文本的菜单项。

② public JMenuItem(String text)：创建指定文本的菜单项。

③ JMenuItem 对象还可以调用 AbstractButton 类的以下方法。

- public void setText(String text)：设置菜单项的文本。
- public String getText()：获取菜单项上的文本。
- public void setIcon(Icon defaultIcon)：设置菜单项的图标。

【示例】创建菜单及菜单项。代码如下。

```java
public class JMenuBarDemo1 extends JFrame{
    public static void main(String[] args) {
        new JMenuBarDemo1();
    }
    public JMenuBarDemo1() {
        JMenuBar menubar = new JMenuBar();              //创建菜单条
        JMenu menu1 = new JMenu("画面设置", false);    //创建菜单
        JMenu menu2 = new JMenu("音乐设置", false);
        JMenu menu3 = new JMenu("帮助", false);
```

```java
            JMenuItem item1 = new JMenuItem("画质");        //创建菜单项
            JMenuItem item2 = new JMenuItem("阴影");
            JMenuItem item3 = new JMenuItem("音量");
            JMenuItem item4 = new JMenuItem("音质");
            JMenuItem item5 = new JMenuItem("使用介绍");
            JMenuItem item6 = new JMenuItem("官网");

            menu1.add(item1);              //将菜单项添加到菜单
            menu1.add(item2);
            menu2.add(item3);
            menu2.add(item4);
            menu3.add(item5);
            menu3.addSeparator();          //添加分隔线
            menu3.add(item6);
            menu3.add("测试");

            menubar.add(menu1);            //将菜单添加到菜单条
            menubar.add(menu2);
            menubar.add(menu3);
            this.setJMenuBar(menubar);//将菜单条添加到当前窗体中
            this.setTitle("电视设置");
            this.setLayout(new FlowLayout());
            this.setVisible(true);
            this.setSize(300, 150);
            this.setDefaultCloseOperation(JFrame.EXIT_ON_CLOSE);
        }
    }
```

运行结果如图 12.11 所示。

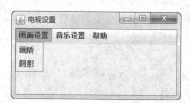

图 12.11　菜单

JMenuBar 可以用 add()方法将 JMenu 加入，JMenu 也可以用 add()方法加入 JMenuItem 菜单项。在构造 JMenu 和 JMenuItem 时，构造方法传入了 String 型参数，String 表示要在菜单上显示的文本。该例子中，JMenubar 将 3 个 JMenu 加入其中，而每一个 JMenu 都有两个 JMenuItem。

JPopupMenu 组件也是一种菜单组件，与 JMenubar 差不多，这个组件将在下文中的鼠标事件中讲到。

12.1.11　图标组件 ImageIcon

图标组件 ImageIcon 可用于给标签、按钮等组件设置背景图片，也可用于给窗体 JFrame 设置标题图标。

1. ImageIcon 的构造方法

① public ImageIcon()：该方法构建了一个通用的 ImageIcon 对象，当需要使用图片设置的时候再使用 imageIcon.setImage();进行设置。

② public ImageIcon (Image image)：可以使用图片资源创建对象。

③ public ImageIcon(Image image, String description)：使用图片资源进行创建，并为图标添加简短的描述，但这个描述不会显示，可以通过相关方法获取。

④ public ImageIcon(String filename)：使用文件名创建图标。

⑤ public ImageIcon(String filename, String description)：使用文件名创建图标并加上简短描述。

⑥ public ImageIcon (URL location)：使用统一资源定位创建图标。

其中用到图片资源 Image 的创建方法有以下两种。

① 先创建 Toolkit 对象，再调用 Toolkit 对象的 getImage()方法，以图片的路径为参数。示例代码：

```
Toolkit toolkit = Toolkit.getDefaultToolkit();
Image plane = toolkit.getImage("plane.jpg");
```

② 先创建图片的 File 对象，然后用 ImgeIO 类的 read(File file) 静态方法。示例代码：

```
Image img = ImageIO.read(new File("images/flower.jpg"));
```

2. ImageIcon 的常用方法

① public String getDescription()：获取图标的描述信息。

② public int getIconHeight()：获取图标的高。

③ public int getIconWidth()：获取图标的宽。

④ public Image getImage()：获取图标的图片资源 Image 对象。

⑤ public void setDescription(String description)：设置图标的描述信息。

⑥ public void setImage(Image image)：设置图标的图片资源 Image 对象。

创建图标首先要在项目中放入图片，再用上述构造方法创建图标组件。图标创建好后，使用 JLabel 标签的重载构造方法 JLabel(ImageIcon image)或者 setIcon(Icon icon)方法即可将其显示到标签上，使用 JButton 标签的重载构造方法 public JButton(String text, Icon icon)或者 setIcon(Icon icon)方法即可将其设置为按钮的背景图片。默认情况下图片为原始大小，可能不合适。为了使图标的大小适中，可以先使用 ImageIcon 的 getImage()方法获取到 Image 对象，再调用 Image 对象的 get ScaledInstance (int width, int height, int hints)方法设置宽和高，其中第三个参数 hints 设置为 Image.SCALE_DEFAULT 即可，最后使用图标的 setImage(Image image)方法重新设置 image 即可。

示例代码：

```
ImageIcon icon=new ImageIcon("images/add1.jpg","添加");//创建图标
icon.setImage(img.getImage().getScaledInstance(150,150,Image.SCALE_
    DEFAULT));//设置图标的大小
JButton btn = new JButton("1.增加账户信息",icon);//将图标设置为按钮的背景
```

上述代码运行结果如图 12.12 所示，显然按钮成了指定大小的图片按钮。

图 12.12　图片按钮

【示例】使用 JLabel 组件显示图标。代码如下。

```
public class ImageIconDemo extends JFrame{
    public static void main(String[] args) {
        new ImageIconDemo();
    }
    public ImageIconDemo() {
        JFrame jf = new JFrame("使用标签显示图标");
        jf.setSize(300, 180);
        ImageIcon icon=new ImageIcon("images/plane.jpg");
        //icon.setImage(icon.getImage().getScaledInstance(400, 200, Image.SCALE_
            DEFAULT)); //缩放图片
        jf.setIconImage(icon.getImage());//设置窗体的标题图标
        JLabel jl = new JLabel(icon);
        jf.add(jl);
        jl.setBounds(0, 150, 700, 500);
        jf.setVisible(true);
        jf.setDefaultCloseOperation(JFrame.EXIT_ON_CLOSE);
    }
}
```

这里使用的图片是原始大小的，如果要缩放就使用注释掉的那行代码，运行结果如图 12.13 所示。

图 12.13　使用标签显示图标

3．设置 JFrame 的背景图片

原理：JFrame 里面有内容面板 ContentPane 和分层面板 LayeredPane，其中分层面板 LayeredPane 在底层，位于内容面板 ContentPane 之下，分层面板 LayeredPane 放置背景图片（使用标签+ImageIcon），内容面板 ContentPane 在高层放置各种组件，但内容面板 ContentPane 要设置为透明，否则会挡住底层的背景图片。

【示例】设置窗体的背景图片。代码如下。

```
public class JFrameBackground {
    public static void main(String[] args) {
        new JFrameBackground();
    }
    public JFrameBackground() {
        JFrame frame = new JFrame("背景图片测试");
        JPanel imagePanel;
        ImageIcon background = new ImageIcon("images/flower.jpg");// 背景图片
        //设置背景图片的大小与窗体大小一致
        background.setImage(background.getImage().getScaledInstance(400, 300, Image.
            SCALE_DEFAULT));
        JLabel label = new JLabel(background);// 把背景图片显示在一个标签里面
        // 把标签的大小设置为图片刚好填充整个面板
        label.setBounds(0, 0, 400, 300);
        // 把内容面板转换为 JPanel，否则不能用方法 setOpaque()来使内容面板透明
        imagePanel = (JPanel) frame.getContentPane();
        //设置内容面板为透明，否则看不到背景图片，因为背景图片放在内容面板的下一层
        imagePanel.setOpaque(false);
        // 内容面板默认的布局管理器为 BorderLayout，更改为流式布局，放置各种组件
```

```
            imagePanel.setLayout(new FlowLayout());
            imagePanel.add(new JTextField(10));
            imagePanel.add(new JButton("确定"));
            frame.getLayeredPane().setLayout(null);//内容面板下面还有一个分层面板LayeredPane
            // 把背景图片添加到分层面板的最底层作为背景
            frame.getLayeredPane().add(label, new Integer(Integer.MIN_VALUE));
            frame.setDefaultCloseOperation(JFrame.EXIT_ON_CLOSE);
            frame.setSize(400, 300);
            frame.setResizable(false);
            frame.setVisible(true);
    }
}
```

运行结果如图 12.14 所示。

图 12.14 设置窗体的背景图片

12.1.12 文件选择组件 JFileChooser

有时上传或保存文件、图片时，需要浏览本地文件夹并选择文件或文件夹，这时就要用到 JFileChooser 组件。

1. JFileChooser 的构造方法

① JFileChooser()：无参构造方法。

② JFileChooser(File currentDirectory)：使用给定的 File 作为路径来构造一个 JFileChooser。

2. JFileChooser 的常用方法

① void setCurrentDirectory(File file)：设置打开文件导航框时显示的文件夹。

② void setFileSelectionMode(int mode)：设置文件的打开模式，有以下 3 种。

- JFileChooser.FILES_ONLY：只能选文件。
- JFileChooser.DIRECTORIES_ONLY：只能选文件夹。
- JFileChooser.FILES_AND_DIRECTORIES：文件和文件夹都可以选。

③ void setMultiSelectionEnabled(boolean b)：设置是否可以同时选取多个文件，默认值为 false。

④ void addChoosableFileFilter(FileFilter filter)：设置文件过滤选择器，也就是允许选择的文件类型。

⑤ void setFileFilter(FileFilter filter)：设置默认的文件过滤器。

⑥ void setSelectedFile(File file)：设置被选中的文件。

⑦ void setSelectedFiles(File[] selectedFiles)：设置被选中的多个文件。

⑧ int showOpenDialog(Component parent)：弹出选择文件或文件夹对话框，即文件导航框。parent

表示文件导航框的父组件,文件导航框将会显示在靠近 parent 的中心;如果为 null,则显示在屏幕中心。返回的整型常量值的含义如下。
- JFileChooser.CANCEL_OPTION:单击了取消或关闭按钮。
- JFileChooser.APPROVE_OPTION:单击了确认或保存按钮。
- JFileChooser.ERROR_OPTION:出现错误。

通过 showOpenDialog()返回的整型常量值可以用于判断文件是否要打开或者保存。

⑨ int showSaveDialog(Component parent):保存文件的弹出框。parent 及返回值的含义与上面相同。

⑩ File getSelectedFile():获取打开或保存的文件。

⑪ File[] getSelectedFiles():获取打开或保存的多个文件。

【示例】选择并显示图像。代码如下。

```java
public class JFileChooser1 extends JFrame {
    public static void main(String[] args) {
        new JFileChooser1();
    }
    public JFileChooser1() {
        JFrame frame = new JFrame();
        JButton btnUpload = new JButton("上传图像");
        JPanel panel1 = new JPanel();
        panel1.add(btnUpload);
        frame.add(panel1, BorderLayout.NORTH);
        btnUpload.addActionListener(new ActionListener() {
            @Override
            public void actionPerformed(ActionEvent e) {
                JFileChooser fc = new JFileChooser(); // 创建文件导航框
                //设置选择模式(只选文件、只选文件夹或文件和文件均可选)
                fc.setFileSelectionMode(JFileChooser.FILES_AND_DIRECTORIES);
                fc.setMultiSelectionEnabled(false);    // 是否允许多选
                fc.setFileFilter(new FileNameExtensionFilter("image(*.jpg, *.png,
                    *.gif)", "jpg", "png", "gif"));    // 文件过滤器,只选择图片
                int result = fc.showOpenDialog(frame); // 弹出文件导航框
                if (result == JFileChooser.APPROVE_OPTION) {// 如果单击了确定、打开或保存按钮
                    File file = fc.getSelectedFile();// 获得选择的文件
                    // 创建图标
                    ImageIcon icon = new ImageIcon(file.getAbsolutePath());
                    icon.setImage(icon.getImage().getScaledInstance(150, 150,
                        Image.SCALE_DEFAULT));               // 设置图标的大小
                    JLabel lblPhoto = new JLabel(icon);  // 在标签中显示图标
                    frame.add(lblPhoto, BorderLayout.CENTER);
                    frame.setVisible(true);
                }
            }
        });
        frame.setTitle("选择图像");
        frame.setVisible(true);
        frame.setSize(300, 300);
        frame.setDefaultCloseOperation(JFrame.EXIT_ON_CLOSE);
    }
}
```

单击"选择图像"后的运行结果如图 12.15 所示。

图 12.15 单击"选择图像"后

【示例】图片另存。代码如下。

```java
public class JFileChooser2 extends JFrame{
    public static void main(String[] args) {
        new JFileChooser2();
    }
    public JFileChooser2(){
        JFrame frame=new JFrame();
        //创建 Image 对象,这是项目中现有的图片
        ImageIcon icon=new ImageIcon("images/flower.jpg");
        icon.setImage(icon.getImage().getScaledInstance(150,150,Image.SCALE_
            DEFAULT));//设置图标的大小
        JLabel lblPhoto=new JLabel(icon);//在标签中显示图标
        frame.add(lblPhoto,BorderLayout.CENTER);
        JButton btnSave=new JButton("图像另存为");
        btnSave.setSize(100, 40);
        JPanel panel=new JPanel();
        panel.add(btnSave);
        frame.add(panel,BorderLayout.SOUTH);
        btnSave.addActionListener(new ActionListener() {
            @Override
            public void actionPerformed(ActionEvent e) {
                JFileChooser fc=new JFileChooser();        //创建文件导航框
                //设置选择模式(只选文件夹)
                fc.setFileSelectionMode(JFileChooser.DIRECTORIES_ONLY);
                fc.setMultiSelectionEnabled(false);        //是否允许多选
                int result=fc.showSaveDialog(frame);
                if(result==JFileChooser.APPROVE_OPTION) {  //如果单击了确定、打开或保存按钮
                    try {
                        File file=fc.getSelectedFile(); //获得选择的文件或文件夹
                        file=new File(file,"flower.jpg");
                        OutputStream out=new FileOutputStream(file);
                        //项目中现有图片创建了输入流
                        InputStream in=new FileInputStream("images/flower.jpg");
                        int len;
                        while((len=in.read())!=-1) {       //复制
                            out.write(len);
```

```
                        JOptionPane.showMessageDialog(frame, "保存成功! ");
                    } catch (IOException e1) {
                        e1.printStackTrace();
                    }
                }
            }
        });
        frame.setTitle("图像另存为");
        frame.setVisible(true);
        frame.setSize(300, 300);
        frame.setDefaultCloseOperation(JFrame.EXIT_ON_CLOSE);
    }
}
```

运行结果如图 12.16 所示。

图 12.16　文件导航框

12.2　布局管理器

组件在容器中的位置和大小由布局管理器决定。Swing 中常用的布局管理器有流式布局管理器 FlowLayout、边界布局管理器 BorderLayout、网格布局管理器 GridLayout、网格包布局管理器 GridBagLayout。JFrame 窗体、JDialog 对话框和 JPanel 面板等容器都可以使用 setLayout(LayoutManager manager)方法来指定使用哪种布局管理器。如果 JFrame 窗体和 JDialog 对话框未指定布局管理器，默认使用 BorderLayout 布局管理器。如果 JPanel 面板未指定布局管理器，默认使用 FlowLayout 布局管理器。

12.2.1　流式布局管理器 FlowLayout

采用流式布局管理器的容器会将内部组件按照添加顺序从左到右、从上到下放置。当一行放不下时会自动换行，默认情况下组件在一行中按居中对齐的方式排列。

FlowLayout 的构造方法如下。

① public FlowLayout()：创建一个默认居中对齐、水平和垂直间距为 5 像素的流式布局管理器。

② public FlowLayout(int alignment)：创建一个指定对齐方式、水平和垂直间距为 5 像素的流式布局管理器。参数 alignment 有以下 3 种取值。

- FlowLayout.LEFT：表示每一行的组件都左对齐，也可用 0 代替。
- FlowLayout.CENTER：表示每一行的组件都居中对齐，也可用 1 代替。
- FlowLayout.RIGHT：表示每一行的组件都右对齐，也可用 2 代替。

③ public FlowLayout(int alignment,int hgap,int vgap)：创建一个对齐方式为 alignment、水平间距为 hgap 像素、垂直间距为 vgap 像素的流式布局管理器。

【示例】设置组件的布局。代码如下。

```java
public class FlowLayoutDemo extends JFrame{
    public static void main(String[] args) {
        new FlowLayoutDemo();
    }
    public FlowLayoutDemo(){
        //设置JFrame的布局为流式布局,同一行的组件左对齐、水平和垂直间距为10像素
        this.setLayout(new FlowLayout(0,10,10));
        this.setBounds(100,100,200,250);
        for(int i=0;i<9;i++) {//添加10个按钮
            this.add(new JButton("按钮"+(i+1)));
        }
        this.setVisible(true);
        this.setDefaultCloseOperation(JFrame.EXIT_ON_CLOSE);
    }
}
```

运行结果如图 12.17 所示，可见组件在窗体中是左对齐的。如果把上述代码中的 FLowLayout(0,10,10)改为 FLowLayout(1,10,10)则组件居中对齐，如果改为 FLowLayout(2,10,10)则组件靠右对齐。

图 12.17　左对齐

这里一行只显示两个按钮是因为当前一行的宽度不足以放更多的按钮，如果手动调整，扩大一下窗体的宽度，一行将能显示更多的按钮。

12.2.2　边界布局管理器 BorderLayout

边界布局管理器 BorderLayout 将容器划分为北、西、中、东、南 5 个区域，分别对应常量 BorderLayout.NORTH、BorderLayout.WEST、BorderLayout.CENTER、BorderLayout.EAST、BorderLayout.SOUTH，可以将组件添加到 5 个区域中的任意一个区域中去。使用边界布局管理器可以限制各个区域的边界，当改变容器大小时，各个组件的相对位置保持不变。当宽度调整时，区域北、南和中的宽度同步调整，其他区域不变。当高度调整时，区域西、中和东的高度同步调整，其他区域不变。边界布局管理器是 JFrame 的默认布局管理器。

边界布局管理器 BorderLayout 的使用方法为首先调用容器的 setLayout(new BorderLayout())方法，设置当前容器使用边界布局管理器；然后使用 add(String name,Component comp)方法为容器添加组件

时，设置第一个参数为上述 5 个常量之一，即可将组件添加到容器对应的区域中去。如果添加组件时不指明区域，则默认添加到区域中。一个区域只能添加一个组件，如果添加了多个组件，则后面添加的组件会覆盖掉前面添加的组件。容器并非一定要 5 个区域全部都设置，可以根据需要只设置一部分区域。

【示例】将 5 个按钮分别放置到边界布局管理器的东、西、南、北、中 5 个区域中，如图 12.18 所示。

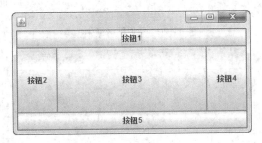

图12.18 边界布局管理器布局

代码如下。

```java
public class BorderLayoutDemo extends JFrame{
    public static void main(String[] args) {
        new BorderLayoutDemo();
    }
    public BorderLayoutDemo() {
        this.setBounds(100,100,400,200);
        this.add(BorderLayout.NORTH,new JButton("按钮1"));
        this.add(BorderLayout.WEST,new JButton("按钮2"));
        this.add(BorderLayout.CENTER,new JButton("按钮3"));
        this.add(BorderLayout.EAST,new JButton("按钮4"));
        this.add(BorderLayout.SOUTH,new JButton("按钮5"));
        this.setVisible(true);
        this.setDefaultCloseOperation(JFrame.EXIT_ON_CLOSE);
    }
}
```

当调整宽度时，可以发现按钮 2（区域西）、按钮 4（区域东）宽度不变，其他区域跟着改变。调整高度时，可以发现按钮 1（区域北）、按钮 5（区域南）高度不变，其他区域跟着改变。注释掉部分代码，可以测试只有部分区域的情况。

图 12.19 所示为只设置区域北、中、南的情况。

图 12.20 所示为只设置区域中、南的情况。

图 12.21 所示为只设置了区域北、西和中的情况。

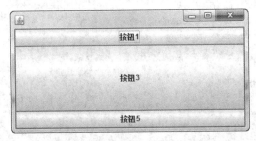

图 12.19 只设置区域北、中、南

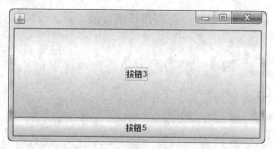

图 12.20　只设置区域中、南

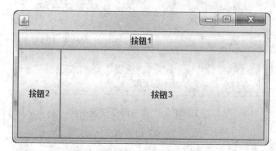

图 12.21　只设置区域北、西、中

其他可自行测试。由于一个区域只能添加一个组件（包括面板），因此如果要想一个区域有多个组件，解决办法是先将多个组件添加到中间容器 JPanel 面板中，再将 JPanel 面板添加到某个区域中。

12.2.3　网格布局管理器 GridLayout

网格布局管理器 GridLayout 将容器分为多行多列的网格，每个网格放置一个组件。当第一次往容器中添加组件时，首先会添加到网络的第一行第一列中去，然后依次往同一行右边的网格添加，同一行中的所有网格都添加完就会自动换下一行继续添加。可以通过构造方法设置网格的行数和列数，以及行或列之间的间隔。放置在 GridLayout 网格布局管理器中的组件将自动占满网格的整个区域。容器大小调整时，组件的相对位置不变，所有组件的宽和高都相同，并随着容器大小的调整而随之改变。

GridLayout 的构造方法如下。

① public GridLayout()：创建一行一列的网格布局管理器。

② public GridLayout(int rows,int cols)：创建 rows 行、cols 列的网格布局管理器，网格之间的水平、垂直间距均为 0。

③ public GridLayout(int rows, int cols, int hgap, int vgap)：创建 rows 行、cols 列的网格布局管理器，网格之间的水平间距为 hgap 像素，垂直间距为 vgap 像素。

【示例】创建 7 行 2 列的网格布局，放置 9 个按钮。代码如下。

```java
public class GridLayoutDemo extends JFrame{
    public static void main(String[] args) {
        new GridLayoutDemo();
    }
    public GridLayoutDemo() {
        this.setLayout(new GridLayout(7,2,5,5));
        for(int i=0;i<9;i++) {
            this.add(new JButton("按钮"+(i+1)));
        }
        this.setSize(300,300);
        this.setVisible(true);
```

```
            this.setDefaultCloseOperation(JFrame.EXIT_ON_CLOSE);
    }
}
```

运行结果如图 12.22 所示。

图 12.22　网格布局

自行尝试调整窗体的宽度和高度，观察效果。如果想让网格跨行或跨列，则需要用到网格包布局管理器，详细介绍见本书配套资源。

12.2.4　绝对布局

绝对布局就是直接指定组件在容器中的大小和位置，组件的位置以坐标来表示，容器的左上角为坐标原点，水平向左为 x 坐标正值，垂直向下为 y 坐标正值。组件定位后，调整窗体大小，组件尺寸不会同比例调整，其坐标相对原点固定不变。

绝对布局首先要调用容器的 setLayout(null)方法取消布局管理器，然后各个组件使用 setBounds()方法指定其大小和位置，或者使用 setSize()方法指定大小，再用 setLocation()方法指定位置。这些方法说明如下。

① public void setBounds(int x,int y,int width,int height)：设置组件显示位置和宽高。x 为横坐标，y 为纵坐标，width 为宽，height 为高。

② public void setSize(int width,int height)：设置组件的宽和高。

③ public void setLocation(int x,int y)：设置组件显示的 x 坐标和 y 坐标。

【示例】用绝对布局的方式设定组件大小和位置。代码如下。

```
public class AbsoluteDemo extends JFrame{
    public static void main(String[] args) {
        new AbsoluteDemo();
    }
    public AbsoluteDemo() {
        this.setLayout(null);
        JLabel label=new JLabel("标签");
        label.setSize(36,18);
        label.setLocation(50,50);
        JButton button=new JButton("按钮");
        button.setBounds(150,100,80,24);
        this.add(label);
        this.add(button);
        this.setVisible(true);
        this.setSize(350, 200);
        this.setDefaultCloseOperation(JFrame.EXIT_ON_CLOSE);
```

```
        }
    }
```

运行结果如图 12.23 所示。

图 12.23　绝对布局

12.3　事件处理

在添加了组件后，已经能做出丰富的界面了，但是单单只是做出界面，还不能对其进行交互。举个简单的例子，在登录界面中，在输入账号和密码后，需要单击登录按钮来响应登录行为，这就需要对其进行事件处理。使用 Java 中的监听器可以做到这一点。在讲述如何进行事件处理之前，需要知道 Java 对事件进行处理的机制。

在 Swing 事件模型中，由 3 个对象完成对事件的处理，分别是事件源、事件和监听程序（监听器）。事件源是指可能会触发某个事件的组件，如按钮、复选框、文本输入框；事件则有许多种，例如按钮被单击、复选框被选中、键盘输入等；监听程序（监听器）是指事件源监听到有事件发生时触发的程序。例如，在登录过程中，登录按钮被单击，则事件源是登录按钮，事件就是用户单击，监听程序就负责登录验证。通常，事件源触发一个事件，这个事件被一个或多个监听器接收，监听器负责处理事件，事件处理的原理如图 12.24 所示。事件处理的流程有以下两大步骤。

首先创建监听器（监听程序）。监听器就是一个实现特定类型的监听器接口的类。不同事件有不同的特定的监听器接口，例如按钮单击动作事件监听器要实现的接口是 ActionListener，鼠标事件监听器要实现的接口是 MouseListener。监听器实现这些接口就要重写这些接口的抽象方法，如动作事件监听器需要重写 ActionListener 接口的 actionPerformed(ActionEvent e)方法，鼠标事件监听器则需要重写 mouseClicked(MouseEvent e)等方法，在方法里面可自行编写处理事件的代码。

监听器类创建好后，就可以在程序中实例化一个监听器，并调用组件的 addXxxListener（监听器实例）方法将该监听器实例绑定到组件，这称为注册监听器。这样就完成了事件处理的全过程。这里 addXxxListener()中的 Xxx 根据不同事件而不同，如登录按钮要注册动作事件监听器，就用 addActionListener()。

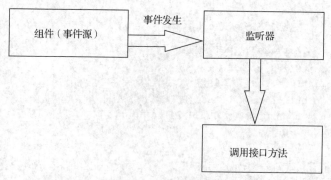

图 12.24　事件处理的原理

伪代码实例如下。

（1）创建一个鼠标事件监听器类，实现鼠标事件的监听器 MouseListener 接口：

```
Class Action implements MouseListener{
    @Override
    public void mouseClicked(MouseEvent e) {
    //鼠标单击后执行的操作
    }
}
```

（2）在主程序中，为某个要触发鼠标事件的组件注册监听器。伪代码如下。

```
组件.addMouseListener(new Action());
```

实际中常使用的组件注册监听器的快捷办法是创建匿名内部类，伪代码示例如下：

```
按钮等组件.addActionListener(new ActionListener() {//为按钮注册匿名内部类作为监听器
    @Override
    public void actionPerformed(ActionEvent e) {  //单击后触发的动作
    //代码块
    }
});
```

这种情况适合于该事件仅由某一个组件监听的情况。如果多个组件需要监听同一个事件，则需要使用内部类实例化一个监听器，再由多个组件注册这个监听器实例。伪代码示例如下：

```
ActionListener listener = new ActionListener() {  //使用内部类创建监听器
    @Override
    public void actionPerformed(ActionEvent e) {  //单击后触发的动作
    //代码块
    }
});
按钮等组件1.addActionListener(listener);         //为组件1注册监听器
按钮等组件2.addActionListener(listener);         //为组件2注册监听器
```

有时一个组件也可以注册多个监听器。常见的事件有动作事件、键盘事件、鼠标事件、窗体事件、选项事件、表格模型事件，下面一一来介绍。

12.3.1 动作事件

动作事件（ActionEvent）监听器 ActionListener 监听事件源（如按钮）的动作，一旦事件源有动作事件发生（如单击），就实例化一个 ActionEvent 对象并调用监听器对象的 actionPerformed()方法。

动作事件的要素如表 12.1 所示。

表 12.1 动作事件的要素

事件名称	事件源	监听接口	主要重写接口方法	添加监听器方法	移除监听器方法
ActionEvent	JButton 按钮、JList 下拉列表框、JTextField 文本框等	ActionListener	actionPerformed (ActionEvent arg0)	addActionListener()	removeActionListener()

实现过程：首先实例化一个 ActionListener 接口对象，实现其 actionPerformed(ActionEvent e)方法；然后调用组件的 addActionListener(ActionListener listener)方法注注册该 ActionListener 监听器对象。

ActionEvent 有一个 getActionCommand()方法，用来获取当前事件源的标识字符串，例如单击了一个叫"登录"的按钮，则 getActionCommand()方法返回字符串"登录"。在多个按钮注册同一个监听器的情况下，使用 getActionCommand()方法可以区分单击了哪一个按钮，从而进行不同的处理。

【示例】单击按钮，弹出"砺锋科技欢迎你"对话框。代码如下。

```java
public class ActionEventDemo extends JFrame {
    public static void main(String[] args) {
        new ActionEventDemo();
    }
    public ActionEventDemo() {
        JButton button = new JButton("按钮");//创建按钮,放在窗体
        //为按钮注册监听器
        //用匿名内部类实例化一个动作事件监听器
        button.addActionListener(new ActionListener() {
            @Override
            public void actionPerformed(ActionEvent arg0) {
                JOptionPane.showMessageDialog(button, "砺锋科技欢迎你! ");
            }
        });
        this.setLayout(new FlowLayout());
        this.add(button);
        this.setSize(350, 250);
        this.setVisible(true);
        this.setDefaultCloseOperation(JFrame.EXIT_ON_CLOSE);
    }
}
```

运行结果如图 12.25 所示。

图 12.25 单击按钮后

【示例】多个按钮注册同一个监听器。代码如下。

```java
public class ActionEventDemo2 extends JFrame {
    public static void main(String[] args) {
        new ActionEventDemo2();
    }
    public ActionEventDemo2() {
        JButton btnApple = new JButton("苹果");
        JButton btnSame = new JButton("三星");
        JButton btnHua = new JButton("华为");
        JButton btnMi = new JButton("小米");
        //内部类实例化一个动作事件监听器
        ActionListener actionListener=new ActionListener() {
            @Override
            public void actionPerformed(ActionEvent e) {
                if(e.getActionCommand().equals("苹果")) {
                    JOptionPane.showMessageDialog(btnApple, "你购买了苹果手机! ");
                }else if(e.getActionCommand().equals("三星")) {
```

```
                    JOptionPane.showMessageDialog(btnApple, "你购买了三星手机! ");
                }else if(e.getActionCommand().equals("华为")) {
                    JOptionPane.showMessageDialog(btnApple, "你购买了华为手机! ");
                }else if(e.getActionCommand().equals("小米")) {
                    JOptionPane.showMessageDialog(btnApple, "你购买了小米手机! ");
                }
            }
        };
        //为多个按钮注册同一个监听器
        btnApple.addActionListener(actionListener);
        btnSame.addActionListener(actionListener);
        btnHua.addActionListener(actionListener);
        btnMi.addActionListener(actionListener);
        this.setLayout(new FlowLayout());
        this.add(btnApple);
        this.add(btnSame);
        this.add(btnHua);
        this.add(btnMi);
        this.setSize(350, 250);
        this.setVisible(true);
        this.setDefaultCloseOperation(JFrame.EXIT_ON_CLOSE);
    }
}
```

单击"苹果"按钮后的运行结果如图 12.26 所示。

图 12.26 单击"苹果"按钮后

12.3.2 键盘事件

键盘事件包括键盘按键按下、释放等。键盘事件的要素如表 12.2 所示。

表 12.2 键盘事件的要素

事件名称	事件源	监听接口	主要重写接口方法	添加监听器方法	移除监听器方法
KeyEvent	JTextField 文本框、JTextArea 等	KeyListener 接口，或者继承 KeyAdapter 类	keyPressed(KeyEvent e)、keyReleased(KeyEvent e)等	addKeyListener()	removeKeyListener()

KeyEvent 事件还能捕捉到用户按的是哪个键，在重写 KeyListener 接口的 keyPressed(KeyEvent e) 方法时，使用 KeyEvent 对象的 getKeyCode()方法可返回用户所按键的编码（整数）。此外，KeyEvent 对象的 getKeyText(int keyCode)方法可以获取按键的字符。

【示例】在文本框中输入时，下面的标签同步显示输入的文本，控制台显示键盘按键对应的编码及字符。代码如下：

```java
public class KeyEvenDemo2 {
    public static void main(String[] args) {
        JFrame frame = new JFrame();
        frame.setLayout(null);
        JTextField jtf=new JTextField(20);
        jtf.setBounds(50, 20, 100, 30);
        frame.add(jtf);
        JLabel txt=new JLabel();
        txt.setBounds(50,60,100,30);
        frame.add(txt);
        jtf.addKeyListener(new KeyListener() {
            @Override
            public void keyTyped(KeyEvent e) {
            }
            @Override
            public void keyReleased(KeyEvent e) { //在键盘按键释放后触发该方法
                txt.setText(jtf.getText());
                int keyCode=e.getKeyCode();           //获取到按键的编码
                System.out.println("按键编码："+keyCode+",按键字符："+e.getKey
                    Text(keyCode));  //获取到按键的字符
            }
            @Override
            public void keyPressed(KeyEvent e) {//在键盘按键按下时触发该方法
            }
        });
        frame.setVisible(true);
        frame.setSize(200, 200);
        frame.setDefaultCloseOperation(JFrame.EXIT_ON_CLOSE);
    }
}
```

运行测试，从键盘输入 a、b、c 及按 Shift 键，结果如图 12.27 所示。

图 12.27 边输入边显示

控制台输出如下：

按键编码：65,按键字符：A
按键编码：66,按键字符：B
按键编码：67,按键字符：C
按键编码：16,按键字符：Shift

注意：键盘中的字母键为大写。

12.3.3 鼠标事件

鼠标事件包括鼠标按键按下、松开、单击、移入、移出等。鼠标事件的要素如表 12.3 所示。

表 12.3　鼠标事件的要素

事件名称	事件源	监听接口	主要重写接口方法	添加监听器方法	移除监听器方法
MouseEvent	JButton、JLabel、JTextField、JMenuItem 等	MouseListener 接口	mouseClicked(MouseEvent e)等	addMouseListener()	removeMouseListener()

鼠标有左键、右键、中键，如何判断用户单击了哪个呢？这要使用 MouseEvent 的 getButton()方法来判断。该方法根据用户单击的鼠标的不同键，返回 MouseEvent.BUTTON1、MouseEvent.BUTTON2、MouseEvent.BUTTON3，分别表示左键、中键、右键。

这次鼠标事件的介绍结合了之前没讲的弹出式菜单组件 JPopupMenu，该组件通常用作右键菜单。

【示例】右击窗体弹出菜单，选择菜单项有不同动作。代码如下。

```java
public class MouseListenerDemo1 {
    public static void main(String[] args) {
        JFrame frame = new JFrame();
        frame.addMouseListener(new MouseListener() {
            @Override
            public void mouseClicked(MouseEvent e) {        //鼠标单击事件
                if (e.getButton() == MouseEvent.BUTTON3) {   // 单击了鼠标右键
                    JPopupMenu popupMenu = new JPopupMenu();  //实例化弹出式菜单
                    // 创建菜单项
                    JMenuItem item_copy = new JMenuItem("复制");
                    JMenuItem item_paste = new JMenuItem("粘贴");
                    JMenuItem item_save = new JMenuItem("收藏");
                    JMenuItem item_about = new JMenuItem("关于");
                    JMenuItem item_close = new JMenuItem("关闭");
                    //动作事件监听器
                    ActionListener actionListener=new ActionListener() {
                        @Override
                        public void actionPerformed(ActionEvent e) {
                            //如果选择了"复制"菜单项
                            if(e.getActionCommand().equals("复制")) {
                                JOptionPane.showMessageDialog(frame, "开始复制");
                            }else if(e.getActionCommand().equals("粘贴")) {
                                JOptionPane.showMessageDialog(frame, "粘贴成功");
                            }else if(e.getActionCommand().equals("收藏")) {
                                JOptionPane.showMessageDialog(frame, "收藏成功");
                            }else if(e.getActionCommand().equals("关于")) {
                                JOptionPane.showMessageDialog(frame, "砺锋科技");
                            }else if(e.getActionCommand().equals("关闭")) {
                                frame.dispose();             //关闭窗体
                            }
                        }
                    };
                    item_copy.addActionListener(actionListener);//注册监听器
                    item_paste.addActionListener(actionListener);
                    item_save.addActionListener(actionListener);
                    item_about.addActionListener(actionListener);
                    item_close.addActionListener(actionListener);
                    popupMenu.add(item_copy);
                    popupMenu.add(item_paste);
```

```
                    popupMenu.add(item_save);
                    popupMenu.add(item_about);
                    popupMenu.add(item_close);
                    //菜单显示位置
                    popupMenu.show(e.getComponent(), e.getX(), e.getY());
                }
            }
            @Override
            public void mouseEntered(MouseEvent arg0) {//鼠标进入事件
            }
            @Override
            public void mouseExited(MouseEvent arg0) { //鼠标移出事件
            }
            @Override
            public void mousePressed(MouseEvent arg0) {//鼠标按下事件
            }
            @Override
            public void mouseReleased(MouseEvent arg0) {//鼠标释放事件
            }
        });
        frame.setVisible(true);
        frame.setSize(300, 300);
        frame.setDefaultCloseOperation(JFrame.EXIT_ON_CLOSE);
    }
}
```

运行结果如图 12.28 和图 12.29 所示。

图 12.28　右键菜单

图 12.29　选择其中一个菜单项

12.3.4　窗体事件

有时候需要对窗体的行为做出一些反映，例如窗体在打开或关闭的时候，希望得到通知或者执行一些操作。这种行为可以通过窗体事件的监听器 WindowListener 来实现。在使用的时候，需要给窗体（例如 JFrame）添加窗体事件的监听器。

窗体事件的要素如表 12.4 所示。

表 12.4　窗体事件的要素

事件名称	事件源	监听接口	主要重写接口方法	添加监听器方法	移除监听器方法
WindowEvent	JFsrame	WindowListener	windowOpened (Window Event arg0)等	addWindowListener ()	removeWindowListener ()

【示例】设置窗体。代码如下。

```java
public static void main(String[] args) {
    JFrame frame = new JFrame();
    frame.setLayout(null);
    frame.addWindowListener(new WindowListener() {
        @Override
        public void windowActivated(WindowEvent arg0) {
            System.out.println("窗体被激活");
        }
        @Override
        public void windowClosed(WindowEvent arg0) {
            System.out.println("窗体已关闭");
        }
        @Override
        public void windowClosing(WindowEvent arg0) {
            System.out.println("窗体正在关闭");
        }
        @Override
        public void windowDeactivated(WindowEvent arg0) {
            System.out.println("窗体被停用");
        }
        @Override
        public void windowDeiconified(WindowEvent arg0) {
            System.out.println("窗体取消图标化（最小化）");
        }
        @Override
        public void windowIconified(WindowEvent arg0) {
            System.out.println("窗体图标化（最小化）");
        }
        @Override
        public void windowOpened(WindowEvent arg0) {
            System.out.println("窗体被打开");
        }
    });
    frame.setVisible(true);
    frame.setSize(300, 150);
    frame.setDefaultCloseOperation(JFrame.EXIT_ON_CLOSE);
}
```

运行后再最小化窗体，然后恢复，最后关闭，控制台输出如下：

窗体被激活:windowActivated
窗体被打开:windowOpened
窗体图标化（最小化）:windowIconified
窗体被停用:windowDeactivated
窗体取消图标化（最小化）:windowDeiconified
窗体被激活:windowActivated
窗体正在关闭:windowClosing

12.3.5 选项事件

在使用选项框的时候，希望它能根据用户选择的选项执行不同的操作，这时候就需要用到选项事件。下拉列表框 JComboBox 使用的选项事件监听器接口是 ItemListener，列表框 JList 使用的选项事件监听器接口是 ListSelectionListener。

ItemListener 选项事件的要素如表 12.5 所示，该监听器的实例参考 12.1.9 小节。

表 12.5　ItemListener 选项事件的要素

事件名称	事件源	监听接口	主要重写接口方法	添加监听器方法	移除监听器方法
ItemEvent	JComboBox	ItemListener	itemStateChanged (ItemEvent arg0)	addItemListener ()	removeItemListener ()

ListSelectionListener 选项事件的要素如表 12.6 所示。

表 12.6　ListSelectionListener 选项事件的要素

事件名称	事件源	监听接口	主要重写接口方法	添加监听器方法	移除监听器方法
ListSelectionEvent	JList	ListSelectionListener	valueChanged (ListSelectionEvent e)	addListSelectionListener	removeListSelectionListener ()

12.3.6　表格模型事件

先来简单介绍一下 JTable 组件，该组件用来展示与操作表格数据，有行有列，类似 Excel 表格。但表格组件 JTable 只负责展示数据，它本身并不存储自己的数据，而是由表格模型负责存储数据，JTable 从表格模型那里获取数据。

表格模型 TableModel 是一个接口，抽象类 AbstractTableModel 实现了 TableModel 接口的大部分方法，但还有以下 3 个抽象方法没实现。

① public int getRowCount()：返回行数。

② public int getColumnCount()：返回列数。

③ public Object getValueAt(int row,int column)：返回指定单元格处的值。

DefaultTableModel 类继承了 AbstractTableModel 并实现了上面的 3 个抽象方法，所以使用的表格模型指的就是 DefaultTableModel。

表格模型 DefaultTableModel 的构造方法如下。

① public DefaultTableModel()：创建一个 0 行 0 列的表格模型。

② public DefaultTableModel(int rowCount,int columnCount)：创建一个 rowCount 行 columnCount 列的表格模型。

③ public DefaultTableModel(Object[][] data,Object[] columnNames)：

其中第一个参数二维数组 Object[][] data 代表各个单元格的数据，如 Object[0][0]代表第一行第一列的数据，第 2 个参数一维数组 Object[] columnNames 代表列的标题。

使用构造方法实例化表格模型 DefaultTableModel 对象后，再使用 JTable 的构造方法 public JTable(TableModel dm)，以表格模型 DefaultTableModel 对象为参数创建 JTable 表格并添加到容器中即可显示。

JTable 表格组件的数据依赖于表格模型对象。如果表格的行列要进行添加、删除或修改，只需要修改表格模型即可。

表格模型的常用方法如下。

① public void addRow(Object[] rowData)：添加一行，该行各个单元格的数据为数组 rowData。

② public void insertRow(int row, Object[] rowData)：在指定行号处插入一行。

③ public void addColumn(Object columnName, Object[] columnData)：添加一列，列标题为 columnName，该列中各个单元格的数据为 columnData。

④ public void removeRow(int row)：删除行号为 row 的行。

⑤ public int getRowCount()：返回行数。
⑥ public int getColumnCount()：返回列数。
⑦ public Object getValueAt(int row,int column)：返回指定单元格处的值。
⑧ public void setValueAt(Object aValue, int row,int column)：设置指定单元格的值。

要获取 JTable 表格中当前操作的行索引，需要用到 JTable 的 getSelectedRow()方法。

在使用 JTable 表格组件的时候，如果进行了表格更新，并且希望它能被监听器注意到的话，就需要使用表格模型事件。例如往表格里添加了一行，要想看见操作的细节，就要用表格模型事件的监听器。

表格模型事件的要素如表 12.7 所示。

表 12.7 表格模型事件的要素

事件名称	事件源	监听接口	主要重写接口方法	添加监听器方法	移除监听器方法
TableModelEvent	JTable	TableModelListener	tableChanged (TableModelEvent e)	addTableModelListener ()	removeTableModelListener ()

表格模型事件的常用方法如下。

① int getType()：返回事件的类型，取值包括 TableModelEvent.INSERT、TableModelEvent.DELETE、TableModelEvent.UPDATE，分别表示增、删、改操作。
② int getFirstRow()：返回触发事件的行索引。

【示例】表格模型事件。代码如下。

```java
public class JTableDemo2 {
    public static void main(String[] args) {
        JFrame frame = new JFrame();
        DefaultTableModel tablemodel; // 表格模型
        JTable table; // 表格
        JButton btnAdd; // 增加按钮
        JButton btnDel; // 删除按钮
        JButton btnUpdate; // 修改按钮
        JTextField number_TextField, name_TextField; // 输入学号姓名的文本框
        String[] columnID = { "学号", "名字" };
        String[][] table_student = { { "1", "李明" }, { "2", "小王" }, { "3", "张三" } };
        tablemodel = new DefaultTableModel(table_student, columnID); // 表格模型初始化
        table = new JTable(tablemodel);
        JScrollPane sc = new JScrollPane(table);
        frame.add(sc, BorderLayout.CENTER);
        final JPanel panel = new JPanel();
        frame.add(panel, BorderLayout.SOUTH);
        number_TextField = new JTextField(" ", 5); // 初始化输入文本框
        name_TextField = new JTextField(" ", 5);
        btnAdd = new JButton("增加"); // 初始化按钮
        btnDel = new JButton("删除");
        btnUpdate = new JButton("修改");
        panel.add(new JLabel("学号:"));
        panel.add(number_TextField);
        panel.add(new JLabel("姓名:"));
        panel.add(name_TextField);
        panel.add(btnAdd);
        panel.add(btnDel);
        panel.add(btnUpdate);
```

```java
        ActionListener actionListener = new ActionListener() {// 组件的监听事件
            @Override
            public void actionPerformed(ActionEvent e) {
                if (e.getActionCommand().equals("增加")) {
                    // 获取文本框的数据并存放于数组
                    String newRow[] = { number_TextField.getText(), name_TextField.
                        getText() };
                    // 将新的一行加入表格
                    tablemodel.addRow(newRow);
                } else if (e.getActionCommand().equals("删除")) {
                    int row = table.getSelectedRow();// 获取选中的行号
                    if (row != -1) {
                        tablemodel.removeRow(row); // 将这一行移除
                        number_TextField.setText("");//清空文本框的数据
                        name_TextField.setText("");
                    }else {
                        JOptionPane.showMessageDialog(btnDel, "请从表格选择一行再删
                            除!");
                    }
                } else if (e.getActionCommand().equals("修改")) {
                    int row = table.getSelectedRow();// 获取选中的行号
                    if (row != -1) {
                        tablemodel.setValueAt(number_TextField.getText(), row, 0);
                        tablemodel.setValueAt(name_TextField.getText(), row, 1);
                    }else {
                        JOptionPane.showMessageDialog(btnDel, "请从表格选择一行再修
                            改!");
                    }
                }
            }
        };
        btnAdd.addActionListener(actionListener);
        btnDel.addActionListener(actionListener);
        btnUpdate.addActionListener(actionListener);
        tablemodel.addTableModelListener(new TableModelListener() {// 表格模型的监听事件
            @Override
            public void tableChanged(TableModelEvent e) {
                int type = e.getType();// 获取事件类型
                int row = e.getFirstRow();// 获取触发事件的行索引
                if (type == TableModelEvent.INSERT) { // 增加或删除行的情况判定
                    System.out.println("表格添加了第" + row + "行");
                } else if (type == TableModelEvent.DELETE) {
                    System.out.println("表格删除了第" + row + "行");
                }else if (type == TableModelEvent.UPDATE) {
                    System.out.println("表格修改了第" + row + "行");
                }
            }
        });
        table.addMouseListener(new MouseListener() {//表格的鼠标事件
            @Override
            public void mouseReleased(MouseEvent e) {
```

```
            }
            @Override
            public void mousePressed(MouseEvent e) {
            }
            @Override
            public void mouseExited(MouseEvent e) {
            }
            @Override
            public void mouseEntered(MouseEvent e) {
            }
            @Override
            public void mouseClicked(MouseEvent e) {//单击了表格的其中一行
                int row=table.getSelectedRow();//获取单击的行号
                if(row!= -1) {
                    number_TextField.setText(tablemodel.getValueAt(row, 0).toString());
                    name_TextField.setText(tablemodel.getValueAt(row, 1).toString());
                }
            }
        });
        frame.setVisible(true);
        frame.setSize(500, 300);
        frame.setDefaultCloseOperation(JFrame.EXIT_ON_CLOSE);
    }
}
```

运行结果如图 12.30 所示。

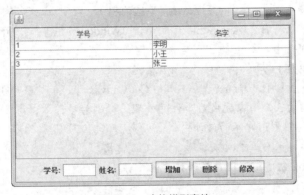

图 12.30　表格模型事件

输入数据并单击"增加"按钮后的结果如图 12.31 所示。

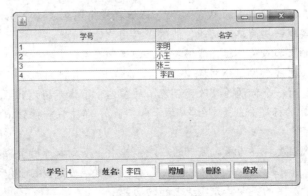

图 12.31　添加一行

同时控制台输出：

表格添加了第 3 行

删除和修改行请自行测试。

12.4　上机实验

任务：设计游戏功能

　　要求：设计一个在游戏中单击以移动角色的功能。
　　分析：该案例结合了组件、监听器和 Graphics 类的知识。

思考题

1. 简单说明监听器的作用过程。
2. frame.setDefaultCloseOperation(JFrame.EXIT_ON_CLOSE);这句代码的作用是什么？
3. 组件的 getBounds()方法的返回值的类型是什么？
4. Applet 的布局设置默认是 FlowLayout，下列（　　）可以改变 Applet 的布局方式。
   A．setLayoutManager(new GridLayout())；　　B．setLayout (new GridLayout(2,2));
   C．setGridLayout (2,2)；　　　　　　　　　　D．setBorderLayout();
5. 下列（　　）是 Swing 容器的顶层容器。（选两项）
   A．JPanel　　　　B．JScrollPane　　　　C．JWindow　　　　D．JFrame
6. 简述 Java 中 AWT 和 Swing 的区别与联系。
7. 下列属于容器的组件有（　　）。
   A．JButton　　　　B．Jpanel　　　　C．Canvas　　　　D．JTextArea
8. Swing 事件模型由 3 个对象完成对事件的处理，分别为事件源、事件和＿＿＿＿。
9. 在给予 Swing 的图形用户界面设计中，面板属于（　　）。
   A．顶层容器　　　B．中间级容器　　　C．窗格　　　　D．原子组件
10. 简述使用 Swing 创建图形用户界面程序的步骤。

程序设计题

1. 设计一个程序，通过键盘上的 W、A、S、D 键操控角色在方格中移动。
2. 模仿记事本，实现一些简单的功能，能够保存用户输入的数据。
3. 在第 2 题的基础上加入菜单栏，能够打开、回退和保存。
4. 编写一个程序，把 6 个按钮分别标识为 "A" 到 "F"，并排列成一行显示出来。
5. 编写应用程序，有一个标题为 "改变颜色" 的窗体，窗体布局为 null，在窗体中有 3 个按钮和一个文本框，3 个按钮的标题分别是 "红" "绿" 和 "蓝"，单击任一按钮，文本框的背景颜色更改为相应的颜色。
6. 编写一个将华氏温度转换为摄氏温度的程序，其中一个文本行用于输入华氏温度，另一个文本行用于显示转换后的摄氏温度，单击按钮完成温度的转换，转换公式：摄氏温度=(华氏温度-32)×5/9。
7. 制作一个加法计算器的界面，并实现求和的功能。

8. 显示包含6个标签的框架。将标签背景颜色都设置为白色。将标签前景色分别设置为黑色、蓝色、青色、绿色、洋红色和橙色，设置每个标签的边界为黄色的线边界。设置每个标签的字体为TimesRoman、加粗、20像素。将每个标签的文本和工具提示文本都设置为它的前景色的名字。

9. 编写一个程序，显示一个棋盘，棋盘中的每一个白色格和黑色格都是将背景色设置为黑色或者白色的JButton组件。

10. 编写一个应用登录界面，当用户输入账号密码后，单击"登录"按钮或者按回车键时进行登录验证操作。登录成功则弹窗显示"登录成功"，否则显示"登录失败"。

第 13 章　网络编程

网络编程最主要的工作就是在发送端通过规定好的协议把信息组装成包，在接收端按照规定好的协议对包进行解析，从而提取出对应的信息，达到通信的目的。

本章主要介绍使用 Java 实现计算机网络主机之间的通信，主要内容有网络通信协议、UDP（User Datagram Protocol，用户数据报协议）网络程序设计、TCP（Transmission Control Protocol，传输控制协议）网络程序设计。

13.1　网络通信协议

计算机网络中，存在各种各样的设备、多种多样的操作系统、不同的硬件体系结构，要使这些差异很大的设备之间能够有条不紊地交换数据，就必须遵守一些事先约定好的规则。这些规则规定了所交换的数据格式、有关的同步问题以及其他一些约定或标准，这就是网络通信协议，简称网络协议。可以说网络协议就是计算机网络的一种通用的网络语言。

计算机网络协议的结构一般是层次式的，有以下优点。
- 各层功能相互独立。
- 扩展修改灵活。
- 易于实现和维护。
- 协议制定独立灵活。

下面介绍两种层次式的网络协议：OSI 参考模型和 TCP/IP 模型。

1. OSI 参考模型

开放系统互连通信参考模型（Open System Interconnection Reference Model），简称 OSI 参考模型，是由国际标准化组织提出的一种概念模型，能使各种计算机在世界范围内互连为网络的标准框架。

OSI 参考模型将网络通信工作分为 7 层，分别是物理层、数据链路层、网络层、传输层、会话层、表示层、应用层。

但 OSI 参考模型存在协议过于复杂、运行效率低、周期长等问题，并没有得到广泛应用。实际广泛应用的是 TCP/IP 模型，TCP/IP 模型成了事实上的网络协议标准。

2. TCP/IP 模型

TCP/IP 模型是一个包括了网络接口层、网际层、运输层和应用层共 4 层的网络体系结构。

（1）网络接口层

网络接口层对应 OSI 参考模型中的物理层与数据链路层。网络接口层是 TCP/IP 与各种 LAN 或 WAN 的接口。

发送端网络接口层：将网际层的 IP 数据报封装成帧后发送到网络上。

接收端网络接口层：数据帧通过网络传输后到达接收端，接收端的网络接口层对数据帧进行拆封，检查帧中 MAC（Media Access Control，媒体访问控制）地址信息，如果该帧的 MAC 地址与本机的 MAC 地址相同或者是广播地址，则上传到网络层，否则丢弃该帧。网络接口层的主要协议有 Ethernet 802.3、HDLC、PPP、ATM 等。

（2）网际层

网际层提供了基于无连接的数据传输、路由选择、拥塞控制和地址映射等功能，实现了互联网络环境下的端到端数据分组传输。网际层的主要协议有 4 种：IP 提供数据分组传输、路由选择；ARP（Address Resolution Protocol，地址解析协议）；RARP（Reverse Address Resolution Protocol，反向地址解析协议），与 ARP 一起提供逻辑地址与物理地址映射功能；ICMP（Internet Control Message Protocol，互联网控制报文协议）提供网络控制和差错处理功能。

（3）运输层

也叫传输层，为应用进程提供端到端的逻辑通信，可以对收到的报文进行差错检测。运输层的协议主要有面向连接的 TCP 和面向无连接的 UDP。

（4）应用层

应用层为用户应用进程提供服务。应用层的协议主要有 HTTP（HyperText Transfer Protocol，超文本传送协议）、FTP（File Transfer Protocol，文件传送协议）、SMTP（Simple Mail Transfer Protocol，简单邮件传送协议）等。

13.1.1 IP 地址与端口号

1. IP 地址

IP 地址（Internet Protocol Address，互联网协议地址）是应用 IP 为网络上的每一台主机分配的唯一的一个逻辑地址，以此来区分彼此。IP 地址有 IPv4 和 IPv6 两种。

（1）IPv4

IPv4 使用 32 位二进制数表示，通常表示成 4 组，每组 8 位形式。为了更直观，使用中 IP 地址通常采用点十分制的形式来表示，每组都用十进制表示，每组之间用"."分隔，如 192.168.31.1。由于 IPv4 是 32 位二进制数，只有约 42 亿个地址，数量有限，而互联网又发展很快，因此目前 IPv4 已经用尽。为此研发出了 128 位的 IPv6。

（2）IPv6

IPv6 采用 128 位二进制数表示计算机地址，大大扩展了可用地址的数量，并提供了更多更强的功能，以保证网络快速安全地运行。

2. 端口号

端口代表计算机操作系统中一种由软件创建的服务，扮演通信的端点（Endpoint）角色，每个端口都与主机的 IP 地址及通信协议关联。主机操作系统中通常会有多个端口，每个端口以 16 位二进制数字来表示，称为端口号（Port Number）。常见的端口号有 HTTP 默认使用的 80 端口、telnet 协议默认使用的 23 端口。

传输层协议（TCP 或 UDP）在分组表头中定义了来源端口号与目的端口号。端口号的范围介于 0～65535。但并不是所有端口号都能自行选用的，在 TCP 中，端口号 0 是被保留的，不可使用；端口号 1~1023 被系统保留，只能由 root 用户使用。

端口号的两种用途如下。

（1）代表服务器上的一种特定的网络服务进程。客户机按照服务器的 IP 地址与端口号进行连接即可获得相应的网络服务。例如，通常使用 80 端口号提供 HTTP 服务，使用 23 端口号提供 Telnet 服务。客户机连接服务器时，不但要指定服务器的端口号，客户机本身也要有端口号，但客户机通常使用动态指定的端口号。

（2）由本机地址、本机端口号、目标主机地址、目标主机端口号、通信协议 5 要素组成的信息，用于唯一标识正在使用的网络链接。

13.1.2 InetAddress 类

InetAddress 类是 Java 对 IP 地址的封装，它的实例对象包含以数字形式保存的 IP 地址，还可能包含主机名。InetAddress 类提供了将主机名解析为 IP 地址和反向解析的方法。InetAddress 实例对象对域名进行解析是使用本地机器配置或者网络命名服务，如域名系统（Domain Name System，DNS）和网络信息服务（Network Information Service，NIS）来实现的。java.net 包中的 ServerSocket、Socket、DatagramSocket 等许多类都使用了 InetAddress。

通过 InetAddress 提供的静态方法来获取 InetAddress 的实例对象时，可以使用以下方法。

- static InetAddress getByName(String host)：返回一个传给它的主机名的 InetAddress。
- static InetAddress[] getAllByName(String host)：根据主机名返回其可能的所有 InetAddress 对象。
- Static InetAddress getLocalHost()：仅返回象征本地主机的 InetAddress 对象。
- Static InetAddress getByAddress(byte[] addr)：返回给定的原始 IP 地址 InetAddress 对象。
- static InetAddress getByAddress(String host,byte[] addr)：返回给定的主机名和原始 IP 地址 InetAddress 对象。

以上所述静态方法中，最为常用的是 getByName(String host)方法。运行该方法时，InetAddress 会尝试连接 DNS 服务器，根据主机名获取 IP 地址。

下面通过一个例子来加深对 InetAddress 的理解，代码如下。

```
import java.net.InetAddress;
public class InetAddressTest {
    public static void main(String[] args) throws Exception {
        InetAddress address = InetAddress.getByName("www.baidu.com");
        System.out.println("获取百度的IP地址：");
        System.out.println(address.toString());
        InetAddress[] addresses = InetAddress.getAllByName("www.baidu.com");
        System.out.println("获取百度的IP地址列表：");
        for (InetAddress inetAddress : addresses) {
            System.out.println(inetAddress.toString());
        }
    }
}
```

运行结果：

获取百度的 IP 地址：
www.baidu.com/183.232.231.172
获取百度的 IP 地址列表：
www.baidu.com/183.232.231.172
www.baidu.com/183.232.231.174

在这个例子中，使用到了 getByName()以及 getAllByName()两个方法。前者通过"www.baidu.com"来获取 InetAddress 的对象，并输出到控制台。默认调用了 InetAddress.toString()方法，在结果中可以看到"www.baidu.com/183.232.231.172"的输出结果，其中 183.232.231.172 为百度的 IP 地址。

getAllByName()方法是根据主机名返回其可能的所有 InetAddress 对象，保存在一个数组中。在这个例子的输出结果中，www.baidu.com 有两个 ip 地址，分别为 183.232.231.172 以及 183.232.231.174。

另外一个常用的静态方法是 getLocalHost()，返回的是本地地址。例子如下所示：

```java
import java.net.InetAddress;
public class InetAddressTestLocalHost {
    public static void main(String[] args) throws Exception {
        InetAddress address = InetAddress.getLocalHost();
        System.out.println("本机的 IP 地址为："+address.toString());
    }
}
```

结果如下所示：

本机的 IP 地址为：DESKTOP-TRTFE6L/172.17.140.33

这个例子获取本地的 IP 地址，再调用 toString()方法将其转换成字符串输出到控制台上。

获取到 InetAddress 对象后，就可以使用其定义的方法。其常用的方法如下。

- String getHostAddress()：获取 IP 地址字符串。
- String getHostName()：获取主机的名称。
- Boolean isMulticastAddress()：判断是否为多播地址。
- Boolean isReachable(int timeout)：判断在指定时间内是否可达。

【示例】获取本机主机和 IP 地址，测定目标主机地址、IP 地址，并判断在指定时间内是否可达。代码如下。

```java
public class InetAddressDemo {
    public static void main(String[] args) {
        try {
            InetAddress myAddress=InetAddress.getLocalHost();
            InetAddress biaiduAddress=InetAddress.getByName("www.baidu.com");
            System.out.println("本机主机名:"+myAddress.getHostName());
            System.out.println("本机 IP 地址:"+myAddress.getHostAddress());
            System.out.println("百度主机名:"+biaiduAddress.getHostName());
            System.out.println("百度 IP 地址:"+biaiduAddress.getHostAddress());
            System.out.println("5 秒是否可到达百度:"+biaiduAddress.isReachable(5000));
        } catch (UnknownHostException e) {
            e.printStackTrace();
        } catch (IOException e) {
            e.printStackTrace();
        }
    }
}
```

运行结果：

本机主机名:acer-PC
本机 IP 地址:192.168.0.2
百度主机名:www.baidu.com
百度 IP 地址:183.232.231.172
5 秒是否可到达百度: true

13.1.3 UDP 与 TCP

运输层包括无连接的 UDP 协议和面向连接的 TCP 协议，分别介绍如下。

1. UDP

UDP 又称用户数据包协议,是一个简单的面向数据报的通信协议,位于 OSI 参考模型的传输层。UDP 的主要特点如下。

(1) UDP 是面向无连接的协议。

UDP 不区分客户端和服务端,传输数据时发送端和接收端不事先建立连接。在发送端,UDP 把来自应用程序的数据尽可能快地扔到网络上,传送数据的速度仅受应用程序生成数据的速度、计算机的能力和传输带宽的限制;在接收端,UDP 把每个消息段放在队列中,应用程序每次从队列中读一个消息段。

(2) 不可靠。

UDP 并不保证数据能够送达。如果传递过程中出现数据包的丢失,协议本身并不能做出任何检测或提示。因此,通常人们把 UDP 称为不可靠的传输协议。

(3) 传输速度较快

UDP 由于摒弃了信息可靠传递机制,将安全和排序等功能移交给上层应用来完成,因此极大缩短了执行时间,使速度得到了保证。

许多重要的互联网应用程序都使用 UDP,包括:域名系统(DNS)、动态主机配置协议(Dynamic Host Configuration Protocol,DHCP)、简单网络管理协议(Simple Network Management Protocol,SNMP)、路由信息协议(Routing Information Protocol,RIP)。

实时语音和视频流量通常使用 UDP 传输。

2. TCP

TCP 是一种面向连接的、可靠的、基于字节流的传输层通信协议,位于 OSI 参考模型的传输层。TCP 的主要特点如下。

(1) 基于流的方式。

流是通过一定的传播路径从源传递到目的地的字节序列,字节流分为输入流和输出流两大类。

(2) 面向连接。

TCP 区分客户端和服务端,TCP 需要客户端和服务端建立连接后才开始传输数据。TCP 的运行可划分为 3 个阶段:连接创建、数据传送和连接终止。TCP 用 3 次握手过程创建一个连接。而连接终止使用了 4 次挥手过程,在这个过程中连接的每一侧都独立地被终止。3 次握手的作用就是使客户端和服务端都确认自己的接收、发送能力是正常的,之后就可以正常通信了。

3. UDP 与 TCP 的区别

UDP 是基于无连接的协议,可靠性低;TCP 是基于连接的协议,可靠性高。由于 TCP 需要有 3 次握手、重新确认等连接过程,因此会有延时,实时性差,同时过程复杂,也使其易于被攻击;UDP 没有建立连接的过程,因而实时性较强,也稍安全。UDP 不区分客户端和服务端,TCP 区分客户端和服务端。

13.2 UDP 网络程序设计

UDP 是一种不可靠、无连接的网络协议,与可靠、有连接协议 TCP 相比,它不能保证发送的数据一定能被对方按顺序收到。如果数据在传送的过程中丢失,它也不会自动重发。然后由于它不需要像 TCP 那样,每次通信都要建立一条特定的连接通道进行传输控制,UDP 本身的数据就自带了传输控制信息,因此使用 UDP 传输能节省系统开销,而且在数据的传输效率上 UDP 比 TCP 高。在一些对数据顺序以及质量要求不高的场景下,经常使用 UDP 进行数据传输。

在 Java 中使用 DatagramPacket 类和 DatagramSocket 类来实现 UDP 通信。

13.2.1 DatagramPacket 类

与 TCP 发送和接收消息都使用流不同，UDP 传输的数据单位为数据报文。一个数据报文在 Java 中用一个 DatagramPacket 实例来表示。发送信息时，Java 程序会创建一个数据报文(即 DatagramPacket 实例)将需要发送的信息封装。接收信息时，Java 也会首先创建一个 DatagramPacket 实例，用于存储接收的报文信息。

DatagramPacket 类中，除了包含需要传输的信息外，还包含 IP 地址和端口等信息，用于指明目标地址和端口以及源地址和端口。此外，DatagramPacket 类的内部还用 length 和 offset 字段说明缓冲区大小和起始偏移量。

DatagramPacket 类具有 6 个构造方法，分别如下。

① DatagramPacket(byte[] buf, int length)：构造 DatagramPacket，用来接收长度为 length 的数据包。

② DatagramPacket(byte[] buf, int length, InetAddress address, int port)：构造数据报包，用来将长度为 length 的包发送到指定主机上的指定端口号。

③ DatagramPacket(byte[] buf, int offset, int length)：构造 DatagramPacket，用来接收长度为 length 的包，在缓冲区中指定了偏移量。

④ DatagramPacket(byte[] buf, int offset, int length, InetAddress address, int port)：构造数据报包，用来将长度为 length、偏移量为 offset 的包发送到指定主机上的指定端口号。

⑤ DatagramPacket(byte[] buf, int offset, int length, SocketAddress address)：构造数据报包，用来将长度为 length、偏移量为 offset 的包发送到指定主机上的指定端口号。

⑥ DatagramPacket(byte[] buf, int length, SocketAddress address)：构造数据报包，用来将长度为 length 的包发送到指定主机上的指定端口号。

这 6 个构造方法中，第一个和第三个用于处理接收的数据包，它们在构造接收数据包时，无须指明 IP 地址和端口；其余用于包装发送的数据包，需要指明目的地址。除了可以通过构造方法设置地址外，还可以通过 DatagramPacket 提供的一些方法来设置地址及端口。

- setAddress(InetAddress iaddr)：设置要将此数据报发往的那台计算机的 IP 地址。
- setPort(int iport)：设置要将此数据报发往的远程主机上的端口号。
- setSocketAddress(SocketAddress address)：设置要将此数据报发往的远程主机的 Socket Address（通常为 IP 地址 + 端口号），需要知道此数据报发往的那台计算机的 IP 地址。

这些属性也提供了对应的 get()方法，可以方便地获取目的主机的 IP 地址和端口。除此之外，DatagramPacket 还提供了对数据处理的方法 setData(byte[] buf)，用于为此包设置数据缓冲区；重载方法 setData(byte[] buf, int offset, int length)，用于为此包设置数据缓冲区。

此外，byte[] getData()方法用来获取 DatagramPacket 对象中封装的数据，int getLength()方法用来获取 DatagramPacket 对象中封装的数据的长度。

13.2.2 DatagramSocket 类

DatagramSocket 类用于发送和接收 UDP 数据包,在 Java 中即为发送和接收 DatagramPacket 对象。DatagramSocket 与 TCP 的 Socket 不同之处在于无须事先建立连接。数据包的发送路由是自由选择的，通信的两端在通信过程中发送的不同数据包可能并不在同一路径上。因此，对于一方发送多个数据包来说，其数据包到达的顺序可能与发送的顺序不同。

数据包的发送类似于寄快递的过程，可以把 DatagramSocket 看成一个运输工具，把需要发送的数据报文 DatagramPacket 看成快递。首先把要发送的数据创建成一个数据包 DatagramPacket 实例，指明目标地址和目标端口，就像把一件货物打包成快递并写上收货地址和收货人一样。然后将此数据包交予 DatagramSocket 实例进行发送，就像把快递用运输工具发货运走一样。接收方会一直监听是否有数据包到达。当有数据包到达时，就会创建一个 DatagramPacket 对象，用来接收和存储这个报文，接收的报文中存储了发送者的地址和端口。

DatagramSocket 有 5 个构造方法，其中有 4 个是公有的，剩余一个是受保护的。

① public DatagramSocket()：构造数据报套接字并将其绑定到本地主机上的任何可用端口。

② protected DatagramSocket(DatagramSocketImpl impl)：使用指定的 DatagramSocketImpl 创建未绑定的数据报套接字。

③ public DatagramSocket(int port)：构造数据报套接字并将其绑定到本地主机上的指定端口。

④ public DatagramSocket(int port, InetAddress laddr)：创建绑定到指定本地地址的数据报套接字。

⑤ public DatagramSocket(SocketAddress bindaddr)：创建绑定到指定本地套接字地址的数据报套接字。

获取 DatagramSocket 实例后，就可以使用它提供的方法进行 UDP 传输了。

- send(DatagramPacket p)：从此套接字发送数据报包。
- receive(DatagramPacket p)：从此套接字接收数据报包。

UDP 套接字对传输线路的要求并不像 TCP 那么高，默认情况下，UDP 是通过广播发送数据报的，这样发送的数据报就暴露在任何可以接收的客户端下。然而，有时想要通过建立一条链路来限制 UDP 数据报的发送方和接收方。DatagramSocket 提供了一组方法，用于虚拟实现这一功能。

- connect(InetAddress address, int port)：将套接字连接到此套接字的远程地址。
- connect(SocketAddress addr)：将此套接字连接到远程套接字地址（IP 地址+端口号）。

当然，能建立连接，自然就能断开连接。DatagramSocket 类使用 disconnect()方法来断开连接，如果没有建立连接，则该方法什么都不做。

13.2.3 UDP 发送与接收程序

（1）发送端程序。代码如下。

```java
import java.net.DatagramPacket;
import java.net.DatagramSocket;
import java.net.InetAddress;
import java.net.SocketException;
import java.net.UnknownHostException;
public class Demo1_Send {
    /**
     * * 1.发送 Send
     * 创建 DatagramSocket, 随机端口号
     * 创建 DatagramPacket, 指定数据、长度、地址、端口
     * 使用 DatagramSocket 发送 DatagramPacket
     * 关闭 DatagramSocket
     */
    public static void main(String[] args) throws Exception {
        String str = "砺锋科技";
        DatagramSocket socket = new DatagramSocket();  //创建 Socket 相当于创建 "运输工具"
        //创建 Packet 相当于创建 "快递"
        DatagramPacket packet = new DatagramPacket(str.getBytes(), str.getBytes().length, Inet Address.getByName("127.0.0.1"), 6666);
        //DatagramPacket 构造方法设置了 "快递" 的内容（货物）、长度、目标地址、端口号(收件人)
```

```java
            socket.send(packet);                          //发送,将"快递"发出去
            socket.close();                                //关闭对象,释放内存
        }
    }
```

（2）接收端程序。代码如下。

```java
import java.net.DatagramPacket;
import java.net.DatagramSocket;
import java.net.SocketException;
public class Demo1_Receive {
    /**
     ** 2.接收 Receive
     * 创建 DatagramSocket,指定端口号
     * 创建 DatagramPacket,指定数组、长度
     * 使用 DatagramSocket 接收 DatagramPacket
     * 关闭 DatagramSocket
     * 从 DatagramPacket 中获取数据
     * @throws Exception
     */
    public static void main(String[] args) throws Exception {
        //创建 Socket,设置只接收该端口(收件人)的"快递"
        DatagramSocket socket = new DatagramSocket(6666);
        //创建 Packet,自行设置容量的大小,可设任意值,足够接收数据(货物)即可
        DatagramPacket packet = new DatagramPacket(new byte[1024], 1024);
        socket.receive(packet);                       //接收"快递"
        byte[] arr = packet.getData();                //拆包获取"快递"中的"货物",用数组接收
        //int len = packet.getLength();               //获取有效的字节个数
        System.out.println(new String(arr));          //将数转换为字符串并输出(显示"货物"内容)
        socket.close();
    }
}
```

注意：接收端创建 DataSocket 的实例时,其端口号要与发送端的 DataGramPacket 中的端口号一致。

（3）运行测试。

首先运行接收端程序,然后运行发送端程序,最后可以在控制台看到结果,如图 13.1 所示。

图 13.1　控制台接收到的信息

13.2.4　UDP 即时聊天程序

下面是一个简单的 UDP 即时聊天程序,为了方便理解,将其中一方设置为发送端,另一方设置为接收端,但是双方均可互相发送消息,直到聊天结束。

（1）发送端程序。代码如下。

```java
import java.net.DatagramPacket;
import java.net.DatagramSocket;
import java.net.InetAddress;
import java.net.SocketException;
```

```java
import java.util.Scanner;
public class UDPsend {
    public static void main(String[] args) {
        System.out.println("发送端启动（小美）");
        DatagramSocket socket = null;
        Scanner input = new Scanner(System.in);
        try {
            socket = new DatagramSocket();//1.创建 DatagramSocket 对象
            while(true) {
                System.out.print("发送端小美说：");//2.要发送的数据
                String line = input.nextLine();
                byte[] buf = line.getBytes();
                //3.创建数据包
                DatagramPacket packet = new DatagramPacket(buf, buf.length,
                    InetAddress.getByName("127.0.0.1"),8090);
                //4.发送数据
                socket.send(packet);
                //5.如果发送端说了"886",则结束聊天
                if(line.equals("886")) {
                    System.out.println("88,聊天结束");
                    break;
                }
                //6.接收端回复的数据
                byte[] buf2 = new byte[1024];
                DatagramPacket packet2 = new DatagramPacket(buf2, buf2.length);
                socket.receive(packet2);
                String line2 = new String(packet2.getData(),0,packet2.getLength());
                //7.如果接收端说了"886",则结束聊天
                if(line2.equals("886")) {
                    System.out.println("对方退出,聊天结束");
                    break;
                }
                System.out.println("收到的消息："+line2);
            }
        } catch (Exception e) {
            e.printStackTrace();
        }finally {
            if(socket!=null)
                socket.close();
        }
    }
}
```

在发送端程序的代码中，首先定义了一个 DatagramSocket。接着定义了 byte 数组，用于存储要发送的数据。创建 DatagramPacket 数据包，用于传送数据报以及指定监听的 IP 地址和端口号。利用 DatagramSocket 的 send() 方法发送数据，以及利用 DatagramSocket 的 receive() 方法接收接收端返回的消息数据。程序为了实现实时聊天，将发送数据和接收数据放在了一个死循环中。为了结束聊天，使用了特定"暗号"，用于退出程序。

（2）接收端程序。代码如下。

```java
import java.net.DatagramPacket;
import java.net.DatagramSocket;
import java.util.Scanner;
```

```java
public class UDPreceive {
    public static void main(String[] args) {
        System.out.println("接收端启动（小帅）");
        DatagramSocket socket = null;
        Scanner input = new Scanner(System.in);
        try {
            socket = new DatagramSocket(8090); //1.创建DatagramSocket对象
            while(true) {
                byte[] buf = new byte[1024]; //2.创建数据包packet
                DatagramPacket packet = new DatagramPacket(buf, buf.length);
                //3.接收数据
                socket.receive(packet);
                String line = new String(packet.getData(),0,packet.getLength());
                //4.如果发送端说了"886"，则结束聊天
                if(line.equals("886")) {
                    System.out.println("发送端(小美)退出,聊天结束");
                    break;
                }
                System.out.println("收到的消息："+line);
                //5.给发送端回复
                System.out.print("接收端小帅说：");
                String line2 = input.nextLine();
                DatagramPacket packet2 = new DatagramPacket(line2.getBytes(),
                    line2.getBytes().length,packet.getAddress(),packet.getPort());
                socket.send(packet2);
                //6.如果接收端说了"886"，则结束聊天
                if(line2.equals("886")) {
                    System.out.println("88,聊天结束");
                    break;
                }
            }
        } catch (Exception e) {
            e.printStackTrace();
        }finally {
            if(socket!=null)
                socket.close();
        }
    }
}
```

在接收端程序的代码中，首先定义了一个 DatagramSocket。接着定义了 byte 数组，用于存储要接收的数据。创建 DatagramPacket 数据包，用于接收数据报以及指定监听的 IP 地址和端口号。利用 DatagramSocket 的 receive()方法接收接收端返回的消息数据，以及利用 DatagramSocket 的 send()方法发送数据。程序为了实现实时聊天，将发送数据和接收数据放在了一个死循环中。为了结束聊天，使用了特定"暗号"，用于退出程序。

运行测试，注意开启两个控制台，左边运行发送端，右边运行接收端，结果如图 13.2 所示。

这个聊天程序只是本机模拟两个人聊天，实际上只需要进行简单修改，就可以使两个人在两台不同主机之间真实地聊天。只需修改发送端的 DatagramPacket 中的 InetAddress.getByName("127.0.0.1") 为 InetAddress.getByName("另一部主机的 ip 地址")即可。

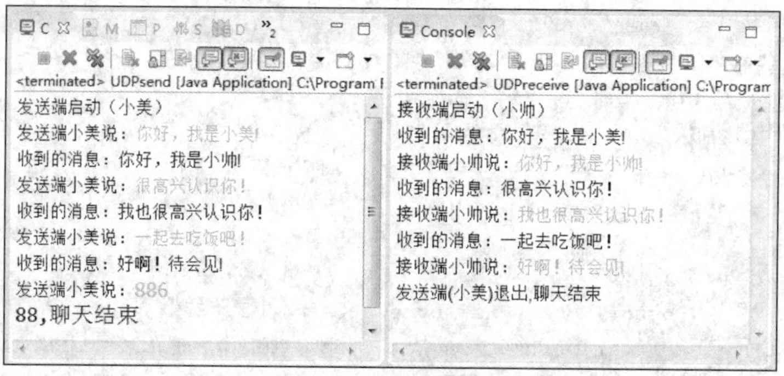

图 13.2 聊天界面

13.2.5 图形用户界面即时聊天案例

任务：使用 UDP 实现图形用户界面的两个人之间的聊天程序。

说明：在 13.2.4 小节的基础上，加上图形用户界面，发送信息由按钮的单击事件来控制，接收信息由启动线程来循环监听。创建两个类，一个类是 ChatA，是聊天的 A 方，另一个类是 ChatB。两个程序基本相同，只是改一下聊天者的名字而已，下面提供 ChatA 的参考代码。注意一个细节，两个类的发送信息的端口号是不同的，接收信息的端口互为对方的发送信息的端口。代码如下。

```java
public class ChatA {
    JTextArea txtSendMsg;// 要发送的信息
    JTextArea txtChatMsg;// 聊天信息
    String receiveMsg="";// 收到的信息
    String totalMsg="";  //全部信息,中间变量
    JTextField txtIp;    //IP 地址
    public static void main(String[] args) {
        new ChatA();
    }
    public ChatA() {
        init();// 初始化界面
        receiveMsg();// 监听接收信息
    }
    private void init() {
        JFrame frame = new JFrame();
        frame.setSize(400, 350);
        frame.setDefaultCloseOperation(JFrame.EXIT_ON_CLOSE);
        frame.setTitle("聊天者：小美");
        txtChatMsg = new JTextArea(10, 33);
        txtChatMsg.setBackground(new Color(225, 225, 225));
        txtSendMsg = new JTextArea(4, 33);
        JPanel pnlCenter = new JPanel();
        pnlCenter.add(txtChatMsg);
        pnlCenter.add(txtSendMsg);
        frame.add(pnlCenter, BorderLayout.CENTER);
        frame.setVisible(true);
        JLabel lblIp = new JLabel("IP 地址");
        txtIp = new JTextField(10);
        txtIp.setText("127.0.0.1");
        JButton btnSend = new JButton("发送");
        JButton btnClr = new JButton("清屏");
```

```java
            JPanel pnlSouth = new JPanel();
            pnlSouth.add(lblIp);
            pnlSouth.add(txtIp);
            pnlSouth.add(btnSend);
            pnlSouth.add(btnClr);
            frame.add(pnlSouth, BorderLayout.SOUTH);
            frame.setDefaultCloseOperation(JFrame.EXIT_ON_CLOSE);
            ActionListener actionListener = new ActionListener() {
                @Override
                public void actionPerformed(ActionEvent e) {
                    if (e.getActionCommand().equals("发送")) {
                        sendMsg();
                    } else if (e.getActionCommand().equals("清屏")) {
                        txtChatMsg.setText("");
                        txtSendMsg.setText("");
                        totalMsg="";
                    }
                }
            };
            btnSend.addActionListener(actionListener);
            btnClr.addActionListener(actionListener);
    }
    private void sendMsg() {
        DatagramSocket socket = null;
        try {
            // 1.创建DatagramSocket对象
            socket = new DatagramSocket();
            // 2.要发送的数据
            String sendMsg = txtSendMsg.getText();
            if (sendMsg != null) {
                byte[] buf = sendMsg.getBytes();
                // 3.创建数据包
                DatagramPacket packet = new DatagramPacket(buf, buf.length,
                    InetAddress.getByName(txtIp.getText()), 12345);
                // 4.发送数据
                socket.send(packet);
                totalMsg += "我（小美）说: " + sendMsg + "\n";
                txtChatMsg.setText(totalMsg);
                txtSendMsg.setText("");
            }
        } catch (Exception ex) {
            ex.printStackTrace();
        } finally {
            if (socket != null)
                socket.close();
        }
    }
    private void receiveMsg() {//使用线程接收信息
        new Thread() {
            @Override
            public void run() {
                DatagramSocket socket = null;
                try {
                    // 1.创建DatagramSocket对象
```

```java
            socket = new DatagramSocket(12346); //对应另一方的发送信息的端口
            while (true) {
                //2.创建数据包packet
                byte[] buf = new byte[1024];
                DatagramPacket packet = new DatagramPacket(buf, buf.length);
                //3.接收数据
                socket.receive(packet);
                receiveMsg = new String(packet.getData(), 0, packet.getLength());
                totalMsg += "小帅说: " + receiveMsg + "\n";
                txtChatMsg.setText(totalMsg);
                // 4.如果发送端说了"886"，则结束聊天
                if (receiveMsg.equals("886")) {
                    break;
                }
            }
        } catch (Exception e) {
            e.printStackTrace();
        } finally {
            if (socket != null)
                socket.close();
        }
    }
}.start();
```

ChatB 类复制自 ChatA 类，修改聊天者的名字，以及将发送的端口号改为 12346、接收的端口号改为 12345 即可。运行 ChatA 和 ChatB，运行结果如图 13.3、图 13.4 所示。

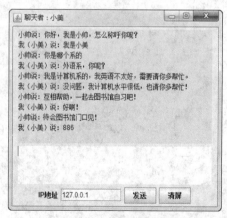

图 13.3　ChatA 聊天界面

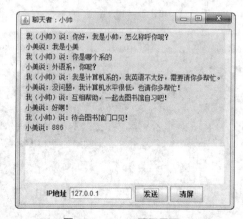

图 13.4　ChatB 聊天界面

13.3　TCP 网络程序设计

TCP 是一种可靠的、基于连接的网络协议。它是面向字节流的，即从一个进程到另一个进程的二进制序列。一个 TCP 连接需要两个端点，这两个端点需要分别创建各自的套接字。通常一方用于发送请求和数据（称为客户端），而另一方用于监听网络和数据（称为服务端）。

13.3.1 ServerSocket 服务器套接字

ServerSocket 类实现服务器套接字，等待请求通过网络传入，基于该请求执行某些操作，然后可能向请求者返回结果。显然，ServerSocket 应用于服务端。

（1）ServerSocket 有以下 4 个构造方法。

① public ServerSocket() throws IOException：创建一个服务器套接字，并未指明地址和端口。

② public ServerSocket(int port) throws IOException：创建一个服务器套接字，指明了监听的端口。如果传入的端口为 0，则可以在所有空闲的端口上创建套接字。默认接收的最大连接数为 50，如果客户连接数超过了 50，则拒绝新接入的连接。

③ public ServerSocket(int port, int backlog) throws IOException：创建一个服务器套接字，指定了监听的端口。如果传入的端口为 0，则可以在所有空闲的端口上创建套接字。接收的最大连接数由参数 backlog 指定，如果接收的连接数大于这个数，多余的连接数将被拒绝。参数 backlog 的值必须大于 0，如果不大于 0，则使用默认值。

④ public ServerSocket(int port, int backlog, InetAddress bindAddr)throws IOException：创建一个套接字，指定了监听的地址和端口，并设定了最大的连接数。

（2）ServerSocket 类中也提供了丰富的工具方法，常用方法如下。

① public Socket accept() throws IOException：该方法一直处于阻塞状态，直到有新的连接接入。建立连接后，该方法会返回一个套接字，用于处理客户端请求以及服务端响应。

② public void setSoTimeout(int timeout)throws SocketException：用于设置 accept()方法最大阻塞时间。如果阻塞的时间超过了这个值，将抛出 java.net.SocketTimeoutException 异常。

③ public void close()throws IOException：关闭服务器套接字。

13.3.2 Socket 套接字

Socket 套接字是建立网络连接时使用的。在连接成功时，应用程序两端都会产生一个 Socket 实例，可以操作这个实例来完成所需的会话。

（1）Socket 类有多个构造方法。

① public Socket(String host, int port)：创建一个流套接字并将其连接到指定主机上的指定端口号上。

② public Socket(InetAddress address,int port, InetAddress localAddr,int localPort)：创建一个流套接字，指定了本地的地址和端口以及目的地址和端口。

③ public Socket()：创建一个流套接字，但此套接字并未指定连接。

（2）此外，Socket 类还提供了很多工具方法，用于处理网络会话。

① public InputStream getInputStream() throws IOException：返回程序中套接字所能读取的输入流。

② public OutputStream getOutputStream() throws IOException：返回程序中套接字所能读取的输出流。

③ public void close() throws IOException：关闭指定的套接字，套接字中的输入流和输出流也将被关闭。

除了这些常用的方法外，Socket 类还提供了很多其他方法，如 connect(SocketAddress endpoint)用于连接到远程服务器、getInetAddress()用于获取远程服务器的地址等。

13.3.3 简单 TCP 网络程序

了解 ServerSocket 和 Socket 以后，将创建能进行通信的网络程序。实现的功能是客户端向服务端发送连接请求，连接建立后，客户端向服务端发送一个简单的请求；服务端接收这个请求后，根据请求的内容做出相应处理，并返回处理结果。可以使用 InputStream 和 OutputStream 实现输入和输出，也可以封装为 BufferedReader 和 PrintWriter，使得输入和输出更加方便。

1. 使用 InputStream 和 OutputStream 进行输入和输出

下面的实例定义了一个客户端进程、一个服务端进程。客户端进程发送请求，服务端接收请求后，返回处理结果。

（1）服务端程序，代码如下。

```java
public class Demo1_Server {
    public static void main(String[] args) throws IOException {
        //创建 ServerSocket,实现服务器套接字，等待请求通过网络传入
        ServerSocket server = new ServerSocket(12345);
        Socket socket = server.accept();                    //接收客户端的请求
        InputStream is = socket.getInputStream();           //获取客户端的输入流
        byte[] arr = new byte[1024];
        int len = is.read(arr);                             //读取客户端发过来的数据(存入数组)
        System.out.println(new String(arr,0,len));          //将数组转换成字符串并输出
        OutputStream os = socket.getOutputStream();         //获取客户端的输出流
        os.write("砺锋科技!".getBytes());                    //服务器向客户端写出数据
        socket.close();
    }
}
```

（2）客户端程序，代码如下。

```java
import java.io.IOException;
import java.io.InputStream;
import java.io.OutputStream;
import java.net.Socket;
import java.net.UnknownHostException;
public class Demo1_Client {
    public static void main(String[] args) throws UnknownHostException, IOException {
        Socket socket = new Socket("127.0.0.1", 12345); //127.0.0.1是服务器的IP地址
        //向服务器发送数据
        OutputStream os = socket.getOutputStream();         //获取客户端的输出流
        os.write("去哪儿学习Java好?".getBytes());            //客户端向服务器写数据
        InputStream is = socket.getInputStream();           //获取客户端的输入流
        byte[] arr = new byte[1024];
        int len = is.read(arr);                             //读取服务器发过来的数据(存入数组)
        System.out.println(new String(arr,0,len));          //将数组转换成字符串并输出
        socket.close();
    }
}
```

同时打开两个控制台，先运行服务端，再运行客户端，结果如图 13.5 所示。

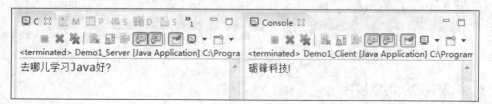

图 13.5　简单 TCP 通信

2. 使用 BufferedReader 和 PrintWriter 进行输入和输出

将上例中的 InputSrteam 封装成 BufferedReader 对象，方便一行行读取数据；将 OutputStream 封装成 PrintWriter 对象，方便直接输出字符串。

（1）创建服务端程序 TCPSimpleServer，代码如下。

```java
public class TCPSimpleServer {
    public static void main(String[] args) throws IOException {
        System.out.println("服务端启动");
        ServerSocket server = new ServerSocket(8090);
        Socket socket = server.accept();
        InputStream is=socket.getInputStream();      //获取客户端的输入流
        InputStreamReader reader = new InputStreamReader(is); //转换为字符流
        BufferedReader br = new BufferedReader(reader); //再转换为带缓冲区的字符流
        //上面3行代码可简化为一行
        //BufferedReader br = new BufferedReader(newInputStreamReader(socket.getInputStream()));
        OutputStream os=socket.getOutputStream();    //获取客户端的输出流
        PrintWriter pw = new PrintWriter(os);        //转换为输出流
        //上面两行代码可简化为一行
        //PrintWriter pw = new PrintWriter(socket.getOutputStream());
        String content = br.readLine();    //读取客户端传来的一行信息
        System.out.println("收到客户端信息："+content);    //输出
        Scanner sc=new Scanner(System.in);
        System.out.print("我（服务端）说：");
        String msg = sc.next();
        pw.println(msg);
        pw.flush();
        pw.close();
        br.close();
        socket.close();
        server.close();
    }
}
```

该类为服务端类，负责接收客户的请求，并返回处理结果。代码中首先创建了一个服务端套接字，即 ServerSocket 的一个实例 server，并为该套接字指定了监听端口。接着该服务端套接字就一直处于阻塞状态，直到有连接请求接入。服务端套接字对象 server 使用 accept()方法接收创建连接，该方法返回连接创建好后服务端的 Socket 对象。接着定义一个输入流读取对象 reader，它的类型是 InputStreamReader，并使用它创建一个 BufferReader 对象，方便一行行地接收信息；接着创建了一个 PrintWriter 对象，该对象负责把处理结果写入输出流中。然后使用 BufferReader 对象，从输入流中读出用户请求，并将用户请求输出到控制台上。接着将处理结果用 PrintWriter 写到输出流中，传递到目标客户端。最后，关闭这些用于流处理的工具，以及分配给服务的 Socket 套接字 socket 和服务套接字 server。

（2）创建客户端程序 TCPSimpleClient，代码如下。

```java
public class TCPSimpleClient {
    public static void main(String[] args) throws IOException {
        System.out.println("客户端启动");
        Socket socket = new Socket("127.0.0.1",8090);
        InputStream is=socket.getInputStream();            //获取客户端的输入流
        InputStreamReader reader = new InputStreamReader(is);   //转换为字符流
```

```
            BufferedReader br = new BufferedReader(reader);    //转换为带缓冲区的字符流
            //上面3行代码可简化为一行
            //BufferedReader br = new BufferedReader(new InputStreamReader(socket.getInput
                Stream()));
            OutputStream os=socket.getOutputStream();           //获取客户端的输出流
            PrintWriter pw = new PrintWriter(os);               //转换为输出流
            //上面两行代码可简化为一行
            //PrintWriter pw = new PrintWriter(socket.getOutputStream());
            Scanner sc=new Scanner(System.in);
            System.out.print("我(客户端)说: ");
            String msg = sc.next();
            pw.println(msg);
            pw.flush();
            String response = br.readLine();
            System.out.println("收到服务端信息: "+response);
            pw.close();
            br.close();
            socket.close();
        }
    }
```

在客户端代码中,首先创建一个 Socket 连接,并为该连接指明目标 IP 地址和进程端口。定义 3 个流处理工具,分别是 InputStreamReader、BufferStreamReader、PrintWriter。接着定义请求字符串,并将字符串写入输出流中,发送给服务端。然后接收服务端返回的处理结果,并将结果输出到控制台上。最后关闭流处理工具和套接字 socket。

其运行结果如图 13.6 所示。

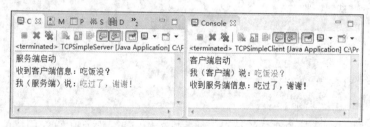

图 13.6 聊天界面

需要注意的是,要先运行服务端,这样服务端才能接收客户端请求;若先运行客户端,客户端会因为无法创建连接而出错。

上面实现了一次性的对话,还可以使用 while 循环修改上述程序,从而实现多次对话。服务端代码修改如下:

```
public class TCPMultiServer {
    public static void main(String[] args) throws IOException {
        System.out.println("服务端启动");
        Scanner sc = new Scanner(System.in);
        ServerSocket server = new ServerSocket(8090);
        while (true) {
            Socket socket = server.accept();
            BufferedReader br = new BufferedReader(new InputStreamReader(socket.
                getInputStream()));
            PrintWriter pw = new PrintWriter(socket.getOutputStream());
            String content = br.readLine();  // 读取客户端传来的一行信息
            System.out.println("收到客户端信息: " + content);  // 输出
```

```java
            System.out.print("我（服务端）说: ");
            String msg = sc.nextLine();
            pw.write(msg);
            pw.flush();
            pw.close();
            br.close();
            socket.close();
            server.close();
        }
    }
}
```

客户端代码修改如下：

```java
public class TCPMultiClient {
    public static void main(String[] args) throws IOException {
        System.out.println("客户端1启动");
        Scanner sc = new Scanner(System.in);
        while (true) {
            Socket socket = new Socket("127.0.0.1", 8090);
            BufferedReader br = new BufferedReader(new InputStreamReader(socket.
                getInputStream()));
            PrintWriter pw = new PrintWriter(socket.getOutputStream());
            System.out.print("我（客户端）说: ");
            String msg = sc.next();
            pw.println(msg);
            pw.flush();
            String response = br.readLine();
            System.out.println("收到服务端信息: " + response);
            pw.close();
            br.close();
            socket.close();
        }
    }
}
```

运行结果如图 13.7 所示。

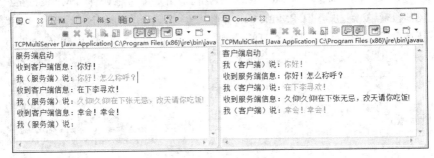

图 13.7　多次聊天界面

13.3.4　多线程与 TCP 网络程序

前面的 Client/Server 程序只能实现 Server 和一个客户端的对话。在实际应用中，往往在服务器上运行的程序，会接收来自其他多个客户端的请求，提供相应的服务。为了实现在服务器方给多个客户端提供服务的功能，需要利用多线程实现多客户端机制。服务器总是在指定的端口上监听是否有客户端请求，一旦监听到客户端请求，服务器就会启动一个专门的服务线程来响应该客户端的请求，而服务器本身在启动完线程后马上又进入监听状态，等待下个客户端请求的到来。下面来实现这一过程，将上面例子的 TCPMutiServer 程序复制一份，重命名为 TCPMutiServer2，然后在 TCPMutiServer2 的代码中添加一个线程，具体代码如下。

```java
import java.util.Scanner;public class TCPMultiServer2 {
    public static void main(String[] args) throws IOException {
        System.out.println("服务端启动");
        final Scanner sc = new Scanner(System.in);
        ServerSocket server = new ServerSocket(8090);
        while (true) {
            final Socket socket = server.accept();
            new Thread() {
                public void run() {
                    try {
                        BufferedReader br = new BufferedReader(new InputStreamReader
                            (socket.getInputStream()));
                        PrintWriter pw = new PrintWriter(socket.getOutputStream());
                        String content = br.readLine(); // 读取客户端传来的一行信息
                        System.out.println("收到客户端"+socket.getInetAddress().
                            toString()+":"+socket.getPort()+"的信息: " + content);
                        System.out.print("我（服务端）说：");
                        String msg = sc.nextLine();
                        pw.write(msg);
                        pw.flush();
                        pw.close();
                        br.close();
                        socket.close();
                    } catch (IOException e) {
                    }
                }
            }.start();
        }
    }
}
```

将上一个例子中的客户端程序 TCPMutiClient 复制一份，重命名为 TCPMutiClient2 并修改第一行代码为输出"客户端 2 启动"。TCPMutiClient 的第一行代码修改为输出"客户端 1 启动"。

测试，先后分别在 3 个控制台上运行 TCPServer、TCPMutiClient、TCPMutiClient2 这 3 个程序。客户端 1 先发起聊天，服务端回复，结果如图 13.8 所示，重点关注第一、二个控制台。

图 13.8 多人聊天界面 1

然后客户端 2 发起聊天，服务端回复，结果如图 13.9 所示，重点关注第一、三个控制台。

后面客户端 1 和 2 都可以随意和服务端聊天，这样通过多线程就实现了一个服务器和多个客户端通信。这个例子仍然要先启动服务端，这样客户端才能建立与服务端的连接，进行通信工作。

图 13.9 多人聊天界面 2

思考题

1. 在 TCP/IP 网络中，IP 提供主机之间的（　　）分组传输服务。
   A. 可靠的、面向连接的　　　　　　B. 不可靠的、面向连接的
   C. 可靠的、无连接的　　　　　　　D. 不可靠的、无连接的
2. 下列关于 UDP 特点的描述中，错误的是（　　）。
   A. UDP 不需要在通信双方之间建立连接
   B. UDP 检测出收到的分组出错，丢弃后通知发送端要求重传
   C. UDP 对应用程序提交的报文保留原报文的长度与格式
   D. UDP 是一种无连接的、不可靠的传输层协议
3. 面向连接服务与无连接服务各自的特点是什么？
4. 试分析 TCP 与 UDP 的区别。
5. 简述使用 Java Socket 创建客户端 socket 的过程。
6. 简述使用 Java ServerSocket 创建服务端 ServerSocket 的过程。
7. 对于创建功能齐全的 Socket，其工作过程包含哪 4 个基本步骤？
8. Java 程序中，使用 TCP 套接字编写服务端程序的套接字类是（　　）。
   A. Socket　　　　B. ServerSocket　　　C. DatagramSocket　　D. DatagramPacket
9. 当使用客户端套接字 Socket 创建对象时，需要指定（　　）。
   A. 服务器主机名称和端口　　　　　B. 服务器端口和文件
   C. 服务器名称和文件　　　　　　　D. 服务器地址和文件
10. ＿＿＿＿＿是用于封装 IP 地址和 DNS 的一个类。

程序设计题

1. 分别采用 TCP、UDP 编程实现一对一的文件上传。
2. 分别采用 TCP、UDP 编程实现一对多的文件上传。
3. 编写一对多的聊天程序，程序由服务端和客户端两部分构成，程序可以采用图形用户界面，也可采用命令行的方式。
4. 编写程序，模拟实现基于 TCP 的数据包的收发过程。
5. TCP 客户端需要向服务端 8629 发出连接请求，与服务端进行信息交流，当收到服务端发来的是 "BYE" 时，立即向对方发送 "BYE"，然后关闭连接，否则继续向服务端发送信息。
6. 使用基于 UDP 的 Java Socket 编程，完成以下在线咨询功能。
（1）客户向咨询人员咨询。

（2）咨询人员给出回答。
（3）客户和咨询人员可以一直交流，直到客户发送"BYE"给咨询人员才结束交流。
7. 使用基于 TCP 的 Java Socket 编程，完成如下功能。
（1）要求从客户端录入几个字符，发送到服务端。
（2）由服务端对接收到的字符进行输出。
（3）服务端向客户端发出"您的信息已收到"作为响应。
（4）客户端接收服务端的响应信息。
8. 用 TCP 网络编程实现用户登录功能：客户端输入用户名和密码，向服务端发出登录请求；服务端接收数据并进行判断，如果用户名和密码均是 bjsxt，则登录成功，否则登录失败，返回相应响应信息；客户端接收响应信息并输出登录结果。其中：
（1）用户 User 类已提供构造方法 public User(String username,String password);
（2）客户端采用 ObjectOutputStream 发送封装了用户名和密码的 User 对象。

第 14 章　反射

在计算机科学中，反射是指计算机程序在运行时可以访问、检测和修改它本身状态或行为的一种能力。通过 Java 的反射机制，程序员可以更深入地控制程序的运行过程，如在程序运行时对用户输入的信息进行验证，还可以逆向控制程序的执行过程。理解反射机制是学习 Spring 框架的基础。

本章主要介绍什么是反射、反射与 Class 类、反射访问构造方法、反射访问成员变量、反射访问成员方法。

14.1　反射简介

Java 的反射机制是一种动态获取信息以及动态调用对象的方法的功能。具体来说，在程序运行时，对于任意一个类，都能够知道这个类的所有属性和方法；对于任意一个对象，都能够调用它的任意一个方法和属性。

通过 Java 反射机制，就可以在程序中访问到已经装载到 JVM 中的 Java 对象的各种描述，能够访问、检测和修改描述 Java 对象本身信息。Java 在 java.lang.reflect 包中提供了对该功能的支持。

14.2　反射与 Class 类

反射与 Class 类息息相关，前面在介绍 Object 类时介绍过它的 getClass()方法，该方法返回的正是 Class 对象。Class 对象封装了它所代表的类的描述信息，通过调用 Class 对象的各种方法，就可以获取到 Class 对象所代表的类的主要描述信息。Class 对象的常用方法及其能够获取到的类的描述信息如表 14.1 所示。

表 14.1　Class 对象的常用方法

方法	功能描述
Package getPackage()	获得类所在的包路径
String getName()	获得类(或接口、数组等)的名称
Class getSuperclass()	获得该类的父类的 Class 对象
Class getInterfaces()	获得该类实现的所有接口
Constructor[] getConstructors()	获得该类的 public 修饰的构造方法，按声明顺序返回
Constructor getConstructor(Class<?>... parameterType)	获得该类的 public 修饰的特定参数列表的构造方法
Constructor[] getDeclaredConstructors()	获得该类的所有构造方法

续表

方法	功能描述
Constructor getDeclaredConstructor(Class<?>…parameterType)	获得该类的特定参数列表的构造方法
Method[] getMethods()	获得该类的所有 public 修饰的方法
Method getMethod(String name,Class<?>…parameterTypes)	获得该类的 public 修饰的特定参数列表的方法
Method[] getDeclaredMethods()	获得该类的所有方法，包括 private 修饰的方法，按声明顺序返回
Method getDeclaredMethod(String name,Class<?>…parameterTypes)	获得该类的特定参数列表的方法，包括 private 修饰的方法
Field[] getFields()	获得该类的所有 public 修饰的成员变量
Field getField(String name)	获得该类的 public 修饰的特定名称的成员变量
Field[] getDeclaredFields()	获得该类的所有成员变量，包括 private 修饰的成员变量，按声明顺序返回
Field getDeclaredField(String name)	获得特定名称的成员变量

使用反射时需要获取目标类的 Class 对象，有以下 3 种获取 Class 对象的方法。
① 使用 Object 类的 getClass()方法。
② 使用 Class 类的 forName()方法，用目标类的完整路径作为参数。
③ 使用目标类的 class 属性。
（1）创建一个 Person 类，放在包 com.seehope.reflect 下，有不带参和带参两个构造方法，代码如下。

```java
public class Person {
    public String name;
    private int age;
    public Person() {
        this.name="张三";
        this.age=18;
    }
    public Person(String name, int age) {
        super();
        this.name = name;
        this.age = age;
    }
    private Person(String name) {
        super();
        this.name = name;
        this.age = age;
    }
    //省略getter()/setter()方法
    @Override
    public String toString() {
        return "Person [name=" + name + ", age=" + age + "]";
    }
    public void eat() {
        System.out.println("今天吃了1顿大餐");
    }
    public void eat(int num) {
        System.out.println("今天吃了" + num + "顿大餐");
    }
    private void sleep() {
        System.out.println("美滋滋地睡了一觉");
    }
}
```

注意：有些方法是公有的，有些是私有的。

（2）在同一个包下创建类 ReflectDemo1，关键代码如下。

```
//1.使用Class.forName()方法
Class clazz1 = Class.forName("com.seehope.reflect.Person");
Class clazz2=Person.class;              //2.类的静态属性class
Person person=new Person();
Class clazz3=person.getClass();         //3.使用Object类的getClass()方法
System.out.println(clazz1==clazz2); //若结果为true,则证明这两种方法获取的是同一个Class对象
System.out.println(clazz3==clazz2); //若结果为true,则证明这两种方法获取的是同一个Class对象
```

运行结果：

```
true
true
```

这个结果证明了这 3 种方法都能获取到目标类的 Class 对象，并且获取到的是同一个对象。获取到 Class 对象后就可以调用表 14.1 所示的 Class 对象的各种方法来"解剖"这个 Class 对象代表的类，获取该类的描述信息，如构造方法、成员方法、成员变量，甚至还可以调用这些方法属性等。

14.3 反射访问构造方法

使用 Class 对象的如下方法，将返回 Constructor 型对象或数组，每个 Constructor 代表一个构造方法。

① getConstructor()：返回 Constructor，匹配 public 修饰的不带参的构造方法。

② getConstructors()：返回 Constructor 数组，匹配 public 修饰的所有构造方法。

③ getConstructor(Class<?>...parameterTypes)：返回 Constructor，匹配和参数列表相同的构造方法。

④ getConstructors(Class<?>...parameterTypes)：返回 Constructor 数组，匹配和参数列表相同的构造方法。

⑤ getDeclaredConstructor()：返回 Constructor，匹配包括 private 修饰的不带参的构造方法。

⑥ getDeclaredConstructors()：返回 Constructor 数组，匹配包括 private 修饰的构造器。

⑦ getDeclaredConstructor(Class<?>...parameterTypes)：返回 Constructor，匹配包括 private 修饰的和参数列表相同的构造方法。

⑧ getDeclaredConstructors(Class<?>...parameterTypes)：返回 Constructor 数组，匹配包括 private 修饰的和与参数列表相同的构造方法。

其中，带有 Class<?>...parameterType 字样的方法代表构造方法的参数列表，实际运用时需要指定具体的类型。

Constructor 类的常用方法如表 14.2 所示。

表 14.2 Constructor 类的常用方法

方法	功能描述
boolean isVarArgs()	查看该构造方法是否带有可变数量的参数
Class[] getParameterTypes()	获得该构造方法的各个参数的类型
Class[] getExceptionTypes()	获得该构造方法可能抛出的异常类型
Object newInstance(Object...initargs)	通过该构造方法利用指定参数创建一个该类的对象，如果未设置参数，则表示采用默认无参的构造方法
void setAccessible(boolean flag)	如果该构造方法的权限为 private，默认为不允许通过反射利用 newInstance(Object...initargs) 方法创建对象。如果先执行该方法，并将入口参数设为 true，则允许创建
int getModifiers()	返回构造方法所用修饰符的整数

【示例】使用反射访问 Person 类的构造方法。代码如下。

```java
public class Demo3_Constructor {
    public static void main(String[] args) throws Exception {
        Class clazz = Person.class;
        System.out.println("---------遍历所有的public修饰的构造方法---------");
        //获得所有的构造器(代表所有的构造方法)
        Constructor[] constructors=clazz.getConstructors();
        for(Constructor constructor:constructors) {//遍历构造器，即遍历所有的构造方法
            System.out.println("构造方法: "+constructor);//输出构造器对象，即输出其代表的构造方法
            Class[] types=constructor.getParameterTypes();//获得当前构造方法的参数列表
            for(int i=0;i<types.length;i++) {//遍历当前构造方法的参数列表
                System.out.println("参数"+(i+1)+"类型: "+types[i]);
            }
            System.out.println("");
        }
        System.out.println("---------遍历所有的构造方法---------");
        //获得所有的构造器(代表所有的构造方法)
        Constructor[] constructors2=clazz.getDeclaredConstructors();
        for(Constructor constructor:constructors2) {//遍历构造器，即遍历所有的构造方法
            System.out.println("构造方法: "+constructor);//输出构造器对象，即输出其代表的构造方法
            System.out.println("构造方法修饰符: " + (constructor.getModifiers()==1?
                "public":"private"));
            Class[] types=constructor.getParameterTypes();//获得当前构造方法的参数列表
            for(int i=0;i<types.length;i++) {//遍历当前构造方法的参数列表
                System.out.println("参数"+(i+1)+"类型: "+types[i]);
            }
            System.out.println("");
        }
        System.out.println("--------访问特定的构造方法--------");
        System.out.println("---------无参---------");
        Constructor c1=clazz.getConstructor();//获取无参的构造器对象(代表不带参的构造方法)
        Person p1 = (Person) c1.newInstance();//通过构造器创建Person对象
        System.out.println(p1);
        System.out.println("---------有参---------");
        //获取有参的构造器对象
        Constructor c2 = clazz.getConstructor(String.class,int.class);
        Person p2 = (Person) c2.newInstance("李四",23);      //通过构造器创建Person对象
        System.out.println(p2);
    }
}
```

运行结果：

---------遍历所有的public修饰的构造方法---------
构造方法: public com.lifeng.reflect.Person(java.lang.String,int)
参数1类型: class java.lang.String
参数2类型: int

构造方法: public com.lifeng.reflect.Person()

```
---------遍历所有的构造方法---------
构造方法：private com.lifeng.reflect.Person(java.lang.String)
构造方法修饰符：private
参数 1 类型：class java.lang.String

构造方法：public com.lifeng.reflect.Person(java.lang.String,int)
构造方法修饰符：public
参数 1 类型：class java.lang.String
参数 2 类型：int

构造方法：public com.lifeng.reflect.Person()
构造方法修饰符：public

-------访问特定的构造方法--------
---------无参---------
Person [name=张三，age=18]
---------有参---------
Person [name=李四，age=23]
```

14.4 反射访问成员变量

使用 Class 对象的下述方法，将返回 Field 型对象或数组。Field 对象代表一个成员变量，利用 Field 对象可以访问和操纵相应的成员变量。

① getFields()：获得所有的 public 修饰的成员变量。
② getFields(String name)：获得指定名称的 public 修饰的成员变量。
③ getDeclaredFields()：获得所有的成员变量，包括 private 修饰的成员变量。
④ getDeclaredField(String name)：获得指定名称的成员变量，包括 private 修饰的成员变量。

使用 Field 类的各种方法即可访问或操纵所代表的成员变量。Field 类中提供的常用方法如表 14.3 所示。

表 14.3 Field 类的常用方法

方法	功能描述
String getName()	返回该成员变量的名称
Class getType()	返回表示该成员变量类型的 Class 对象
Object get(Object obj)	返回指定对象中成员变量的值
void set(Object obj,Object value)	设置对象 obj 中成员变量的值为 value
int getInt(Object obj)	返回指定对象 obj 中类型为 int 的成员变量的值
void setInt(Object obj,int value)	设置对象 obj 中类型为 int 的成员变量的值为 value
float getFloat(Object obj)	返回指定对象 obj 中类型为 float 的成员变量的值
setFloat(Object obj,float value)	设置对象 obj 中类型为 float 的成员变量的值为 value
boolean getBoolean(Object obj)	返回指定对象 obj 中类型为 boolean 的成员变量的值
setBoolean(Object obj,boolean value)	设置对象 obj 中类型为 boolean 的成员变量的值为 value
setAccessible(boolean flag)	设置是否允许直接访问 private 等私有权限的成员变量
getModifiers()	返回成员变量所用修饰符的整数

【示例】反射访问 Person 类的成员变量。代码如下。

```java
public class Demo4_Field {
    public static void main(String[] args) throws Exception {
        Class clazz = Class.forName("com.lifeng.reflect.Person");
        // 获取有参构造方法
        Constructor c = clazz.getConstructor(String.class, int.class);
        Person p = (Person) c.newInstance("张三", 23); // 通过有参构造方法创建对象
        // 上面不是重点,下面才是重点
        System.out.println("-------遍历所有public修饰的属性-------");
        Field[] publicFields = clazz.getFields();
        for (Field pubField : publicFields) {
            System.out.println("成员变量名称: " + pubField.getName());
            System.out.println("成员变量类型: " + pubField.getType());
            // 获得成员变量的值
            if (pubField.getType().equals(String.class)) {
                System.out.println("成员变量的值: " + pubField.get(p));
            } else if (pubField.getType().equals(int.class)) {
                System.out.println("成员变量的值: " + pubField.getInt(p));
            }
            System.out.println("");
        }
        System.out.println("-------遍历所有属性-------");
        Field[] fields = clazz.getDeclaredFields();
        for (Field field : fields) {
            System.out.println("成员变量名称: " + field.getName());
            System.out.println("成员变量类型: " + field.getType());
            System.out.println("成员变量修饰: " + (field.getModifiers()==1?"public":
                "private"));
            // 获得成员变量的值
            if (field.getType().equals(String.class)) {       // 判断属性的类型
                System.out.println("成员变量的值: " + field.get(p));
            } else if (field.getType().equals(int.class)) {// 如果属性的类型为int
                if (field.getModifiers() == Modifier.PRIVATE) {// 如果是私有的成员
                    // 则设置为可以访问,不然会抛出IllegalAccess Exception异常
                    field.setAccessible(true);
                }
                System.out.println("成员变量的值: " + field.getInt(p));
            }
            System.out.println("");
        }
        System.out.println("---------访问特定的成员变量---------");
        Field fname = clazz.getField("name");  // 获取姓名字段
        fname.set(p, "李四");                    // 修改姓名的值
        System.out.println(p);
        //反射获取字段,由于是私有的,因此抛出NoSuchFieldException异常
        //Field fage = clazz.getField("age");
        //System.out.println(fage);
        Field fage = clazz.getDeclaredField("age"); // 暴力反射获取字段
        fage.setAccessible(true); // 设置访问权限为可以访问
        fage.set(p, 18);
```

```
            System.out.println(p);
        }
    }
```
运行结果：
-------遍历所有public修饰的属性-------
成员变量名称：name
成员变量类型：class java.lang.String
成员变量的值：张三

-------遍历所有属性-------
成员变量名称：name
成员变量类型：class java.lang.String
成员变量修饰：public
成员变量的值：张三

成员变量名称：age
成员变量类型：int
成员变量修饰：private
成员变量的值：23

---------访问特定的成员变量---------
Person [name=李四, age=23]
Person [name=李四, age=18]

14.5 反射访问成员方法

使用 Class 对象的下述方法时，将返回 Method 型对象或数组，Method 对象代表一个方法。

① getMethods()：获得所有 public 修饰的方法，包括父类的方法。

② getMethod(String name,Class<?>...parameterTypes)：获得 public 修饰的特定名称和参数列表的方法。

③ getDeclaredMethods()：获得所有方法，包括 private 修饰的方法，但不包括父类的方法。

④ getDeclaredMethod(String name,Class<?>...parameterTypes)：获得特定名称和参数列表的方法，包括 private 修饰的方法。

通过上述方法获得 Method 对象后，再调用 Method 对象的各种方法，就可以访问或操作对应的成员方法，Method 类的常用方法如表 14.4 所示。

表 14.4　Method 类的常用方法

方法	功能描述
String getName()	返回该方法的名称
Class[] getParameterTypes()	返回该方法的各个参数的类型
Class getReturnType()	返回该方法的返回值的类型
Class[] getExceptionTypes()	返回该方法可能抛出的异常类型
Object invoke(Object obj,Object...args)	用参数 args 执行指定对象 obj 中的该方法
boolean isVarArgs()	查看该成员方法是否带有可变数量的参数
int getModifiers()	获得可以解析出该方法所采用修饰符的整数

【示例】反射访问 Person 类的成员方法。代码如下。

```java
public class Demo_Method {
    public static void main(String[] args) {
        Class clazz=Person.class;
        Person person=new Person();
        try {
            System.out.println("---------获取所有公有方法(含Object类)---------");
            Method[] methods=clazz.getMethods();
            for(Method m:methods) {
                System.out.println(m.getName());//获取方法名称
            }
            System.out.println("---------获取所有方法(不含Object类)---------");
            Method[] methods2=clazz.getDeclaredMethods();
            for(Method m:methods2) {
                System.out.println(m.getName());//获取方法名称
            }
            //获取单个方法并使用
            System.out.println("-----------获取单个方法并使用(不带参)------------");
            Method m1=clazz.getMethod("eat");
            m1.invoke(person); //相当于person.eat();
            System.out.println("-----------获取单个方法并使用(带参)------------");
            Method m2=clazz.getMethod("eat", int.class);
            m2.invoke(person, 5);//相当于person.eat(5);
            System.out.println("-----------获取单个私有方法并使用------------");
            Method m3=clazz.getDeclaredMethod("sleep");
            m3.setAccessible(true);//设置访问权限,否则会抛出异常
            m3.invoke(person);
            System.out.println("-----------判断方法的返回值类型------------");
            Method m4=clazz.getMethod("getAge");
            System.out.println(m4.getReturnType());
        } catch (Exception e) {
            e.printStackTrace();
        }
    }
}
```

运行结果：

```
---------获取所有公有方法(含Object类)---------
toString
getName
setName
getAge
eat
eat
setAge
wait
wait
wait
equals
hashCode
getClass
notify
notifyAll
```

```
----------获取所有方法(不含Object类)----------
toString
getName
setName
sleep
getAge
eat
eat
setAge
-----------获取单个方法并使用(不带参)-------------
今天吃了1顿大餐
-----------获取单个方法并使用(带参)-------------
今天吃了5顿大餐
-----------获取单个私有方法并使用-------------
美滋滋地睡了一觉
-----------判断方法的返回值类型-------------
int
```

思考题

1. 简述反射机制的定义。
2. 简述反射机制的作用。

程序设计题

1. 利用反射实现通用扩展数组长度的方法。
2. 利用反射初步验证用户输入的信息。

参考文献

[1] 石云辉. Java 程序设计基础实验教程[M]. 成都：西南交通大学出版社. 2018.
[2] 肖睿，崔雪炜，艾华，等. Java 面向对象程序开发及实战[M]. 北京：人民邮电出版社. 2018.
[3] 郑豪，王峥，王洁. Java 程序设计实训教程[M]. 南京：南京大学出版社. 2017.
[4] 满志强，张仁伟，刘彦君. Java 程序设计教程[M]. 北京：人民邮电出版社. 2017.
[5] 龚炳江，文志诚，高建国. Java 程序设计[M]. 北京：人民邮电出版社. 2016.
[6] 王诚，梅霆，李琴，等. Java 编程技术与项目实战[M]. 北京：人民邮电出版社. 2015.
[7] 杨晓燕，李选平. Java 面向对象程序设计[M]. 北京：人民邮电出版社. 2015.
[8] 耿祥义，张跃平. Java 程序设计实用教程[M]. 北京：人民邮电出版社. 2015.
[9] 黑马程序员. Java 自学宝典[M]. 北京：清华大学出版社. 2017.
[10] 明日科技. Java 从入门到精通[M]. 5 版. 北京：清华大学出版社. 2019.